【重磅加量．暢銷典藏版】

裝潢建材
全能百科王

從入門到精通，全面解答挑選、施工、保養、搭配問題，選好建材一看就懂

漂亮家居編輯部 著

CONTENTS

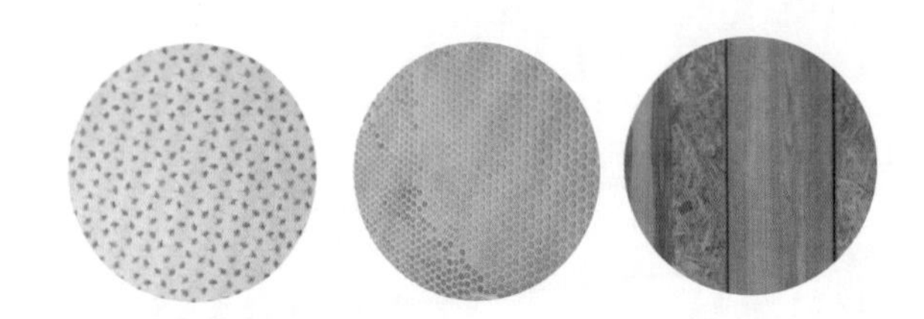

MARCOBELLI
馬可貝里磁磚
ITALY
義式美學生活家
石大宇
德國紅點設計轔聯四年得主
清庭設計中心創辦人 石大宇
從家裡／一走進義大利
透過90公分的磁磚，看見相距9648公里的義大利－馬可貝里磁磚不只是裝潢，
更是一扇窗，讓你看見羅馬的壯闊、米蘭的時尚，看見義式空間美學的完美演繹。
除了品味，更能兼顧品質，業界首創15年保固，獨享五星級售前售後服務。
15
15年保固
家庭使用
全國首創 領先業界
客服專線: 037-561236 www.marcobelli.com.tw
台灣製
• 台北區/廣利宇股份有限公司：(02)22963270
• 桃園區/地寶股份有限公司：(03)4015100
• 竹苗區/泛揚股份有限公司：(037)580699
• 台中區/貿駿企業股份有限公司：(04)22589199
• 嘉義區/正陶建材股份有限公司：(05)2835999
• 台南區/原和建材股份有限公司：(06)2473000
• 高雄區/峰雷企業股份有限公司：(07)3535293
• 宜蘭區/蘭揚建材股份有限公司：(039)558869

Chapter 15 門窗

Chapter 16 窗簾

Chapter 17 照明設備

Plus 趨勢新建材

附錄

編輯手記

住好宅，從挑對建材開始

每個人一生都在尋找一個好宅，而想達到好宅的標準，不外乎是要滿足居住者的生活需求、營造舒適的居住空間、規劃良善的使用動線…等。

想要達到這些條件，最終都要回歸到「挑到對的建材」。你知道有多少人因為不瞭解建材，被不肖工班偷偷將矽酸鈣板換成更便宜的氧化鎂板，使得裝潢沒多久天花板就開始漏水，又得要花大錢重新整修。你知道有多少人因為不瞭解建材，而聽信設計師的說法，選用看起來美觀又具有質感的地磚，但卻難以保養，不符合居住者的使用習慣，過沒幾年又得打掉重鋪。所以用錯建材，不但在事後增生了許多困擾，還必須經歷漫長修復的過程以及金錢的損失。

因此，該如何挑的安心？用的方便？認識建材特性就成了一件很重要的事！

為了幫助剛開始接觸建材的讀者能夠快速瞭解全面性的建材 Know How，本書以建材元素為分類，介紹石材、磚材、木素材、金屬、水泥、板材、塑料材、玻璃、塗料、壁紙、廚房設備、衛浴設備、門窗、窗簾、照明設備、趨勢新建材等 18 類 280 種居家常用的基礎建材。

同時，在內容編排上依照裝修的流程，依序介紹建材的特性、種類、挑選法則、施工及監工驗收方式、保養秘訣。讓你不論在開工前、裝修中、完工後都能有效運用。而條列式的說明方法，在閱讀上更清楚易懂。

另外，在每個篇章的一開始就針對同一品項不同材質的建材進行優缺點和價格的評比。為了方便讀者快速搜尋建材資訊，每個建材都詳列其適用風格及空間、產地來源、計價方式等。

並從設計師的專業角度出發，從建材外觀、性價比和好清潔保養程度三大面向分析，選出心目中的理想素材。

再透過案例，歸納解析設計師常用的建材的選搭法則，不論是自力裝潢或是請設計師設計，都能做為參考範例使用，最後並附錄建材採購資訊和掌握退換貨流程的基本技巧，提供讀者參考。

責任編輯

蔡竺玲

使用說明

本書針對裝修前後想瞭解建材知識的讀者提供全面性的知識概要，整理出常見建材的特性和種類、施工監工方法，並由室內設計師推薦具有優質性價比的建材，找出建材的選搭規則和邏輯，解決在裝修上關於建材的疑難雜症。

Chapter
本書共分 17 個 Chapter，依照建材特性分成石材、磚材、木素材、金屬、水泥、板材等。另外再附加提供趨勢新建材的章節，列出完整的建材資訊。

裝潢建材全能百科王
重磅加量暢銷典藏版

Chapter 04
剛毅堅實的個性材質

金屬

室內裝修常用的金屬材料，主要有鐵材、不鏽鋼，以及銅、鋁等非鐵金屬。這些金屬韌性強，可凹折、切割、鑿孔或焊接成各式造型。此外，金屬為了防鏽，表面多半會做各式處理。除了噴漆，還有各種電鍍加工，來產生不同質感與顏色。近年來復古風盛行，不少人也將金屬表面做鏽蝕的處理，呈現斑駁紋理之美。

鐵材是鐵與碳的合金，另含矽、錳、磷等元素。依外觀顏色而概分為「黑鐵」與「白鐵」。大部分的金屬，表面皆呈現白金屬色澤。像是不鏽鋼由於較能防鏽、可長時間維持原有的金屬色，故俗稱「白鐵」。像是鑄鐵、熟鐵等，則就是「黑鐵」。不論是哪一種，都能為居家帶來迥異的面貌。

鈦金屬質輕、延展性佳、硬度高，經過不同的加工處理，會使讓鍍膜呈現黑、茶褐、香檳金、金黃等顏色，亮度高，且多樣的色澤，使鍍鈦逐漸成為設計中不可或缺的元素之一。

特色	為鐵與碳的合金，依外觀顏色可分為黑鐵與白鐵。在煉製時，由於從900°C以上高溫急速冷卻而導致不完全氧化，表面會披覆一層黑鐵皮。	鍍鈦是利用金屬在真空高溫的真空狀態下會交換離子的物理特性，將鈦離子附著於金屬表面形成一層硬度極高的保護膜。鈦金屬質堅耐久，抗蝕力與白金不相上下。	運用金屬、木質等素材以機器壓製沖孔而成，可製作出圓形、橢圓形等形狀，普遍用於建築營造、廚房用具或室內裝飾材質使用。
優點	支撐力足、造型多變	硬度高、抗酸蝕、不易氧化或褪色、好保養	堅固耐用、質量輕、透風性佳
缺點	很容易生鏽，需做好防鏽處理	造價高昂、鍍膜一旦受損就無法修補	熱軋鋼板和冷軋鋼板材質若未上烤漆，易生鏽
價格	依設計與加工方式而定	略稍高，依設計與加工方式而定	價格不一，依照孔洞的直徑大小、排列方式、密度、材質而有所差異。

設計師推薦私房素材

設計師推薦私房素材
以室內設計師的專業角度，從建材外觀、性價比和好清潔保養程度三大面向，選出心目中的理想素材，提供讀者參考。

建材比一比
同一品項不同產品的建材評比，依照材質特性、優缺點和價格帶列出表格，概略瞭解建材基礎資訊。

Designer Data

丁荷芬 ・ 采荷設計
將各國多元的文化融合台灣的人文特質，讓空間看似國外居家，卻結合了台灣本土的生活。不拘限單一風格，將屋主特質、生活習慣和喜好，融入設計規劃中。
02-2311-5549
www.colorlotus-design.com

王思文 ・ 摩登雅舍室內裝修
結合實用機能與人文美學，規劃充滿溫馨情境及豐富柔美的空間氛圍，並從屋主個人特質及個性出發，營造專屬的居家風格。
02-2234-7886
www.modern888.com

30 秒認識建材

條列適用空間、風格、計價方式、產地來源、價格帶和優缺點，方便讀者快速瀏覽。

建材須知

針對裝修流程中，所有必須要知道的建材知識，詳細條列材質特性、種類、挑選方法以及施工驗收方式，提供全面性的建材 Know How。

New

收錄新增章節或建材品項。

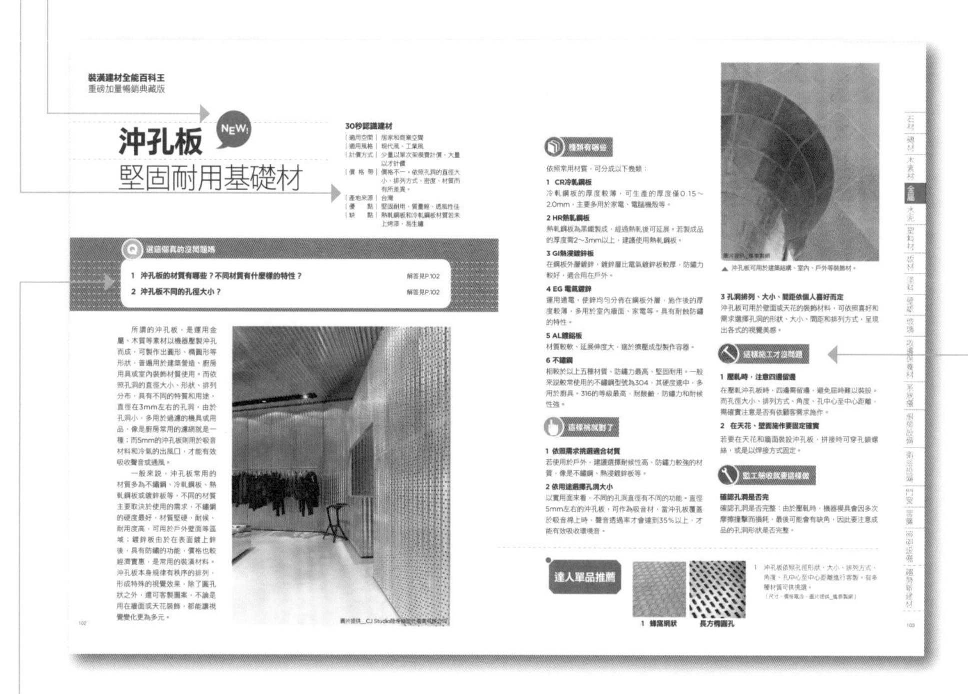

裝潢建材全能百科王
重磅加量暢銷典藏版

沖孔板 NEW!
堅固耐用基礎材

30秒認識建材

適用空間	居家和商業空間
適用風格	現代風、工業風
計價方式	少量以單次架模費計價、大量以才計價
價格帶	價格不一。依照孔洞的直徑大小、排列方式、密度、材質而有所差異。
產地來源	台灣
優點	堅固耐用、質量輕、透風性佳
缺點	熱軋鋼板和冷軋鋼板材質若未上烤漆，易生鏽

選這個真的沒問題嗎

1 沖孔板的材質有哪些？不同材質有什麼樣的特性？ 解答見P.102

2 沖孔板不同的孔徑大小？ 解答見P.102

所謂的沖孔板，是運用金屬、木質等素材以機器壓製沖孔而成，可製作出圓形、橢圓形等形狀，普遍用於建築營造、廚房用具或室內裝飾材質使用。而依照孔洞的直徑大小、形狀、排列分布，具有不同的特質和用途，直徑在3mm左右的孔洞，由於孔洞小，多用於過濾的機具或用品，像是廚房常用的濾網就是一種；而5mm的沖孔板則用於吸音材料和冷氣的出風口，才能有效吸收聲音或通風。

一般來說，沖孔板常用的材質多為不鏽鋼、冷軋鋼板、熱軋鋼板或鍍鋅板等，不同的材質主要取決於使用的需求，不鏽鋼的硬度最好，材質堅硬，耐候、耐用度高，可用於戶外壁面等區域；鍍鋅板由於在表面鍍上鋅後，具有防鏽的功能，價格也較經濟實惠，是常用的裝潢材料。沖孔板本身規律有秩序的排列，形成特殊的視覺效果，除了圓孔狀之外，還可客製圖案，不論是用在牆面或天花裝飾，都能讓視覺變化更為多元。

圖片提供＿CJ Studio

102

種類有哪些

依照常用材質，可分成以下幾類：

1 CR冷軋鋼板
冷軋鋼板的厚度較薄，可生產的厚度僅0.15～2.0mm，主要多用於家電、電腦機殼等。

2 HR熱軋鋼板
熱軋鋼板為黑鐵製成，經過熱軋後可延展。若製成品的厚度需2～3mm以上，建議使用熱軋鋼板。

3 GI熱浸鍍鋅板
在鋼板外層鍍鋅，鍍鋅層比電氣鍍鋅板較厚，防鏽力較好，適合用在戶外。

4 EG 電氣鍍鋅
運用通電，使鋅均勻分佈在鋼板外層，施作後的厚度較薄，多用於室內牆面、家電等。具有耐蝕防鏽的特性。

5 AL鍍鋁板
材質較軟、延展伸度大，適於擠壓成型製作容器。

6 不鏽鋼
相較於以上五種材質，防鏽力最高、堅固耐用。一般來說較常使用的不鏽鋼型號為304，其硬度適中，多用於廚具。316的等級最高，耐酸鹼，防鏽力和耐候性強。

這樣挑就對了

1 依照需求挑選適合材質
若使用於戶外，建議選擇耐候性高、防鏽力較強的材質，像是不鏽鋼、熱浸鍍鋅板等。

2 依用途選擇孔洞大小
以實用面來看，不同的孔洞直徑有不同的功能。直徑5mm左右的沖孔板，可作為吸音材，當沖孔板覆蓋於吸音棉上時，聲音透過率才會達到35%以上，才能有效吸收環境音。

▲ 沖孔板可用於建築結構、室內、戶外等裝飾材。

3 孔洞排列、大小、間距依個人喜好而定
沖孔板可用於壁面或天花的裝飾材料，可依照喜好和需求選擇孔洞的形狀、大小、間距和排列方式，呈現出各式的視覺美感。

這樣施工才沒問題

1 壓軋時，注意四邊留邊
在壓軋沖孔板時，四邊需留邊，避免屆時難以裝設。而孔徑大小、排列方式、角度、孔中心至中心距離，需確實注意是否有依顧客需求施作。

2 在天花、壁面施作要固定確實
若要在天花和牆面裝設沖孔板，拼接時可穿孔鎖螺絲，或是以焊接方式固定。

監工驗收就要這樣做

確認孔洞是否完
確認孔洞是否完整：由於壓軋時，機器模具會因多次摩擦撞擊而損耗，最後可能會有缺角，因此要注意成品的孔洞形狀是否完整。

達人單品推薦

1 蜂窩網狀　長方橢圓孔

1 沖孔板依照孔徑形狀、大小、排列方式、角度、孔中心至中心距離進行客製。有多種材質可供挑選。
（尺寸、價格電洽，圖片提供＿進泰製網）

木素材｜金屬｜水泥｜塑料材｜板材｜塗料｜壁紙｜玻璃｜收邊保養材｜系統櫃｜廚房設備｜衛浴設備｜門窗｜客廳｜照明設備｜趨勢新建材

103

選這個真的沒問題嗎

蒐羅裝修過程中最容易遇到的問題，並列出解決方法的所在頁數以便於搜尋。

王俊宏 · 森境&王俊宏室內設計

居家規劃應回歸居住者的真正需求及使用習慣，使其住的舒適自在。因此材質的選擇與應用，相對就非常重要，因為那是影響空間風格與視覺效果的最重要元素。

02-2391-6888

www.wch-interior.com/newwch.html

邱柏洲 · 朵卡室內設計

對於生活美學充滿熱情，室內設計作品往往看似衝突、卻又完美融合，讓人訝異卻又有『原來如此』驚喜。

0919-124-736

www.dolkar.com

洪韡華 · 權釋國際設計

「豪宅不等於好宅」，而好宅的元素，在於如何在簡潔的空間線條中透過材質的掌控，表現出空間的質感及氛圍，從簡單中找尋最耐人尋味的生活場景。

0800-070-068

www.allness.com.tw

達人單品推薦
羅列至少 2 種產品資訊，提供
建材產品的市場脈動。

搭配加分秘技
從案例分析，歸納出 1 至 3 個
設計師常用的私房搭配秘技，
提供建材運用的靈感。

裝潢建材全能百科王
重磅加量暢銷典藏版

依照加工處理方式，可分為以下兩種：

1 鍍鈦鋼板
奈米等級的鍍膜能緊密結合金屬板材，加強水氣隔絕而能高度防鏽又不易脫落。鍍膜表面光滑，不易沾附異物，且抗鹽霧能力為不鏽鋼SUS304的兩倍以上，故不易沾染指紋。
鍍膜顏色有多種選擇，還可加工成不同圖案，如鏡面、毛絲、亂紋、噴砂、霧珠，或進行3D雷射或立體蝕花等處理。

2 抗指紋處理鍍鈦鋼板
鍍鈦鋼板若進行奈米級的抗指紋處理，鍍膜可再提高硬度，並使顏色更顯飽和也更不易褪色。因此，多了這道加工程序的鍍鈦金屬板，其耐候性強，更適合用於戶外溫泉區、海邊或空氣污染較嚴重的地帶。

3 特殊造型可於焊接後鍍膜
雖說鍍鈦金屬板可進行凹折，抗指紋處理還能避免金屬板材因雷射切割而出現燒熔的問題；不過，如果想製作的物件體積較小且造型較複雜，建議先將不鏽鋼板材焊接成型，再送至工廠進行真空鍍膜，整體質感會較精緻。

這樣挑就對了

慎選優質廠商
不管是購買鍍鈦金屬板材，還是將各種不鏽鋼單品拿去鍍膜，最好能挑選優質廠商。可從公司規模、設備新穎與否，以及磨砂、拋光等相關技術與設備來評估。當然，如能先拿到樣本確認品質，會更有保障。

這樣施工才沒問題

1 安裝前做好保護措施
如果鍍膜遭受破壞，裡面的不鏽鋼會因失去保護而逐步生鏽，因此板材表面會貼覆一層不留殘膠的保護皮膜，等完工後才可撕下來。運送時還要再加上厚紙板、塑膠板等進行層層捆包，避免途中不小心損傷到鍍膜。

2 工地現場要淨空
鍍鈦金屬板最怕刮傷、碰傷。需等其他工程都退場了，才安排鐵工進場。此外，在工地現場進行凹折等加工時，也應避免粗糙面磨壞板材。安裝完畢還要用防水膠布包覆表面，以免當洗牆壁或地板時被強酸、強鹼的化學藥劑潑濺到。

監工驗收就要這樣做

1 施工前先驗收品質
收到建材時，除了確定尺寸、花色等是否符合當初訂貨的規格，還要確認鍍膜的平滑光整度與有無色差。板材不能翹起，或有凹痕、擦傷。

2 完工後注意細節收尾
注意接縫是否密實，整塊接合之後的立面是否平整、密合，或彎曲的弧度符合原有設計。尤其是邊角的收尾要特別注意。此外，也要檢查鍍膜是否保持完整，表面沒有擦痕或凹痕。

這樣保養才用得久

1 一般髒污用濕布擦拭即可
鈦金屬板較不易沾附異物，如果表面有指紋或灰塵，先撣去灰塵，再用清水沖洗再擦乾水痕。如果有殘膠或油垢，可用濕布沾取中性洗潔劑來擦拭，之後再沾上清水來擦過一遍。
最好使用細棉布，不要用粗布或粗的菜瓜布，雖說鍍膜硬度頗高，但仍可能有刮傷的疑慮。

2 避免沾附酸性或鹼性物質
鈦金屬板的鍍膜雖有優越的抗酸鹼能力，但長期沾染仍可能導致鈦金板表面變色或鍍膜受損而脫落。平日清潔，避免用強酸、強鹼的藥劑。此外，鍍鈦金屬板最怕沾附水泥。如遇此狀況，要趁水泥未乾之際先以大量清水沖洗。

100

達人單品推薦

1 玫瑰金鍍鈦金屬板
2 金色鍍鈦金屬板
3 黑色鍍鈦金屬板
4 香檳金鍍鈦金屬板

1 略偏粉紅的玫瑰金，顏色柔和、內斂，又不至於太過甜膩，相當耐看！從左至右分為亂紋、霧珠、毛絲面與鏡面。
（122×244cm，價格店洽，圖片提供＿[illegible]不銹鋼）

2 金色最能展現出空間的奢華與貴氣。鈦金屬鍍膜的豐富光澤，再加上不同紋路的表面處理，很能展現獨特的奢華質感。從左至右分為毛絲、霧珠面、鏡面、亂紋。
（122×244cm，價格店洽，圖片提供＿[illegible]不銹鋼）

3 黑色鍍鈦板非常適合強調空間個性的工業風或時尚現代風。黑色搭配金屬鍍膜特有的光澤，能展現獨特魅力。從左至右分為霧珠、亂紋、毛絲面與鏡面。
（122×244cm，價格店洽，圖片提供＿[illegible]不銹鋼）

4 典雅的香檳金，很適合沉穩的古典風或俐落的現代風空間。搭配不同質地的表面處理，能細膩展現出精緻的細節。從左至右分為鏡面、、霧珠、毛絲面、亂紋。
（122×244cm，價格店洽，圖片提供＿[illegible]不銹鋼）

搭配加分秘技

華麗光澤跳脫出木質基調
玄關落地櫃、電視主牆與沿樑柱打造的ㄇ型框，皆為鍍鈦金屬板。墨色鍍鈦的玄祕的色澤，來與深色木地板構成質感對比。

101

這樣保養才用得久
針對各項建材，條列說明事後清理保養的技巧，延長建材的使用年限。

Designer Data

唐忠漢 · 近境制作
堅持「好的、對的就應當堅持」的信念，設計作品自然、清晰，空間中一種隱藏著的軸線關係，創造出和諧的比例。
02-2703-1222
www.da-interior.com

張德良、殷崇淵 · 演拓空間室內設計
主張「無風格」設計，空間風格應決定於空間使用者，設計師的責任在於打造撫慰人心的居家空間，依空間使用者的需求量身訂做無負擔空間。
02-2766-2589
www.interplay.com.tw

趨勢新建材品項

針對石材、磚材、板材、塗料、玻璃、衛浴設備等，介紹近五年的新興和趨勢流行建材，提供讀者最新的資訊。

裝潢建材全能百科王
重磅加量暢銷典藏版

hue 個人連網智慧照明
光影明暗一指觸控搞定

30 秒認識建材

適用空間	各個空間適用
適用風格	各種風格適用
計價方式	整組計算
價格帶	NT.7,399 元（含三個 hue 燈泡和一個橋接器）
優點	與智能手機連接，有效運用燈光創造居家情境、工作行程提醒等實用功效。
缺點	價格較高

科技日新月異，透過網路和 APP 應用程式，智能居家的型塑也日趨成熟，不僅可運用智能手機控制電腦、電視等，至今也發展出 hue 智慧照明，不僅能型塑居家氛圍，也能成為個人貼身秘書，出門前就能知道天氣陰晴，即時提醒行程時間，重要的 E-mail 收發也不遺漏。

LED 燈泡 + 橋接器 + 網路 &APP 應用程式

所謂的 hue 個人連網智慧照明，是將連網功能帶入 LED 燈泡設計中，是第一支連結網路及 APP 應用程式操控的 LED 燈泡。透過各式的 APP 程式，運用燈光能創造多種的實用功能。

（1）貼身秘書，精準掌控生活大小事

hue 通過 IFTTT 平台能與多種社群平台串聯。例如可連結天氣網站，透過燈光提供各種天氣預報，出門前是陰是晴？看一下燈色便知曉。hue 也能串接臉書、手機行事曆等，當有重要留言、收到信件或是約會通知時，hue 就會用燈光提醒，不遺漏任何訊息。

而 hue 也是居家的小管家，具備鬧鐘和定時功能，設定起床和就寢時間後，就能讓燈光逐漸變亮和變暗，貼心提醒日夜的到來。

（2）專屬的個人化設定

hue 能運用手機開關燈光之外，想要改變居家氛圍，不需買各種顏色的燈泡，hue 本身就有 1600 萬種顏色的轉變，能直接點選手機內的照片顏色，就能隨之變換家中燈色。同時 hue 也預設各式氛圍的情境燈光，像是放鬆、活力、靜心閱讀等燈光組合，創造對應的空間情境。

運用 Zigbee 系統，訊號不弱化

運用 wifi 橋接器使用 Zigbee 發送網路訊號，搭配特定的 LED 燈泡，網路訊號就能透過燈泡相互串接，能使訊號不弱化，有效確保 wifi 可覆蓋到家裡每個角落，即便是透天樓層也能全部遠端遙控。安裝 Zigbee 也簡單容易，所有新的燈泡可以通過應用程式以一個按鈕就可找到，還能通過簡單的遠端控制系統來進行配對。

材質透視

Point 1 訊號透過燈泡串接，遠端也能遙控

透過特定 LED 燈泡，讓網路訊號能相互串接，就能一指遙控所有的燈光，同時也能通過 meethue.com 平台操控 hue，即便出國旅遊，也能遙控家中的照明開關，不擔心宵小進入。同時 hue 透過智慧裝置的地理定位功能，在你到家時自動開燈，離家時自動關燈，就像家人般給你溫暖的問候。

Point 2 燈光情境創造，照片就能取色

每顆 hue 燈泡有 1600 萬種顏色的色彩選擇，透過人體生物學的研究成果預設了放鬆、專注、活力、靜心閱讀等燈光組合，能夠隨時調整燈光配方，一指遙控舒適照明生活。

同時 hue 也能配合進行照片取色，只要手指點選相片任一處，無論要用巴黎的黃昏伴你晚餐或是用極光伴你入眠，還是隨手拍下孩子的快樂瞬間或剛完成的美食佳餚，動動手指，隨心情改變燈光色彩。

材質透視

重點整理趨勢建材的特性，方便讀者快速瀏覽。

郭宗翰 ‧ 石坊空間設計研究

擅長簡潔、時尚的現代風格。以細膩的人性化思維，將深厚的學術理論化為平易近人的住宅空間。

02-2528-8468

www.mdesign.com.tw

陳嘉鴻 ‧ IS 國際設計

憑著天生的空間感加上獨特的美學品味，精準掌握比例線條，善於運用垂直及水平線條來捉出空間向度，隱藏式的收納方法及傢具的搭配，打造出獨特的居家風格。

02-2767-4000

ideaservice.pixnet.net/blog

黃鈴芳 ‧ 馥閣設計

以環保無毒、健康安全、節能減碳為中心思想，體現樂活環保住宅概念，選用環保及天然建材，以綠建築的概念出發，將樂活的態度融入住宅設計中。

02-2325-5019

www.folkdesign.tw

Chapter 01

最堅固耐久的地板材

石材

石材，是一種堅硬的、不腐朽的，並不受時間影響的材質，用作於室內地板是最適合不過了。

一般家中最常使用的石材包含大理石、花崗石、板岩、文化石以及抿石子，這些建材各異其趣。大理石與生俱來的雍容氣質，經常成為空間中的主角；而花崗石的硬實，保留了建築的古老風貌。板岩本身就是個天然的藝術品，具有令人驚艷的特殊紋路。文化石粗糙的表面，加上層層疊疊的石材堆砌，呈現出雋永的鄉村風味。抿石子所造成的特殊效果，無論是運用在現代空間或是自然休閒風格，甚至和式禪風皆十分適切。

種類	大理石	花崗石	板岩	文化石	抿石子	薄片石材	洞石
特色	紋理獨特有質感，適合作為地板材和主視覺牆設計	大多用於公共區域或當作戶外建材使用	質樸粗獷，多用於庭院造景	以天然石材或矽鈣、石膏製成，外觀保有石材的自然紋理	呈現不同的石頭種類與色澤，能展現居家的粗獷石材感	薄片石材取自板岩、雲母石，每片石材厚度僅約 2mm	因表面有許多天然孔洞，展現原始的紋理而得名
優點	硬度和抗磨性高	硬度最高，耐候性佳	耐火耐寒、不易風化	風格營造強烈，可 DIY 施作	耐壓性高，不易剝落	可輕鬆運用於一般厚重石材不易施作的地方如門片、櫃體、廚具等，應用廣泛且施工輕便	天然洞石表面富有孔洞，紋理特殊。人造洞石抗汙性佳，不像天然洞石需要定期養護
缺點	表面有毛細孔，吸水易產生變質	紋路較單調，選擇性較少	表面較粗糙，較不適用於室內地板	易卡髒污，需要勤清理	縫隙多，清理不易	厚度太薄，不適用鋪設地板	天然洞石易有白華、生鏽現象。人造洞石的自然度比不上天然石材
價格帶	NT.350 ～ 1,000 元／才	NT.200 ～ 450 元／才	NT.1,500 ～ 2,500 元／平方公尺	NT.3,000 ～ 4,000 元／坪	NT.180 ～ 1,500 元／公斤	NT.330 ～ 405 元／才	約 NT. 3,950 ～ 4,600 元／片（人造洞石）

設計師推薦私房素材

IS 國際設計 · 陳嘉鴻 推薦

圖片提供_IS 國際設計

1 大理石 · 貴氣奢華的代表

大理石自然高貴的質感，是其它材質所無法取代的。想要提升空間的質感並營造低調奢華的氛圍，大理石是最適合，而且大理石的花色紋路多，選擇性高，不論古典或現代風的家都很適合。雖然價格較貴，保養也較一般建材麻煩，但使用年限也較長，用個百年都沒問題。

攝影 _Yvonne

石坊空間設計 · 郭宗翰 推薦

2 大理石 · 呈現獨特出眾質感

大理石本身為自然原生素材，其質感與表情具有獨特性及時間痕跡。用於局部或當作主畫面，都能有出眾且獨特的表情。單價較高但保養簡易，定期進行拋光，可讓大理石永保如新。

圖片提供 _ 石坊空間設計

近境制作 · 唐忠漢 推薦

3 板岩 · 展露石材真實面貌

此為採用板岩的石皮部分，石材的真實原色一覽無遺，展現質樸粗獷的面貌。板岩的表面粗糙且易吃色，通常會塗上一層防護劑便於清理。建議用於壁面較不易有污漬附著。

圖片提供 _ 近境制作

大理石
變身豪宅一定要用

30 秒認識建材

| 適用空間 | 客廳、餐廳
| 適用風格 | 古典風、奢華風
| 計價方式 | 以才計價（才 =30×30cm）
| 價 格 帶 | NT.350 ～ 1,000 元／才
| 產地來源 | 中國、東南亞
| 優　　點 | 紋路多變、質感貴氣
| 缺　　點 | 有污漬則難清理，保養不易

選這個真的沒問題嗎

1 **大理石要怎麼買才不會選到劣質品或黑心貨？該如何怎樣判斷大理石的優劣？** 解答見 P.17

2 **聽説大理石很難保養？使用久了會不會產生變質的情形？** 解答見 P.18

3 **大理石施工上要注意哪些地方？用於壁面時有否不同？** 解答見 P.17

大理石乃因造山運動而形成的石材，莫式硬度約 3 度左右，硬度雖然沒有花崗石高，但比起石英磚、磁磚都來得硬，不論鋪設在地面或壁面皆可。而大理石本身有毛細孔，一旦與水氣接觸太久，水氣就會滲入石材，與礦物質產生化學變化，造成光澤度降低，或是有紋路顏色加深的情形出現。

因此，較不建議將大理石鋪設在浴室等容易潮濕的地方，若要鋪設的話，在打底防護上可以選擇高品質的水泥砂漿，石材防水工程也要做到表面的六面防護。另外，大理石易吃色，若是不小心沾到飲料、醬油等有色液體，要盡快擦拭乾淨。

一般最常遇到的大理石病變問題為白華、吐黃。之所以會產生白華，主要是因為在鋪設時，防水處理未做完善，水分滲透到混凝土中，而滲出大理石表面，水分蒸發後，就在大理石表面形成一層的碳酸鈣，因此建議在鋪設大理石前要做好防水措施。

圖片提供＿演拓空間室內設計

種類有哪些

一般來說，依照表面色澤和加工方式，大理石大致可分為淺色系、深色系和水刀切割而成的拼花大理石。

1 淺色系

主要有白色系和米黃色系大理石。白色系的大理石適合用於空間中的基底色系，但其毛細孔較大，吸水率較高，硬度較深色系大理石為軟，在養護上要多費心。建議可將白色系大理石用在不常使用的區域。

2 深色系

深色系的大理石材較淺色大理石堅硬，且毛孔細小，吸水率相對較低，再加上深色的底色，防污效果較淺色系顯著。

3 水刀切割的拼花大理石

包含花卉、幾何圖案等，圖案富變化，常用於玄關地坪點綴。而各家的圖案多樣，建議可依自己的喜好選擇。

這樣挑就對了

1 依空間挑選

因大理石較易吸水，不適用所有空間，像是廚房容易產生髒污的區域就不適合。

2 要注意紋路顆粒

大理石最吸引人的就是花紋，在挑選時要考慮紋路的整體性。而紋路顆粒越細緻，代表品質越佳。若表面有裂縫，則表示日後易有破裂的風險。

3 一觀、二聽、三試

一觀就是「觀察」，看石材外表是否方正，取材率就較高，同時石材本身密度高的，亮度與反射程度也較好，品質較高；二聽是可用硬幣敲敲石材，聲音較清脆的表示硬度高，內部密度也較高，抗磨性較好、吸水率較小，若是聲音悶悶的，就表示硬度低或內部有裂痕，品質較差；三試則是用墨水滴在表面或側面上，密度高的越不容易吸水。

這樣施工才沒問題

鋪設大理石時，一般施工方式有：

圖片提供＿石坊空間設計

▲用於浴室的大理石要加強排水，避免變質。

1 乾式軟底施工法

鋪設在地面時，多使用乾式軟底施工法。必須先上 3 ～ 5 公分的土路（水泥砂），再將石材黏貼於上。

2 濕式施工法

鋪在壁面時，基於防震的考量，則使用濕式施工法，施作時使用 3 ～ 6 分夾板打底，黏著時較牢靠，增加穩定度。另外，在拼接大理石時，為增加美觀，目前則有無縫美容的手法，讓大理石之間的隙縫變得不明顯。

3 填縫須配合石材顏色

施工使用之黏著劑須依照大理石色澤深淺添加色粉，且深色大理石使用深色矽利康、淺色大理石則使用淺色。

監工驗收就要這樣做

1 盡量選擇同一塊石材

若鋪設大面積的地坪或壁面時，基於色澤和紋路的考量下，最好材料都是來自同一塊石材。

2 注意石材編號

原石剖片之後都會有編號，嚴禁抽片，否則會造成紋路無法連接的情況。並注意在安裝過程中是否有造成污損或刮痕的情形。

3 鋪設在壁面時要注意支撐力

放置壁面大理石時要注意載重問題，需要先確認掛載的工法是否足夠支撐。並注意不可歪斜，可使用水平尺測量。

達人單品推薦

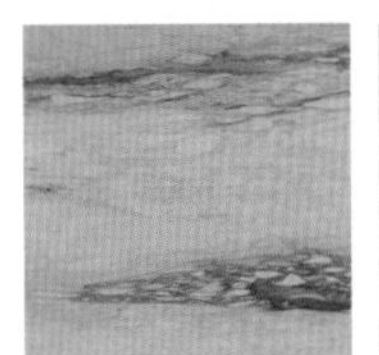
1 卡迪亞

2 阿拉伯白

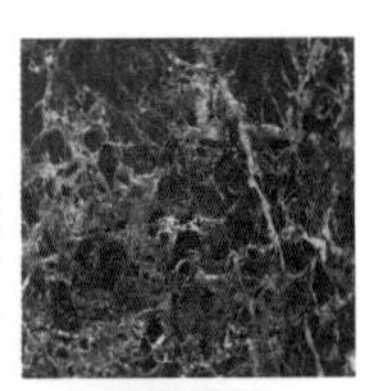
3 櫻桃紅

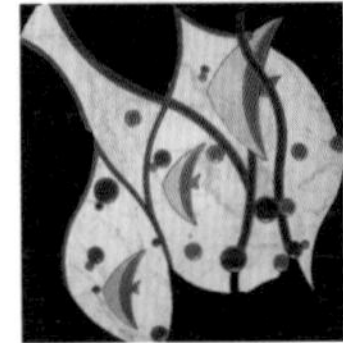
4 Antiantic Fish

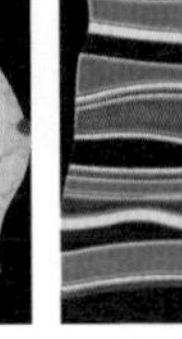
5 Blue Line

1　具有如潑墨山水般的波浪紋路，不規則的分布往往能帶來視覺的驚喜感受。
（尺寸、價格電洽，攝影 _Amily，產品提供 _ 畢卡索石材）

2　寫意般的線條有規律地在表面延展，展現有秩序的美感。
（尺寸、價格電洽，攝影 _Amily，產品提供 _ 畢卡索石材）

3　暗紅中帶有不規則分布的紋路，呈現溫潤厚實的石材質感。
（尺寸、價格電洽，攝影 _Amily，產品提供 _ 畢卡索石材）

4　模組化的水刀拼花突破傳統的水刀拼花一體成型，使水刀拼花更易施工，圖案更創新不再侷限固定尺寸，施作於浴室空間，如置身在海洋裡與和魚共游。
（30.5×30.5cm，價格店洽，圖片提供 __ 蔚林實業）

5　精品化的設計，流線型與鮮豔的色彩，施作於居家，不只是精緻的觸動，同時使身心得到舒解。
（30.5×30.5cm，價格店洽，圖片提供 __ 蔚林實業）

※ 以上為參考價格，實際價格將依市場而有所變動

這樣保養才用得久

1 避免用過濕的拖把
由於大理石的吸水率較高，先以靜電拖把吸附灰塵，防止灰塵細沙刮傷表面，再使用擰得很乾的拖把擦拭。

2 使用專用清潔劑
市面上有大理石專用的清潔劑，在保養清潔上較方便。若用一般的清潔劑時，務必選用中性的清潔劑，避免強酸或強鹼，否則會腐蝕表面造成破損。

3 建議定期打磨美容
在正常的使用情況下，大約 8 ～ 10 年左右可以定期做打磨美容，維持表面光澤透亮。

4 以稀釋的雙氧水減輕吃色情況
若有色飲料滲入大理石時，可將棉花沾上稀釋過的雙氧水，加上保鮮膜覆蓋在表面發黃處，依發黃狀況靜置一段期間，發黃的狀況即會減輕。

搭配加分秘技

流動感石紋與光感不鏽鋼的冷冽邂逅
主臥浴室內分別在地面與壁面以石磚與石材做鋪面，濃黑的鏽銅磚與深具張力感的石紋，再搭配不鏽鋼的層板與面盆區的柱狀線條則營造出俐落與光感的生活品味。

圖片提供 _ 近境制作

銀狐大理石吧檯，簡約中流露奢華味道

利用一座白栓木集成材打造的中島吧檯，作為工作區與用餐區的界定點，同時以銀狐白石材包覆簡約的ㄇ字型大餐桌，讓木與石的清新色調襯托食物美色，呈現時尚優雅美感。

圖片提供＿邑舍設紀

聖誕樹造型石牆

以石材展現大器的客廳，設計特別用心之處在於，整個牆面拼貼像是聖誕樹造型，精巧拼貼的對花，讓牆面設計更加豐富。並為了保持牆面完整性，牆面不加裝電視機，改採隱藏式投影幕。

圖片提供＿相即設計

花崗石
硬度高的耐久石材

30 秒認識建材

|適用空間| 廚房、衛浴、陽台
|適用風格| 古典風、鄉村風
|計價方式| 以才計價(才 =30×30cm)
|價 格 帶| NT.200～400元/才(不含施工)
|產地來源| 中國、印度、南非
|優　　點| 質地堅硬，取材容易，價格相對便宜
|缺　　點| 花色變化較單調

Q 選這個真的沒問題嗎

1 **花崗石的質地堅硬嗎？和大理石相比，哪個比較適合做成室內地板？** 解答見 P.20

2 **花崗石可以用在浴室的洗手檯面嗎？會不會容易吃水變色？** 解答見 P.21

3 **花崗石平常的清潔保養會不會困難？如果有污漬用鹽酸洗淨可以嗎？** 解答見 P.22

花崗石為地底下的岩漿慢慢冷凝而成，由質地堅硬的長石與石英所組成，莫氏硬度可達到 5 ～ 7 度。其中，礦物顆粒結合得十分緊密，中間孔隙甚少，也不易被水滲入。吸水率低且硬度高的特性，使得花崗石的耐候性強，能經歷數百年風化的考驗，相較於建築壽命長得許多。因此，花崗石十分適合做為戶外建材，大量用於建築外牆和公共空間。目前市售的花崗石主要產於南非與大陸等國。

雖然花崗石的吸水率低、耐磨損、價格便宜，適合做為地板材和建築外牆。但從設計上來看，比起大理石，花崗石的花紋變化較單調，缺乏大理石的雍容質感，因此難以成為空間的主角，一般設計師則較少用在室內地板上。用於室內時，多用在樓梯、洗手台、檯面等經常使用的區域，有時也會作為大理石的收邊裝飾。

花崗石依表面燒製的不同，可分成燒面和亮面，燒面的表面粗糙不平，因此摩擦力較強具止滑效果，建議可用於浴室或人行道等。

圖片提供＿畢卡索石材

種類有哪些

依照常見顏色的區分，可分成深紅色、淺紅色、灰白色、黑色、綠色、棕色等。

1 深紅色
紋理可分成斑狀、等粒、條紋等，粒徑因各石種有所不同，多產於中國、印度、北歐和南美。

2 淺紅色
粒徑偏粗，產地來自於中國、印度、西班牙、美國等地。因含鐵量較高，若遇水或潮濕時，表面易有鏽斑產生。

3 灰白色
淺色礦石，紋理以等粒居多。

4 黑色
紋理以等粒居多，色澤優雅貴氣。多來自挪威、南非和印度。

5 綠色
產地多來自中國、印度、西班牙、芬蘭等。

6 棕色
紋理有斑狀、等粒、條紋，粒徑偏中至粗。多來自中國、瑞典、巴西、葡萄牙等地。

這樣挑就對了

挑選原石有風險
石材為天然生成的素材，挑選時僅能靠外觀判斷，但難保切片後內部依舊完美。挑選時，設計師必須善盡告知義務。如有小瑕疵可進行補膠美容。

這樣施工才沒問題

1 乾式施工法
大樓外牆多使用此法。花崗石鋪設在牆面時，要注意防震的處理，施工時以固定架及鋼絲將石材固定在牆面上，並注意滲水方面的處理，同時石材間需預留 2 公分的伸縮縫，才經得起地震，或熱漲冷縮的緩衝。

2 水泥沙施工
室內、橋墩多使用此法，但要注意必須加入鐵線補強才能耐久，若施工於浴室等較潮濕的空間，建議在結構面先進行防水處理。

▲花崗石最常被用作檯面、樓梯使用，邊緣可依需求處理導角。導角可分成 1/2 圓角、1/4 圓角等造型，可以喜好決定。

3 選擇良好的防護膠和防護粉鋪設
花崗石常聽到的病變為「水斑」，水斑的形成乃因為花崗石成分含有石英，在施作的過程中與水泥接觸，未乾的水泥濕氣漸漸往石材表面散發，而產生鹼矽反應，造成表面有部分的區域色澤變深。而淺色的花崗石因含鐵量較高，若遇水或潮濕時，表面易有紅色的鏽斑產生。因此在鋪設花崗石時必須謹慎挑選品質良好的防護膠和防護粉，避免在施工中讓花崗岩受到污染。

監工驗收就要這樣做

1 事前溝通免後悔
由於挑選原時有風險，建議購買石材尋求可靠廠商，並且事前與廠商溝通，主動積極了解切片狀況，以免貼上後才發現瑕疵，造成事後難以進行修補。

2 室內、室外有厚度之別
一般使用於室外，石材厚度多達 3 公分以上，若加上乾式施工則須預留 5 ～ 7 公分厚度；而室內則為 2 公分厚即可。

▲▶花崗石質地堅硬，耐候力強，做為建築外牆可經得起風化的考驗。

達人單品推薦

1 山東胡桃

2 太陽白

3 紫羅蘭

4 金帝黃

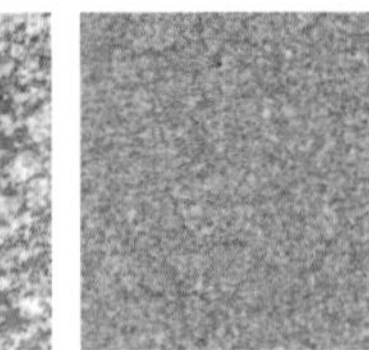

5 銀灰

1 石材為粉色帶黑色結晶，用於建築基座時，能突顯尊貴感。
（30.3×30.3cm、NT.200 元／才，圖片提供＿畢卡索石材）

2 白色石材混合米色與灰階結晶，可使用於外牆與地面。
（30.3×30.3cm、NT.200 元／才，圖片提供＿畢卡索石材）

3 色澤較沉穩，結晶色澤偏紫，適用於玄關或電視牆畫龍點睛。
（30.3×30.3cm、NT.240 元／才，圖片提供＿畢卡索石材）

4 大地色彩中帶有交錯黑色結晶，使用於建築外牆呈現低調穩重質感。
（30.3×30.3cm、NT.200 元／才，圖片提供＿畢卡索石材）

5 色澤較太陽白沉穩，亮面處理時呈現光可鑑人的感覺。
（30.3×30.3cm、NT.200 元／才，圖片提供＿畢卡索石材）

※以上為製品單價不含施工，若非製品則須依照施工面積、表面處理與施工計價。

這樣保養才用得久

1 以吸塵器或靜電拖把除塵
保養花崗石最重要的是徹底除塵及清潔，最好能使用吸塵器或靜電拖把效果較佳。

2 使用專用清潔劑
盡量選用專用的清潔劑，若用一般的清潔劑時，務必選用中性的清潔劑，避免強酸或強鹼，否則會腐蝕表面造成破損。

3 定期拋光研磨
經過長期的使用，花崗石的亮度會減低，定期請專人拋光研磨來恢復亮度。

板岩
自然風就要它

30 秒認識建材

適用空間	客廳、餐廳、書房、衛浴、陽台
適用風格	美式風、鄉村風
計價方式	以平方公尺計價
價格帶	NT.1,500 ～ NT.2,500 元／平方公尺
產地來源	中國
優點	不易風化、耐火耐寒
缺點	每片厚度不一，較難清理

Q 選這個真的沒問題嗎

1 **板岩最明顯的特色是什麼？近年來使用上有何不同？** 解答見 P.23

2 **板岩和其他石材的差別為何？多應用在哪些空間？** 解答見 P.23

3 **板岩施工時要特別注意什麼地方？** 解答見 P.24

板岩本身就是個天然的藝術品，具有令人驚艷的特殊紋路，卻沒有花崗岩或大理石般的冰冷，十分適合與木作搭配，展現宛如峇里島般度假的休閒風格，經常被廣泛運用在庭園造景、休閒住宅、高級旅館等建築上。

而板岩的結構緊密、抗壓性強、不易風化、甚至有耐火耐寒的優點，早期原住民的石板屋都是使用板岩蓋成的。早期因為板岩加工不多，其特殊的造型較少運用於室內，反而被廣泛運用在園林造景、庭院裝飾等，展現建築物天然的風情。但近年來石材的運用日漸活潑，板岩自然樸實的特性，也成為許多重視休閒的人所接受。

由於板岩含有雲母一類的礦物，很容易裂開成為平行的板狀裂片，但厚度不一，鋪設在地板時須注意行走的安全，在清潔上也需多費工夫。板岩的吸水率雖高，但揮發也快，也很適合用於浴室的裝潢，防滑的石材表面，與一般常用的磁磚光滑表面大不相同，有種回歸山林的解放感，觸感更為舒適。

圖片提供＿蔚林實業

種類有哪些

板岩一般以顏色與表面處理方式區分，顏色可分成黃板岩、綠板岩、鏽板岩、黑板岩，各種類依照礦物質含量不同而有天然色差。其次可依表面處理方式分成蘑菇面、劈面、幾何面、自然面、風化面等。一般來說，自然面和風化面的紋理較為粗獷質樸，常用於戶外或建築外牆，而室內則以紋理較細緻的蘑菇面和劈面的處理手法居多。

這樣挑就對了

1 依空間選擇

板岩適合鋪在浴室的地、壁面，其防滑且易吸水的特性，再加上粗獷天然的風格，可營造如度假般的悠閒感。但因板岩易吸油，則不適合鋪在廚房等易生油煙的地方。

2 考量家庭成員

板岩的厚度不一，鋪設起來較不平整。家裡若有老人或小孩，則較不建議將鋪設在室內地板上，以免發生危險。

這樣施工才沒問題

1 牆面施工

板岩用於牆面時，要注意保持水平從底部開始砌起，在堆砌時要小心放置，未凝固前不要動到石塊，每次堆砌的高度，以不超過 3 公尺為佳。同時上下兩層的石片最好要交錯安置，避免垂直的縫隙出現。

2 黏著劑的使用

板岩在施工前要先調合適量的水與濃稠度適中的灰漿作為黏著材料，然後塗在乾淨平整的檯面上。若是貼在木板等光滑的立面，則建議使用專用的黏著劑或 AB 膠，增加附著力。

監工驗收就要這樣做

1 是否留有溝縫

一般板岩多以亂數單元做成模組，施工做得好且不留縫痕，可營造出整面效果。

2 注意銜接介面的契合度

板岩硬度介於花崗岩與大理石之間，畸零角落可現場切割使用，但要注意銜接介面是否契合，才能展現一體感。

達人單品推薦

1 磨菇面系列（RP-14N）

2 劈面系列（RP-18C）

3 幾何面系列（RP-03F）

1 石材加工為中央突起，表面具有明顯立體面，質感粗獷，適合使用於戶外景觀。
（610×152×15～18mm、價格店洽，圖片提供＿蔚林實業）

2 石材劈開面的表面略為平整 ，適合使用於室內空間。
（尺寸、價格店洽，圖片提供＿蔚林實業）

3 以各種不同長條尺寸的板岩亂數組合，增加粗獷感，適合使用於戶外。
（610×152×15～25mm、價格店洽，圖片提供＿蔚林實業）

這樣保養才用得久

1 使用水性或中性之清潔劑刷淨

施工過程中，如有污損，建議立即用水性或中性清潔劑刷淨，去除石材表面及施工面之污物、油脂及雜物。

2 以清水刷洗髒污

平時只需用雞毛撢子撢去灰塵，髒汙則以清水刷洗即可；如有特別之要求則建議使用水性透氣型防護劑，於黏著材完全乾燥後，方可施作。

搭配加分秘技

呈現回歸大自然的原始況味
宛如藝術品的板岩，依照礦物質含量不同而有天然色彩。貼覆在電視牆上，創造出來的效果，讓人在室內就能感受自然的原始滋味。

圖片提供＿向喆空間設計

圖片提供＿禾築設計

木與石搭配散發人文氣息
客廳主牆採用創新的黑色薄型板岩，自然的石材紋理和純黑的質感成為室內的一大焦點，再搭配實木層板，散發出濃濃的人文氣息。

文化石
鄉村風非它不可

30 秒認識建材

|適用空間| 客廳、餐廳
|適用風格| 現代風、鄉村風
|計價方式| 以坪計價（不含施工）
|價 格 帶| NT.3,000 ～ 4,000 元／坪
|產地來源| 台灣、中國、美國
|優　　點| 施作方便，可嘗試自行 DIY
|缺　　點| 易卡髒污，需要勤清理

Q 選這個真的沒問題嗎

1 **文化石可以貼在木作牆面嗎？要怎麼施工才比較穩固不會掉？** 解答見 P.27

2 **文化石牆面凹凸不平，會不會很難清理？** 解答見 P.27

3 **鋪砌文化石時，想用角磚在牆角做收邊，要先貼角磚，還是先貼文化石呢？** 解答見 P.27

文化石可分為天然文化石和人造文化石兩種。天然文化石是將板岩、砂岩、石英石等石材加工後，成為適用於建築或室內空間的建材，因為保有石材原本的特色，因此在紋理、色澤、耐磨程度上，都與石材的特質相同。人造文化石則是採用矽鈣、石膏等製造而成，質地輕，重量為天然石材的三分之一左右，又具備防燃、防霉的特性，且可以客製化調配顏色，安裝上也較為容易。

文化石粗糙的表面，加上層層疊疊的石材堆砌，呈現出歐式古堡、或是鄉村風味的感覺，這就是文化石給人最鮮明的形象。其質樸的石材原色，很容易給人有回歸大自然的原始況味。

在空間配置上，文化石經常作為電視主牆、餐廳壁面或玄關裝飾等，但佔整體空間的比例不能過高，較適合局部點綴。近年來因為人造文化石有更多新穎的設計，現在反而多用白牆來搭配，讓文化石變得較為單純，多了一點自然風與時尚風格，成為受歡迎的新趨勢。

圖片提供＿沛特貿易有限公司

種類有哪些

文化石最早從美國進口，為使用 100% 水泥製造的人造材料，現在也有不少以天然石材、手工磚方式製造，主要可分為天然文化石和人造文化石兩類。

1 天然文化石

使用天然石材打造成的文化石，有板岩、砂岩、石英石等，色澤紋理豐富，但重量較重。

2 人造文化石

使用 100% 進口白水泥製造，也可添加輕質骨材減輕重量，使用色粉調色，有黑、白等各種不同色彩；此外也有使用陶燒手工磚產品。

這樣挑就對了

1 注意比例配置

基本上文化石僅作為空間中的局部點綴，可當作電視主牆、壁面或玄關裝飾。若是文化石的使用比例太高，就像是住在石頭城堡中，反倒失去了韻味。

2 硬度要夠

品質不好的文化石硬度不夠，日後容易產生龜裂，因此建議選用台製或歐美進口產品。

3 角磚挑選

部分文化石有生產角磚，選購前先問清楚，才能確認鋪砌成果。

這樣施工才沒問題

1 RC 牆與木板牆的施工方式

文化石施工黏劑早期多用水泥沙漿，現則多使用益膠泥。天然文化石與人造文化石施工方式差異不大，主要在於施工牆面若為木板牆，則建議先釘上細龜甲網，再以水泥膠著才可以牢固結合；一般 RC 牆若有粉光則須打毛後，以益膠泥黏著。

2 使用角磚注意

鋪磚方式建議一排排由下往上砌，若使用角磚則建議先黏貼角磚後再往中間施工，讓需裁切的文化石隨機分布在牆面中間。

▲ 貼覆文化石時，可將水泥砂漿抹於表面後再拭去，表面磚紋能就形成陳舊感，更添復古韻味。

3 拼貼技巧

依石材與呈現效果不同，可分成密貼與留縫兩種。天然文化石多採密貼，效果類似板岩牆，而留縫也可選擇是否填縫，也有填縫後再上水泥漆，模仿早期磚牆油漆的效果。

監工驗收就要這樣做

水平一致

密貼法尤其要注意水平，可觀察牆頂的切磚是否有歪斜的情形，建議每施工一排就測量一次，以免誤差越來越大。

這樣保養才用得久

1 切勿塗鴉

若被原子筆或奇異筆畫到，則不容易洗除。若不慎弄髒，可用砂紙磨掉。

2 室外使用保護漆

文化石平時不須用特別的清潔劑，用清水濕布擦拭即可。若使用於戶外則可上平光保護漆，避免下雨積汙、卡沙粉。因文化石具有吸水性，除非通風良好，盡量不要使用在浴室，以免發霉。

達人單品推薦

1 Mountain Ledge 山礁石（天然色）

2 Old Castle 古堡石（天然色）

3 鹽磚

4 白玉石

5 火紅磚

1 山礁石系列產品，賦有濃厚的鄉村氣息，在葛瑞士的產品當中屬於質地較粗獷的產品。
（不規則大小，厚度約為 4 ～ 7cm、NT.6,000 元／坪，圖片提供 __ 沛特貿易有限公司）

2 此系列為古堡石系列，俱有比城堡石更厚重的外表，與厚實的視覺感，可輕鬆的塑造古羅馬時期的建築風格。
（不規則大小，厚度約為 4 ～ 7cm、NT.6,000 元／坪，圖片提供 __ 沛特貿易有限公司）

3 表面如風化過的切片鹽磚系列，利用風化後的表面讓牆面更生動，也賦有文化的故事。
（10×20cm、厚約 1 ～ 1.5cm、NT.6,000 元／坪，圖片提供 __ 沛特貿易有限公司）

4 淨白的色系一向能帶來明亮寬敞的空間感受，再加上具有粗獷的磚面讓空間表面多些變化。
（尺寸、價格電洽，圖片提供 _ 永逢建材）

5 仿造舊時紅頭磚屋厝的樸實，為居家帶來質樸氛圍。
（尺寸、價格電洽，圖片提供 _ 永逢建材）

※ 以上為參考價格，實際價格將依市場而有所變動

搭配加分秘技

黑白對比，展現衝突之美
沙發背牆以白色文化石為底，黑色牆面和畫作襯托，強烈的對比，呈現現代的衝突美感。文化石的質樸手感和緩了空間氛圍，讓人感受回歸自然的況味。

圖片提供 _ 珥本室內設計

以文化石牆打造質樸風味
運用文化石作為餐廳主牆，淨白而質樸的味道，營造出豐富的視覺效果，再輔以嫩綠色沙發，呈現現代而具質感的風格。

圖片提供＿墨比雅設計

結合三種異素材帶出視覺層次
電視牆結合木作、文化石與烤漆帶出視覺的層次。底部以文化石襯托自然質感，電視牆本體則以灰色烤漆搭配溝縫線條，創造幾何造型的視覺效果。而木作層板轉折至下方成為檯面，不僅有實際的收納機能，也兼具視覺效果。

圖片提供＿墨比雅設計

抿石子
細緻多變抗候耐久

30 秒認識建材

| 適用空間 | 客廳、浴室、室外地面或建築立面
| 適用風格 | 自然風
| 計價方式 | 以公斤計價（不含施工）
| 價 格 帶 | NT.180 元～ 1,500 元（材料費）NT.8,000 ～ 10,000 元（施工費）
| 產地來源 | 台灣、東南亞
| 優　　點 | 色澤豐富，選擇性多
| 缺　　點 | 縫隙多，清理不易

Q 選這個真的沒問題嗎

1 用在浴室地面的抿石子應該選擇哪一種才不會滑倒呢？ 解答見 P.31

2 抿石子的縫隙多，平時該如何清潔和保養呢？ 解答見 P.32

抿石子是一種泥作手法，將石頭與水泥砂漿混合攪拌後，抹於粗胚牆面打壓均勻，其厚度約 0.5 ～ 1 公分，多用於壁面、地面，甚至外牆，依照不同石頭種類與大小色澤變化，展現居家的粗獷石材感。

抿石子所造成的特殊效果，無論是運用在現代空間或是自然休閒風格，甚至和式禪風皆十分適切，其拿捏之處在石材顆粒的大小粗細。小顆粒石頭鋪陳在牆面較為細緻簡約，大顆粒的石頭則呈現自然野趣感，而深色的石頭則會因為時間撫觸的次數而越顯光亮，是相當有趣的壁面材質。

抿石子耐壓效果良好，也較不會如地磚易因熱脹冷縮凸起，而用在外牆也不用擔心剝落等問題。

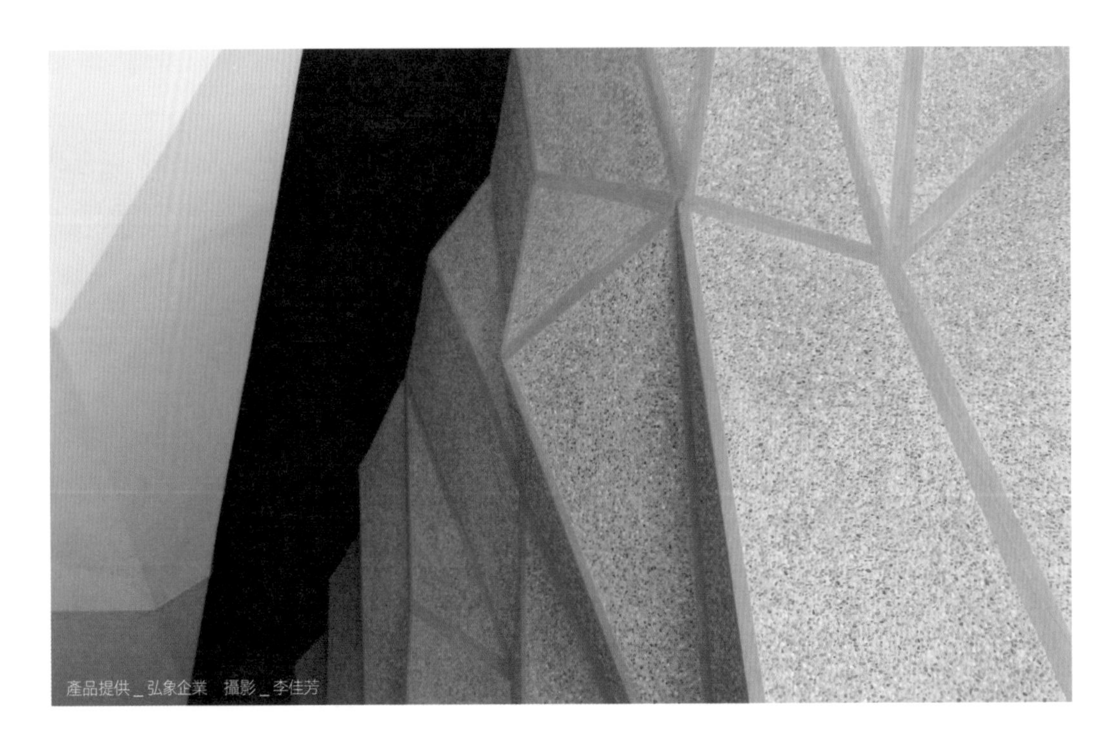
產品提供＿弘象企業　攝影＿李佳芳

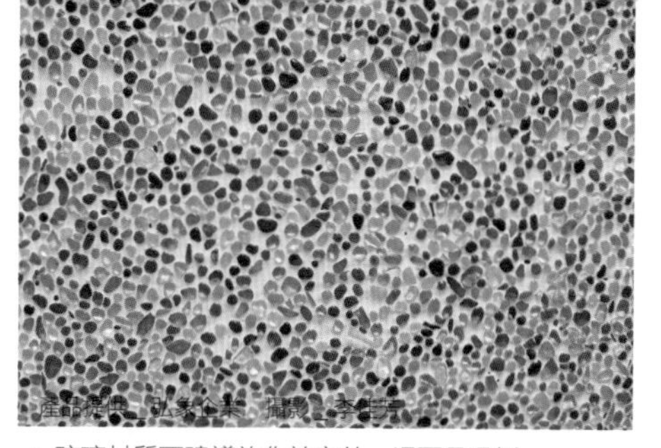

▲ 琉璃材質不建議施作於室外，遇雨易滑倒。

種類有哪些

抿石子使用材質一般可分為天然石、琉璃與寶石三類，單價依序以天然石、琉璃至寶石最高。

1 天然石

一般多為東南亞進口之碎石製作，僅有宜蘭石為台灣自產，生產時工廠會依照顏色、粒徑分類。若鋪設面積小，可購買不同色彩和大小的天然石，但大面積使用建議購買調配好的材料包，以免不同批施作產生色差。

2 琉璃

為玻璃燒製的環保建材，台灣製作的廠商少，市場上也有中國進口產品，但品質較不穩定。

3 寶石

如白水晶、瑪瑙、紫水晶、珍珠貝等製作，折光性與透光性較琉璃高，多進口自東南亞，單價也最高。

這樣挑就對了

1 粒徑小，效果細緻；粒徑大，則較粗獷

依照空間屬性與呈現美感挑選不同材質或粒徑，若想呈現細緻的效果、水泥露面看來較少，建議選擇 7 公釐左右的粒徑；若要粗獷點，則可選擇 1.2 分的粒徑（1 分約為 0.5 公分）。

2 打底水泥不同

除了一般灰色水泥與白水泥外，亦有俗稱抿石寶的調和水泥可選用。抿石寶一般多偏黃色，也可添加色粉調製成深咖啡、深黑色等，可與石子色彩同色系搭配使用或呈現跳色效果，甚至可再添加亮粉製造閃耀效果。

3 透過燈光觀察寶石的好壞

寶石單價遠高於琉璃，若要避免混淆，建議可於燈光下觀察。寶石不僅透亮且具有特殊折光感，效果相當顯著，而琉璃的透光度僅如玻璃。

這樣施工才沒問題

1 施工順序

抿石子施工前，若是 RC 粗胚必須先以水泥沙打底製作粗體，才能施工；若立面已經水泥粉刷，則必須先打毛，才能施工，否則會有黏著不上去的情形。

2 以海綿拭去水泥，表面更圓滑

一般人常說的洗石子，和抿石子的前期工法一樣，只是洗石子的最後階段是用高壓水柱沖洗多餘水泥，但抿石子則用海棉擦拭表面水泥，讓混拌其中的石子浮現而出。抿石子及洗石子，皆屬於可呈現天然石材質感的運用工法。

洗石子的完成面摸起來表面較刺，也較容易卡塵，加上清洗時汙水四散，容易汙染到附近鄰居或土地，因此現今多採用海綿擦洗的抿石子，其表面摸起來較圓潤，質感也較精緻。

3 琉璃材質不建議施作在室外

建議琉璃材質盡量不要施作於室外，下雨容易濕滑，且室外建議挑選粒徑較大者，止滑效果較好。為避免戶外酸雨、雨垢，淺白色水泥打底的抿石子建議加上奈米防水劑 。

4 掌握塑型時間

抿石子施工時必須多個師傅同時配合，同時進行鋪設與檢查動作。塑型時間尤為要領，須等待混凝土稍吸水後才能進行，太快塑型會讓石子剝落，太慢則表面乾燥（俗稱臭乾），表面水泥清洗不掉，則必須用強酸強鹼才能洗淨，相當麻煩。

5 施工看天氣

室外下雨天時必然不能施工，此外七、八月施工品質會稍受影響，因內外溫差大，水泥表面乾得快、裡面卻還未乾透，因此容易產生細小裂痕。且粉色或白色水泥的硬化程度更高，細紋狀況也更多。

監工驗收就要這樣做

驗收看外觀

抿石子施工完成若表面看來「霧茫茫」，表示清洗動作時不夠好。建議清洗時一邊進行檢查工作，且必須清洗三次才行，若有瑕疵可要求廠商再用強酸或強鹼洗潔。不過，要是寶石類抿石子用強酸或強鹼則會傷害表面，一開始就要選用手路細的師傅來施工。

達人單品推薦

1 天然石系列—寒水石

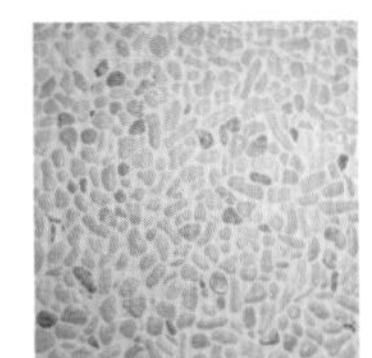
2 天然石系列—CAS-104

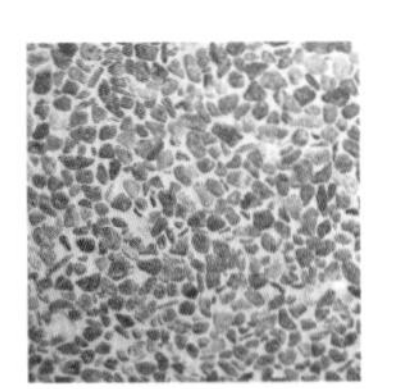
3 天然石系列—CAS-130

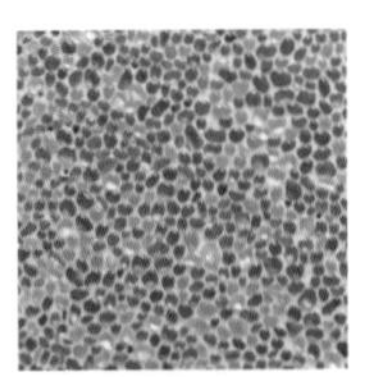
4 琉璃系列—天藍+透明白

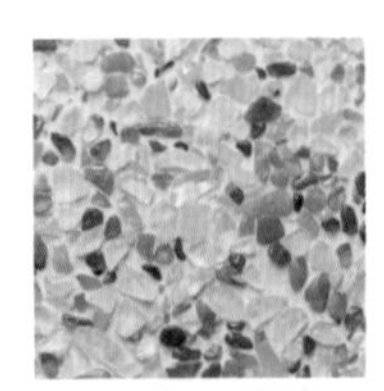
5 寶石系列

1 寒水石色澤偏灰，適合使用1～1.2分，室內外皆可，使用得當遠看可以製造如同石材的效果。
（20公斤、NT.160元／包，產品提供＿弘象企業 攝影＿李佳芳）

2 材料為米貝，為海灘貝殼製作，形狀較為不一，粒徑越大越不細緻，建議選擇1.2分以下（小於米粒）。
（20公斤、NT.200～220元／包，產品提供＿弘象企業 攝影＿李佳芳）

3 為7mm蛇紋石搭配粉綠色抿石寶，遠看有仿石材效果。
（20公斤、NT.160元／包，產品提供＿弘象企業 攝影＿李佳芳）

4 青藍、寶藍琉璃系列很適合用於營造希臘地中海風格，也可混入透明白琉璃增添特色。
（10公斤、NT.800元／包，產品提供＿弘象企業 攝影＿李佳芳）

5 混和白水晶、粉晶與綠瑪瑙，給人閃亮奢華感，使用室內約1分效果最佳，若使用室外建議大小粒徑以2：1混合，止滑度較好。
（NT.150～200元／公斤，產品提供＿弘象企業 攝影＿李佳芳）

※以上為參考價格，實際價格將依市場而有所變動

這樣保養才用得久

使用抑菌填隙劑防霉

抿石子較常見的問題是水泥間隙發生長霉狀況，這跟當初施工時選用的材料與工法細緻的程度有關聯。在施作時應選用具有抑菌成分的填隙劑，並於施工完成後使用防護漆將水泥間隙的毛細孔洞，完全密封，黴菌生長的環境降到最低。

搭配加分秘技

機能與裝飾兼具

玄關地面以抿石子地坪鋪成，能使室外的灰塵落盡，並拉出一道弧形使空間充滿活潑變化，機能與裝飾兼具。

圖片提供＿馥閣設計

圖片提供＿相即設計

黑色抿石子搭配霧面玻璃的 SPA 情趣

浴室的牆壁及地板採用抿石子，洗手檯面則是先以水泥塑形，並加裝鐵件支撐，再以抿石子覆蓋在水泥上，令洗手檯面猶如懸空的狀態。整體空間呈現黑白的單純畫面，隨著光影產生對話，營造猶如 SPA 的生活享受。

圖片提供＿無有設計

不同色系界定使用機能

從地板開始，以灰色抿石子鋪陳，一路延伸至浴缸、戶外陽台，在淋浴空間用上黑色抿石子，界定出機能及用途。

薄片石材
石材輕薄更升級

30 秒認識建材

| 適用空間 | 各種空間適用
| 適用風格 | 各種風格適用
| 計價方式 | 依尺寸及花色計價
| 價 格 帶 | NT.330 ~ 405 元／才
| 產地來源 | 德國
| 優　　點 | 可輕鬆運用於一般厚重石材不易施作的地方如門片、櫃體、廚具等，應用廣泛且施工輕便
| 缺　　點 | 厚度太薄，不適用鋪設地板

Q 選這個真的沒問題嗎

1 設計師叫我用薄片石材做電視牆，這種材質具有什麼樣的特性？ 解答見 P.34

2 收到建材後，要怎麼觀察品質的好壞，才不會收到劣質品？ 解答見 P.35

3 薄片石材好保養嗎？會不會容易吃色有髒污？ 解答見 P.36

現今的環保意識抬頭，針對有限礦產資源的石材，避免在居家裝潢中大塊石材的消耗，因此而製作出薄片石材，或可稱為礦石板。不但保留了石材獨特的自然紋理，也減少取材時的浪費，在裝潢時想要營造不凡品味更是輕而易舉。

從德國進口的天然薄片石材材料，主要以板岩、雲母石製成。板岩紋路較為豐富，而雲母礦石則帶有天然豐富的玻璃金屬光澤，在光線照射下相當閃耀，可輕鬆營造華麗風格。另外，還有使用特殊抗 UV 耐老化透明樹脂的薄片，可在背面有光源的情況下做出透光效果，展現更清透的石材紋路。

由於每片石材厚度僅約 2mm，施工更加簡單、快速、容易，可輕鬆運用於一般厚重石材不易施作的地方，如門片、櫃體、廚具流理檯等，或貼合於各種木材、纖維水泥板、石膏板、矽酸鈣板和金屬上，也可以輕鬆做出弧形的效果，這都是傳統石材較難做出的效果，可以為消費者大幅節省安裝成本。此外，薄片石材具防水、耐低溫功能，還可以應用於建築物外立面裝飾。

圖片提供＿櫻王國際

種類有哪些

1 板岩薄片

因礦石本身具有豐富紋理，板岩薄片的石材紋路較為豐富，可以呈現較為樸質的質感，適合搭配禪風路線裝修居家。

2 雲母薄片

雲母礦石帶有天然豐富的玻璃金屬光澤，在光線照射下相當閃耀動人，可輕鬆營造華麗風格。

3 透光薄片

透光系列使用特殊抗 UV 耐老化透明樹脂，在背面有光源的情況下可做出透光效果，與人造雲石相較之下，石材紋路更自然漂亮。

這樣挑就對了

1 從外表觀察有無髒污

紋理是否自然、乾淨。若是的話，代表天然石材含量高達 90% 以上；再細看有沒有黑灰色看起來髒髒的感覺，若有的話，可能是背膠的黑色樹脂滲透，那屬於劣品，避開為妙。

2 摸摸背膠是否均勻

品質不佳的薄片石材背面樹脂塗布不均勻，呈現凹凸不平，鋪設的效果將大打折扣。

3 可依室內設計風格選擇

自然、簡約等風格適用板岩系列，而若想營造奢華、摩登、華麗等風格，則建議使用雲母系列。

這樣施工才沒問題

1 木作鋸檯就能裁切

可採用一般木作貼皮方式施工，裁切上使用木作鋸檯裁切。施工前先確認待施作位置及丈量尺寸，待施作表面需平整。

2 拼貼前先對好花色

每片的紋理及色澤不盡相同，施作前須先確認對花及排列方式。裁切前需先將耗料計算進去。

3 刨刀與磨砂紙修飾

使用圓鋸切割機台即可輕鬆裁切成所需規格，亦可使用剪刀切割。再使用刨刀將切口修齊平整，如切口有裂痕不平的部分可用磨砂紙輕輕擦拭去除。

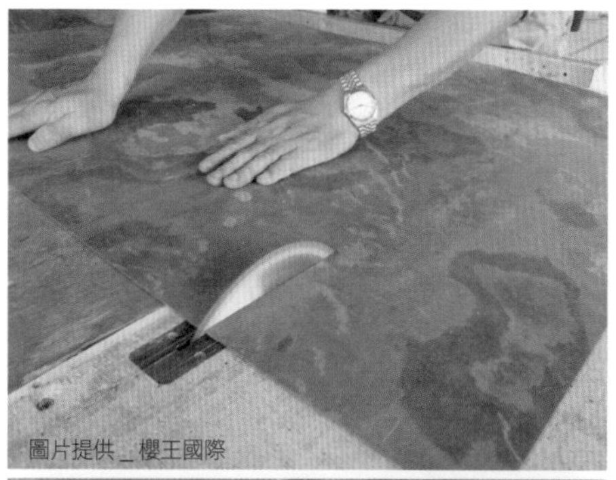

圖片提供＿櫻王國際

圖片提供＿櫻王國際

▲ 在施作時，以一般木作鋸檯裁切即可。拼貼完後以雙手在平面施壓讓它更平整。

4 安全防護隔絕粉塵

因裁切時會產生粉塵，請確實配戴護目鏡、手套及口罩。

5 避免油汙接觸表面

此產品為天然石材，表面有毛細孔，施工過程中必須避免油性汙物接觸石物表面，對於一般污物必須立即以清水清潔。

監工驗收就要這樣做

1 轉角處看接縫是否處理細緻

施工上若有運用到轉角處，可使用刨刀或細砂紙將材料接合處磨成 45 度導角進行接合，接縫處會更細緻，所以在檢查時可細看轉角處有沒有處理好。

2 注意表面平整

施作後務必讓石物材料緊密服貼，師傅通常會用橡膠槌或糊輪等工具在表面施壓，使接著更緊密。檢查時也要密切注意有無貼合不周的地方，或者有凹凸不平。

達人單品推薦

1 晶典礦石（礦石板）

2 雲母系列 SS-53 玄鐵黑

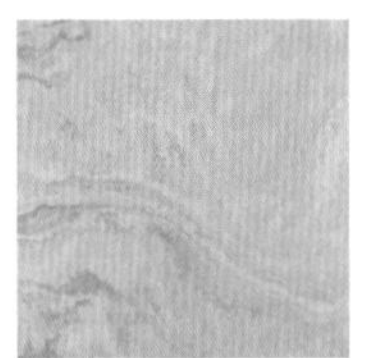

3 板岩系列 SS-100 冰原

1 有別於傳統石材的厚重，礦石板僅僅是傳統石材的 1／10 重，而厚度更是只剩 1.5mm 左右。因此應用更廣，不管是室內或是室外，其柔軟的特性、造型上的變化更是一般石材無法相比的。
（610mm×1,220mm，價格店洽，圖片提供＿榮隆建材）

2 玄鐵黑花色特殊斜紋效果，可輕鬆營造出大器質感，無論電視牆、櫃體、門片、沙發背牆皆適用。
（210×105cm，NT. 12,000 元／片，圖片提供＿櫻王國際）

3 板岩系列冰原花色走灰白色大地色系，非常適合用於日式禪風、自然簡約風格的空間使用，與實木或實木貼皮搭配，再好也不過。
（122×61cm、約 NT. 3,200 元／片，圖片提供＿櫻王國際）

※ 以上為參考價格，實際價格將依市場而有所變動

這樣保養才用得久

1 表面塗上專用撥水劑可防手痕和污漬
由於為天然石材製成的，表面會留有毛細孔，容易被灰塵阻塞，施工後可使用專用的撥水劑進行養護，避免沾染上污漬及手痕。

2 平日保養以清水擦拭即可
除定期使用撥水劑外，平日養護只需使用清水擦式髒污即可，無須使用清潔劑。

搭配加分秘技

倒 V 自然斜紋，展現沉穩氣勢
玄關大門大面積使用玄鐵黑薄片石材，配合斜紋拼貼出倒 V 字形的紋理，不但相當沉穩有特色，更展現不凡的氣勢。

圖片提供＿櫻王國際

圖片提供＿櫻王國際

相異素材更顯特色
牆面運用米白混色的薄片石材，搭配素淨的地磚，一靜一動之間襯出對比之美。

天然底色錯落有致，木質百搭
淺色系的凍土藉由每片不同的天然底色，刻意拼貼出錯落效果，配合木質貼皮，呈現質樸溫潤的一面。

圖片提供＿櫻王國際

洞石
極具人文質感

30 秒認識建材

適用空間	客廳、餐廳、書房、臥房
適用風格	各種風格適用
計價方式	以片計價（人造洞石）
價格帶	約 NT. 3,950 ～ 4,600 元／片（人造洞石）
產地來源	義大利、西班牙等歐洲國家
優點	天然洞石表面富有孔洞，紋理特殊。人造洞石抗汙性佳，不像天然洞石需要定期養護
缺點	天然洞石易有白華、生鏽現象。人造洞石的自然度比不上天然石材

Q 選這個真的沒問題嗎

1 洞石的特性是什麼？為何表面有許多孔洞？ 解答見 P.38

2 喜歡洞石的質感，又害怕容易變質的缺點，還有其他的選擇嗎？ 解答見 P.38

洞石是因表面有許多天然孔洞，展現原始的紋理而得名。一般常見的洞石多為米黃色系，若成分中參雜其他礦物成分，則會形成暗紅、深棕或灰色洞石。其質感溫厚，紋理特殊能展現人文的歷史感，常用於建築外牆。

洞石又稱石灰華石，為富含碳酸鈣的泉水下所沉積而成的。在沉澱積累的過程中，當二氧化碳釋出時，而在表面形成孔洞。因此，天然洞石的毛細孔較大，易吸收水氣，若遇到內部的鐵、鈣成分後，較易形成生鏽或白華現象，在保養上需耐心照顧。

因此，為了改善其缺點，進而研發出人造洞石，淬取洞石原礦，經過 1,300℃的高溫鍛燒後，去除內部的鐵、鈣，保留洞石的原始紋路，但卻更加堅硬，經燒製後密度較高，莫氏硬度可高達 8。表面雖無原始的孔洞，但經過拋光研磨後亮度可比擬拋光石英磚。除此之外，由於原料取材自洞石原礦的粉末，無須大量開採，能有降低自然資源的消耗。

圖片提供＿新睦豐建材

種類有哪些

不同的礦物成分和沉積層深淺，會使洞石呈現不同的色系，略可分為以下數種：

1 米黃色洞石

為一般最常見的洞石，通常在比較淺層的位置，較易開採。

2 灰色、深棕色洞石

位於較深的地層，經過較高密度的擠壓，硬度比米黃色洞石稍高。

這樣挑就對了

1 以品牌和產地挑選

在選購前，事先評估商家的品牌和商譽是否有保障。另外，也可從產地來判斷，目前品質較高的天然或人造洞石多為歐洲國家進口，像是義大利、西班牙等。

2 依照適用空間選擇尺寸大小

一般來說，若是施作於牆面，建議使用尺寸較小的為佳，可減少材料的耗損。

這樣施工才沒問題

1 天然洞石需先做好表面防護

由於天然洞石的吸水率高，在施作前建議先在表面塗布防護劑，以免污染或刮傷。

2 人造洞石需留出伸縮縫

一般在施作時，需先留出伸縮縫，尺寸越大的人造洞石，至少需留出 2.5 ～ 3mm 的伸縮縫。

圖片提供＿伊太空間設計

▲天然洞石表面富有許多孔洞。

3 人造洞石和一般大型磁磚的施作方式相同

人造洞石無毛細孔，抓著力沒有天然石材高，除了在施作面撲上水泥沙漿外，在背面需另外再加上黏著劑，增加附著力。

監工驗收就要這樣做

四邊是否有翹起

人造洞石和磁磚的驗收方式相同，收到建材時，應先確認人造洞石的平整度，四邊是否有翹起。若有翹起時，在施作時就不易貼合。

這樣保養才用得久

1 天然洞石需避免水氣侵入

天然洞石具有毛細孔，因此應避開較潮濕的區域，在清潔時以擰乾的毛巾擦拭即可。

2 人造洞石以清水保養

若有髒污，可用清水擦拭即可，應避免使用強酸強鹼。

達人單品推薦

1 米黃鍛燒洞石（S）

2 灰色鍛燒洞石（L）

3 棕色鍛燒洞石（F）

1　洞石，是一種生成時間較短因而造成石材的表面留有許多孔洞的石灰岩。色彩多變，其中的米黃洞石最具代表，具有清晰條紋和自然韻味，使人感到溫和、質感豐富。
（60×120cm、NT. 3,950 元／片，圖片提供＿新睦豐）

2　自然孔洞而成的灰色清晰條紋，打造出直感豐富的溫暖空間。
（60×120cm、NT.4,300 元／片，圖片提供＿新睦豐）

3　條紋清晰的棕洞石彷若流沙，自然天成，讓空間別有韻味。
（60×120cm、NT. 3,950 元／片，圖片提供＿新睦豐）

Chapter 02

地面、壁面皆百搭的基礎元素

磚材

磚材，常被用來當作壁磚、地磚來使用，較難成為空間的主角，卻又是空間裡不可或缺的基礎元素。近年來，透過燒製技術的逐漸提升，再加上大眾對居住環境與設計感的要求，開始在原本蒼白的磁磚表面上玩起創意遊戲，仿木紋、金屬或石材紋路是最基本的設計。而將藝術家的圖騰直接彩繪在壁面上，是最令人驚艷的空間表情，磁磚從原本的空間配角，一躍成為舞台中的主角。

種類	拋光石英磚	陶磚	板岩磚	復古磚	木紋磚	花磚	馬賽克磚	特殊磚材
特色	表面經機器研磨後，呈現平整光亮的感覺	以天然的陶土所燒製而成，一般用於戶外	利用瓷磚或是石英磚製造，外表仿造岩板的特殊紋理	呈現仿古的色調和花樣	表面為仿木紋的紋理	圖案多樣，多從國外進口	材質多樣，石材、玻璃等都可製成馬賽克	種類繁多，包含布紋磚、皮革磚以及金屬磚
優點	密度和硬度較石材高，耐磨耐壓	材質天然，可自然分解	紋路自然耐看，與天然板岩相較，價格較便宜	能營造強烈的風格	和木地板的質感類似	藝術價值高、花樣變化豐富	施工簡單，可局部自行DIY黏貼	表現風格特殊，有多款樣式可挑選
缺點	施工不慎，容易凸起碎裂	表面易卡髒污	陶瓷板岩易脆，表面強度弱	進口價格較高	踩起來沒有木地板溫暖	有潮流的時效性，容易退流行	縫隙小，易卡污	多由國外進口，價格較貴
價格	NT. 200元～上千元	NT.1,000元～8000元	NT.5,000元至上萬元	國產NT. 1,200～1,400元	NT.5,000～10,000元	進口磚匯率不一，價格不定	進口磚匯率不一，價格不定。	進口磚匯率不一，價格不定

設計師推薦私房素材

采荷室內設計 ・ 丁荷芬 推薦

圖片提供＿采荷室內設計

1 復古磚 ・ 鄉村與歐式風格的最佳代言：復古磚價格雖然比起一般磁磚較高，但復古磚本身就具有強烈的風格特色，容易營造出獨特的鄉村氛圍。有些復古磚的表面還做出仿天然石材的外觀，呈現仿若歐式庭園的感覺。在清潔上好整理清洗，保養也容易。

攝影_Yvonne

摩登雅舍室內設計 · 王思文 推薦

2 木紋磚 · 實用與質感並存： 木紋磚鋪成的地板在視覺上不僅具有木質的溫潤質感，在耐用度上則更持久，且沒有木地板容易受潮問題，價格更便宜。有些進口的木紋磚做出立體的紋路，質感更佳。對於預算較少，但卻想擁有木地板質感的屋主，木紋磚是不錯的選擇。

圖片提供_摩登雅舍設計

3 馬賽克磚 · 空間中的焦點： 馬賽克磚通常是點綴整體空間的重點元素，如果運用得宜，對於空間有很大的加分，即便挑選單價高一點的，也能物超所值。而馬賽克磚的填縫材料盡量選用防霉防潮的材質，在清潔保養上就能省力很多。

圖片提供_演拓室內設計

演拓室內設計 · 張德良 推薦

拋光石英磚
耐刮防滑媲美石材

30 秒認識建材

| 適用空間 | 客廳、餐廳、臥房、書房
| 適用風格 | 各種風格適用
| 計價方式 | 以坪計價（不含施工）
| 價 格 帶 | NT. 200 ～上千元
| 產地來源 | 台灣、東南亞、義大利
| 優　　點 | 密度和硬度較石材高，耐磨耐壓
| 缺　　點 | 易吃色。若施工不慎，容易凸起碎裂

Q 選這個真的沒問題嗎

1 **我家的拋光石英磚鋪不到一年就凸起碎裂，是不是施工方式有問題，我該如何解決？** 解答見 P.44

2 **拋光石英磚的種類有聚晶微粉、多管等，不同種類的拋光石英磚差別在哪裡？** 解答見 P.43

3 **磁磚師傅完工後我要怎麼確認施工品質？** 解答見 P.44

圖片提供＿冠軍磁磚

一般製作磁磚的材質可分為陶質磁磚、石質磁磚、瓷質磁磚。陶磚是以天然的陶土所燒製而成，吸水率約 5%～ 8%，表面粗糙可防滑，一般用於戶外庭園或陽台。石質磁磚吸水率 6%以下，硬度最高，但目前的使用率不高。瓷質磁磚即為一般俗稱的石英磚，製作成分含有一定比例的石英，堅硬的質地讓石英磚有著耐磨的功能，耐壓度高，吸水率約 1%以下，各個空間都適合，但要注意防滑。

石英磚燒成後經機器研磨拋光，表面呈現平整光亮，即為拋光石英磚。其顏色與紋路與石材相仿，具有止滑、耐磨、耐壓、耐酸鹼的特性，是一般居家最常用的地板建材。因具有石材的質感，價格又比較便宜，頗受消費者歡迎。

常用的尺寸為 60×60cm、80×80cm、120×120cm 三種。尺寸越大，溝縫越少，看起來比較美觀，但大尺寸的石英磚大多是由國外進口，不僅價位比較高昂，在施作上也會增加困難度。另外拋光石英磚在表面會燒上一層二氧化鈦，可增加表面亮度及好清潔的程度。因此越不亮的越容易刮傷、刮痕也會越明顯。

目前拋光石英磚在市場上之所以這麼受歡迎，主要就是可改善大理石及花崗石地磚在先天上容易變質、吸水率高等缺陷。然而，拋光石英磚本身具有毛細孔的關係，沾到深色液體、飲料附著表面時容易吃色，應立即擦拭，時間久了會相當難處理。

然而近年來，隨著技術的進步，而發展出晶亮拋光石英磚，大大改善了傳統拋光石英磚的缺點。晶亮拋光石英磚將原有的拋光石英磚表面再施與一層高硬度的混合釉料後再燒製，並再加以二次拋光。其表面的釉料能將磚體的毛細孔完全封除，改善原本易卡污卡色的缺點。也因灰塵、污染物不易附著，產品亮度更高，更好保養清潔。價格約與歐洲進口石英磚相同，每坪約 NT. 10,000 ～ 18,000 元。

種類有哪些

不同的上色方式會影響拋光石英磚的外觀，一般可分為 4 種。

1 滲透釉磚（滲花印刷）

以水溶性色料滲入石英磚胚土內，再經高溫燒成，表面拋光後，則成為滲透的拋光石英磚。因此整塊是由石英胚土成型，只在表層染印上一層釉色紋路，為早期較常使用的技術。

2 微粉拋光石英磚

利用二次佈料機，分別在磁磚本身的胚土和底層胚土灑上色料上。石英磚最上層未拋光前，顏色彩紋厚度達 2mm，經拋光後，厚度為 1.2 ～ 1.3mm。

3 多管拋光石英磚

以透心磚製作，但因製作技術的不同而在品質上有所差異。品質較好的透心磚多半經由高科技製造技術的產地進口，如義大利。利用多管佈料機，一次下料為一體成型，其紋路非僅呈現表層，而是滲透至底層，即使研磨至最後 1mm 的厚度，仍舊保持其自然紋路。

4 聚晶微粉拋光石英磚

與多管微粉的品質並無差異，但在下料時多了石英顆料，因此呈現出較佳的紋理質感。

這樣挑就對了

1 考量家庭成員

由於拋光石英磚較光滑，家裡有老人和小孩則不建議使用，以避免滑倒。

2 密度小、吸水率低

挑選時可以注意它的密度，石英磚的密度會影響硬度。密度愈密，硬度愈高，吸水率愈低。

3 依尺寸大小判別產地

一般消費者要辨別拋光石英磚是否為品質較好、歐州進口的磁磚，可由尺寸大小來看歐洲最大的正方形石英磚尺寸為 60×60cm，長方形為 60×90cm 及 60×120cm，市面上看到的正方形 65×65cm 或以上的尺寸，通常都是東南亞的產品。另外，國產磚一律在背面燒有 MADE IN TAIWAN 的字樣，選購時可稍微留意產地，不要貪便宜而選到等級較差的。

4 不滑觸感

比較好的拋光石英磚，因為其密度高、摩擦係數也較高，就算灑了水在上面，反而不會滑，消費者選購時可以摸摸看，比較一下。

5 選購晶亮拋光石英磚可簡單以鑰匙或硬幣試刮

一般拋光石英磚的釉料軟拋雖然在初期能呈現足夠的亮度和光澤。但因非混合釉料，表面會因磨擦耗損而隨著時間減少光澤度，更甚出現刮痕。而晶亮拋光石英磚因表面混合釉料，耐磨度、耐刮度大大提升。

這樣施工才沒問題

1 大理石乾式施工法

使用以適當比例調和的水泥和砂石鋪底，鋪平的水泥砂，以抹刀抹平後把益膠泥（泥漿）與水泥1：4的比例攪拌均勻的潑灑在砂土上，面積大小略大於一片欲鋪設之拋光石英磚再行施工，益膠泥是為了要將拋光石英磚與水泥沙做結合。再以填縫劑補滿拋光石英磚之間的溝縫。清掃完後再以適當之水加以擦拭，待乾時間需24小時，才可踩踏。

2. 半乾式施工方式

為了避免大理石施工法有時會有石英磚空心的問題，目前有研發出改進的半乾式施工。先將水泥沙弄濕，然後在地上抓出水平後，在水泥沙還呈現半乾時，淋上泥漿，目的是要讓拋光石英磚與水泥沙更緊密地結合，來避免空心的問題產生。

3 義大利施工法

以目前義大利的施工法來說，以齒度深度2㎝的齒鏝刀做硬底施工，雙面塗抹，100%避免了石英磚翹起或空心的問題。而國內一般傳統施工在鋪設完石英磚後，直接用鐵鎚敲取水平，但義大利施工則採用特殊的橡膠震動器來做精確的水平基準，並採用高品質的橡膠鏝刀及填縫劑補縫。

4 磁磚鋪設時，須特別注意水泥與沙的成分

水泥、沙、水的酸鹼成分比例超過標準，會在磁磚間隙產生透明白色結晶的白華。因磁磚吸水作用，讓表面釉料產生化學變化形成黑斑，因此要特別注意。

監工驗收就要這樣做

1 與工班溝通施工方式

錯誤的施工方式可能會造成拋光石英磚不能與地面完美結合，而有凸起破裂的情況，也就是所謂的「膨共」。因此在施作前先和工班確認好正確的施工，並留意磁磚的間隔需預留1.5～2mm的伸縮縫。

2 溝縫、抹縫要在貼完磁磚的隔天進行

為了讓溝縫材質可以和牆面確實結合，隔天施工可避免事後的剝落和龜裂。

3 裝設收邊條需注意磁磚厚度

使用PVC角條、收邊條時要注意磁磚的厚度，免得會造成有高低差的觸感。

4 敲敲看有無空心

完工後可試敲看看，若有空心的聲音代表磚體和水泥沒有密合，建議打掉重做比較保險。

達人單品推薦

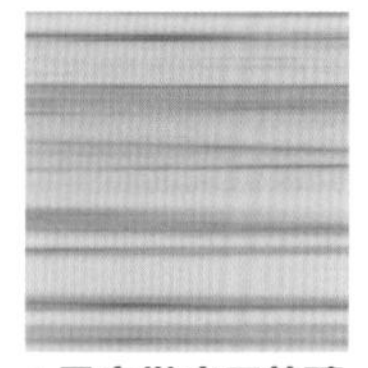

1 晶亮拋光石英磚_千層玉

2 新砂岩

3 莎安娜

1 由義大利進口的晶亮拋光石英磚，運用帶有灰階、冰冷的水泥色調，融合溫潤、高貴的大理石質感色調。
（59×59cm、價格店洽，圖片提供＿木豐國際磁磚精品）

2 為全瓷化坯體拋光磚，具有高強度和硬度、吸水率超低的特性。全新的佈粉科技讓表面紋路更為多變，呈現天然砂岩礦脈紋理的效果，足以與天然石材相比擬。
（60×60cm、80×80cm，價格店洽，圖片提供＿冠軍磁磚）

3 磁磚色澤帶有微黃，展現柔和溫暖的特性，呈現石材的紋理和剔透感。
（60×60cm、80×80cm，價格店洽，圖片提供＿馬可貝里磁磚）

※以上為參考價格，實際價格將因市場而有所變動

這樣保養才用得久

以清水加清潔劑清洗

平時以清水擦拭即可，若想去除油漬與油脂及其他可能成為汙漬的物質，必須使用溫水加上水性清潔劑來徹底進行清潔。若已有滲色問題，可以像大理石一樣重新拋光處理。

搭配加分秘技

建立不同層次的白色系空間
運用拋光石英磚、烤漆玻璃等不同質感的純白材質與間接燈光，營造出聖潔溫馨的氛圍，讓空間不是只有單一的白色系，展現出具有層次的美感。

圖片提供＿十分之一設計

典雅精緻的餐飲空間
餐廳內部運用晶黑的拋光石英磚鋪陳，不規則的線條紋理，完美呈現石材紋路肌理與大理石結晶的剔透感。整體以深色系地面和傢具凝塑尊貴典雅的精緻質感。

圖片提供＿馬可貝里磁磚

陶磚
調溫控濕又環保

30 秒認識建材

|適用空間| 客廳、餐廳、陽台
|適用風格| 鄉村風
|計價方式| 以平方公尺計價（不含施工）
|價 格 帶| NT.1,000 ～ 8,000 元
|產地來源| 台灣、西班牙、澳洲、英國、德國
|優　　點| 材質天然，可自然分解
|缺　　點| 表面易卡髒污

Q 選這個真的沒問題嗎

1 廚房的地面適合使用陶磚嗎？容易保養清潔嗎？ 解答見 P.47

2 家裡庭院要鋪設陶磚，要選哪一種比較適合？ 解答見 P.47

嚴格來說，陶磚是以天然的陶土所燒製而成，吸水率約 5%～ 8%，表面粗糙可防滑，一般用於戶外庭園或陽台。而陶磚的毛細孔多，易吸水但也易揮發，可以調節空氣中的溫濕度，對人體有益，是屬於會自然呼吸的材質，同時還具有隔熱耐磨、耐酸鹼的特性。當陶磚破損或者要丟棄，可以完全粉碎後回歸大地，是一種非常環保的建材。

陶磚種類中，壁面材（Bricks）可分為可直接砌牆的清水磚及火頭磚，或無結構功能而以黏著劑貼在表面的陶土二丁等，都可用於室內外，用於室內時通常以局部裝飾為主。地面材（Pavers）則有蓋模陶磚及尺二磚，一般以陶磚的厚度來區分為室內外建材，室內使用 2cm 以下厚度即可。此外，裝飾性功能極佳的陶土馬賽克在室內外、壁面地面皆可使用，可發揮畫龍點睛的妙用。

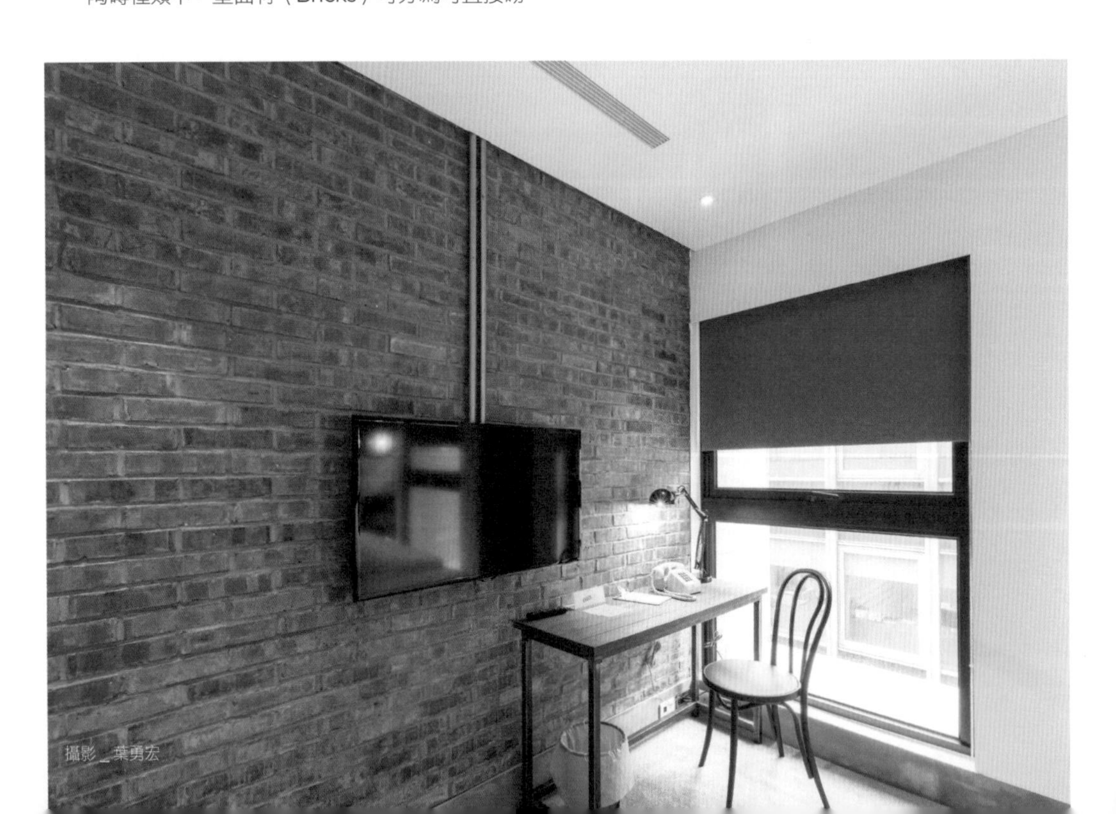
攝影＿葉勇宏

種類有哪些

依照燒製方法可分為清水磚、火頭磚、陶土二丁掛、蓋模陶磚（壓模磚）。

1 清水磚

是從 CNS 標準紅磚中挑選符合標準的、漂亮的做清水磚，清水磚的表面較光滑，可直接用來砌牆，一般用於室內以局部裝飾為主。

空心清水磚比傳統實心磚更具有保溫、隔熱、隔音、防水、不變色、耐久等優異性，一般製成有孔的結構形式，不用表面修飾就能直接呈現紅磚牆面效果。

2 火頭磚

火頭磚的表現以燻黑、粗獷為其特色，在燒製的過程中會加入鐵來加強特色，與清水磚同樣都可以直接砌牆，用來做為居家局部裝飾，風格強烈。

3 蓋模陶磚

又稱為壓模磚，是鋪設在地面的陶磚磚材，室內用的以厚度在 2cm 以下的為主。

4 陶土二丁掛

沒有結構功能，可以直接黏貼於牆上做裝飾，多用於庭院外牆或室內造型牆。

5 尺二磚

30×30cm的尺寸常用於仿古設計的地面磚材，適合用於室內外，可大量使用。

這樣挑就對了

1 先確定用途再挑選

以陶磚的用途可分為室內室外及壁面、地面等四個面向。用於室內，則講究外觀的細緻；用於室外庭院，則要考慮止滑的功能。另外，由於陶磚表面通常不上釉，容易卡污，若施做在油煙較多的廚房，建議找有上釉的陶磚，較好清理。

2 敲擊測試品質

最簡單的方式就是直接敲敲看，吸水率過高則硬度不足會易碎，一般來說陶磚的吸水率為 10% 以下。其次，陶磚的好壞容易受來源土品質所影響，因此原料土的來源是否穩定也是判定品質好壞的標準。

▲ 以三孔清水磚砌成，防水性比傳統紅磚高，除了能用於客餐廳外，也能使用於較潮溼的衛浴空間。

這樣施工才沒問題

打硬地後以黏著劑鋪地

國內目前鋪設陶磚地板的方式不一，大多是將陶磚當成一般磁磚貼，打硬地後直接以黏著劑貼上，再用細砂填縫。在國外，公園或步道則以環保的標準工法施作。先在地基上利用大顆石頭及泥土做好一層級配之後、鋪上細砂層、陶磚後用細砂填縫，最後再夯實處理。由於標準工法未使用黏著劑，所以陶磚可以無限次使用，沒有敲掉重做的問題。

監工驗收就要這樣做

1 鋪設時一定要留縫

陶磚不能密貼，一定要留縫，以 50 元硬幣的厚度為標準。一般來說愈粗獷的質地縫要愈大，可以視個人的喜好微調。

2 注意填縫劑的顏色

填縫劑的顏色會影響陶磚鋪設後的整體質感。

達人單品推薦

1 百年典藏 II

2 堤香 II

3 亞諾陶

4 法拉陶

1 汲取自然風情靈感，結合極緻的數位工藝，展現台灣磁磚工藝百年榮耀與不斷的生命力，創造屬於自己生活中的藝術品味。
（60×30cm、30×30cm，價格店洽，圖片提供__冠軍磁磚）
2 運用義大利文藝復興時期知名畫家「堤香（Titian）」細緻色彩美學理念，詮釋其細膩的紋理與色彩，完美呈現晶亮華麗、柔和細緻的兩種特色，為居家打造繽紛鮮活的新風格。
（60×30cm、30×30cm，價格店洽，圖片提供__馬可貝里磁磚）
3 純淨自然的托斯卡尼陶土，融合了百年傳統與現代工藝，輕鬆打造義國風情。
（15×30cm，NT. 79 元／片，圖片提供 __ 新睦豐）
4 純淨自然的托斯卡尼陶土，傳承百年的專業手藝，打造出漫步義大利的悠然風情。
（30×30cm，NT. 240 元／片，圖片提供 __ 新睦豐）
※ 以上為參考價格，實際價格將依市場而有所變動

這樣保養才用得久

以清水保養
由於陶磚的表面較粗糙，若為戶外或陽台可以高壓水柱清洗，而作為室內地磚則使用一般的拖把即可。

搭配加分秘技

展露磚牆原色粗獷
在廚房以裸露紅磚砌成中島吧檯，不僅具有餐桌和流理台的機能，有效區分廚房和餐廳空間。磚牆不打底的作法，呈現原始的素材表面，粗獷又迷人。

攝影__沈仲達

攝影＿葉勇宏

原始素材的自然況味

臥房隔間的磚牆刻意不修飾，以原始樣貌呈現，再加上鄰牆塗抹綠色漆料，與戶外的山林綠意相呼應，呈現樸實雋永的空間氛圍。

開闊不設限的戶外陽台

為了擁抱山林，特意擴大戶外陽台的範圍，牆面則以裸露紅磚呈現自然風味，再鋪上木質天花，自然的素材讓室內與戶外合而為一。

攝影＿葉勇宏

復古磚
營造風格的飾面材

30 秒認識建材

適用空間	客廳、廚房、餐廳
適用風格	鄉村風、地中海風、普羅旺斯風
計價方式	以坪計價（不含施工）
價 格 帶	約NT. 1,200～1,400元（國產），進口磚則數千元不等
產地來源	台灣、西班牙、義大利
優　　點	容易營造特殊風格
缺　　點	搭配需花心思，否則風格容易淪於過時

Q 選這個真的沒問題嗎

1 想把家裡裝潢成鄉村風格，該怎麼利用復古磚做搭配呢？ 解答見 P.52

2 復古磚的表面比較粗糙，會容易卡髒污嗎？ 解答見 P.51

復古磚給人的手工質感一直深受人們喜愛，其仿古的色調和花樣，在空間顯現出為了讓復古磚展現更具手感的質樸面，磚體完成後更利用後續加工將邊緣經過特殊處理，讓舊化的質地更夠。

復古石英磚利用模具造成磁磚表面產生凹凸的紋路，以表現石塊或石片的質感，或是以釉料利用施釉技巧或窯變方式，讓磁磚的色彩以各種不同的質感或深淺不均的方式呈現。從仿陶面、石面到板岩等都有，像是仿石面的石英磚，則呈現遠古建築的質感，每一片的顏色差異較大，尺寸也不像一般磁磚的標準來得嚴謹，有時誤差範圍較大，目的在表現粗獷不拘的風格。

圖片提供＿安心居

種類有哪些

依照表面的表現風格，可分成仿陶面、仿石面和仿板岩面。

1 仿陶面

表面較細緻，多呈現磚紅色。

2 仿石面

紋理明顯粗糙、大多以模具壓製而成。

3 仿板岩面

每一片的形狀都不規則，紋路呈現自然石材的粗獷。

這樣挑就對了

注意色差

復古磚幾乎都有窯變的效果，選購時要注意樣品和實際顏色是否有太大的色差，建議先逐一確認現貨顏色是否符合需求後再下單購買。同時也要觀察一下是否有嚴重翹曲的清形。

這樣施工才沒問題

施工前先規劃

復古磚的施工和一般磁磚的施工大同小異，不過由於復古磚的規格誤差範圍較大，建議施工前應先做好磁磚規劃，並將其磁磚間縫規劃在內（一般為 3～5mm 以上），再標線黏貼。

監工驗收就要這樣做

注意鋪貼是否平整

需特別留意鋪貼的縫隙是否一致，避免因工法粗糙在完工時產生誤差，並注意鋪貼是否平整。

這樣保養才用得久

搬重物小心傷表面

表面滴到有顏色的液體，記得馬上擦拭，而在搬動物品時，也注意勿以推移的方式，要小心輕放以免傷及表面。

達人單品推薦

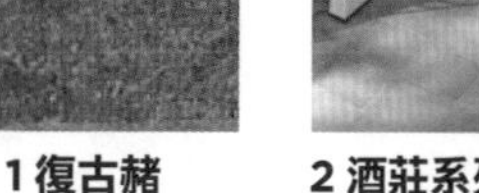

1 復古赭　**2 酒莊系列__皮諾**　**3 浮梁石**　**4 溫泉石石板磚**

1 溫暖的磚紅色澤散發出自在而放鬆的氛圍，讓人有回到家的感覺。
（15.2×30.4cm，NT. 110 元／片，圖片提供 __ 新睦豐建材）

2 以歐洲頂級酒莊為設計概念，皮諾呈現著充滿鄉村氣息氛圍，略帶慵懶的輕鬆寫意，令人醉心嚮往。
（15×30cm、30×30cm，價格店洽，圖片提供__安心居）

3 浮梁石系列 - 藉由幾何規則組合立體模面效果，色系復古自然，精心雕琢每個細節。有獨特的自我風格，任意拼貼都好看、易於搭配。適用於庭院、廣場、人行道、陽台具止滑效果。
（30×30cm，價格店洽，圖片提供__冠軍磁磚）

4 仿造如古羅馬的石板大道，原始的自然石材樣貌，展現如徜徉在歐洲小徑的悠然氛圍。
（15×15cm、30×15cm、30×30cm，價格店洽，圖片提供 _ 馬可貝里磁磚）

※ 以上為參考價格，實際價格將依市場而有所變動

搭配加分秘技

仿舊色澤，擁抱舊時代的美好
運用多塊不同的仿舊復古磚拼貼，錯綜分布產生視覺的韻律感。舊時的溫暖色澤，既古雅而現代，能帶來截然不同的空間氛圍。

攝影＿安心居

圖片提供＿陶璽空間設計

獨特復古磚展現繽紛居家
整體風格延續至廚房，從收納廚櫃到牆面地坪，都展現到味的鄉村風。

圖片提供＿沢得設計

英式古典的居家風味
玄關運用復古花磚鋪陳，不僅界定出範圍，懷舊的花色也與整體的英式古典風格相呼應，同時櫃面用線板裝飾，更添古典韻味。

馬賽克磚
拼貼營造空間變化

30 秒認識建材

適用空間	客廳、餐廳、玄關、廚房、衛浴
適用風格	奢華風、現代風
計價方式	以才計價（不含施工）
價格帶	進口磚匯率不一，價格不定。特殊材質如貝殼等取材不易，價格較高
產地來源	歐美、中國、印度、東南亞、日本、義大利、台灣
優點	施工簡單，可局部自行DIY黏貼
缺點	縫隙小，易卡污

Q 選這個真的沒問題嗎

1 我在驗收時，發現壁面的馬賽克磚發現間距不太一致，這樣是正常的嗎？ 解答見 P.55

2 在鋪設馬賽克時，施工上有什麼需要注意的地方嗎？ 解答見 P.55

馬賽克的原意為由各式顏色的小石子所組成的圖案，又稱為碎錦畫或鑲嵌細工，在古希臘、羅馬地區最盛行，現在泛指 5×5cm 以下尺寸的磁磚拼貼手法。自十九世紀末的西班牙建築師高第創造馬賽克拼貼藝術以來，拼磚魅力就一直備受喜愛。

依照製成的材質來看，除了一般的瓷質磁磚外，加上金箔燒製的特殊磁磚，石材、玻璃甚至天然貝殼、椰子殼都被拿來做成馬賽克磚，這種新興類型的材質在建材市場上愈來愈風行。而馬賽克磚的售價與材料的特殊性、形狀大小有關。一般來說，顆粒越小，材質越特殊，則售價就偏高。

在鋪設馬賽克磚時，可使用片狀的網貼馬賽克，整片貼上較省事方便，也可買零散的馬賽克發揮創意，隨性拼出喜歡的圖樣。

圖片提供＿摩登雅舍

種類有哪些

1 石材馬賽克

將大理石、板岩、玄武岩等石材切割製成馬賽克，表面有天然石材的紋路與毛細孔，上釉後呈現更多元的色彩。

2 陶瓷馬賽克

傳統的馬賽克都是以陶瓷燒製而成，噴釉後形成陶瓷表面，產品變化性較小。

3 玻璃馬賽克

玻璃馬賽克的製程方式大致可分成兩種，一種為將磁磚底釉燒成玻璃面，另一種則直接將玻璃切割成馬賽克，色彩更繽紛。

4 貝殼馬賽克

原料取自天然野生貝殼或是人工養殖貝殼。貝殼本身無毛細孔，一般家用的清潔用品、茶、咖啡等酸鹼物質不會造成外觀變化。而貝殼與生俱來的自然光澤，再加上防水、耐刮、抗酸鹼的特性，使得空間的運用範圍變大，舉凡電視主牆、衛浴壁面，甚至櫃體的立面與門片都可使用。

5 椰殼馬賽克

以天然椰殼製成的最新環保建材，椰殼的天然紋理可完美呈現南洋風、峇里島風的居家設計。

這樣挑就對了

依使用空間挑選合宜的材質

因為石材馬賽克本身有毛細孔，吸入水氣後容易造成石材變質、變色，通常施作完畢會上一層防護劑保護。因此若在水氣較多的浴室中，則要特別留意保持通風和乾燥。而椰殼馬賽克本身雖經過防蟲處理等加工設計，但怕受潮的特性，也不適合施作在潮濕處。

這樣施工才沒問題

1 選用專用的黏著劑

施作馬賽克時，需選用專用的黏著劑來增加吸附力，要注意使用的黏著劑分量不要太多，以免從縫隙中溢出。而馬賽克的顆粒較小，所以也要等完全乾後再抹縫。

圖片提供＿摩登雅舍

▲ 復古磚及馬賽克磚拼貼圖案為空間增加樸實美感。

2 施工順序擺在最後

在施作馬賽克時，最好保留在裝潢工程的最後階段再進行，才不會因為同時進行其他工程，而破壞到馬賽克的裝飾面。

監工驗收就要這樣做

1 材質驗收

由於馬賽克種類眾多，在施工前宜先對材質本身先做一次驗收，確認顆粒是否完整。不過有些材質以自然感為訴求，紋路及質感不以平整為其特色。

2 施工驗收

拼貼好的馬賽克不應該看得出是一張張貼起來的，若有這樣的情形，表示師傅在黏貼時沒有注意到每張的間距。

3 是否有上防護漆

未上防護漆的馬賽克磚特別容易讓水滲入磚內，形成髒污，驗收時應注意是否有上防護漆，尤其鋪設在浴室需特別注意。

達人單品推薦

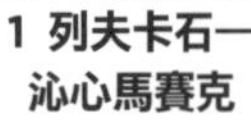

**1 列夫卡石一
沁心馬賽克**

2 黑蝶貝

1 由充滿白色系的希臘小村莊開始，運用米、灰、白等色系及銀白花磚交錯打造，妝點局部細緻品味。
（30×30cm，價格店洽，圖片提供＿安心居）

2 以深淺不同的貝類交錯拼接，置於吧檯立面宛如點繁星點綴星空，展現神秘優雅的氛圍。
（尺寸、價格電洽，圖片提供＿金貝特生科有限公司）

※以上為參考價格，實際價格會依市場而有所變動。

這樣保養才用得久

1 以清水擦拭

馬賽克磚和一般的磁磚相同，在清潔時以清水去除髒污即可，特別髒時才需使用中性清潔劑。

2 完工後上防護劑

馬賽克磚完工後建議上一層水漬防護劑，平常利用泡綿清洗時也比較好整理。但若壁面為珪藻土材質就不能上防護劑，才不會影響其吸附有害物質 、調節濕度的功能。

搭配加分秘技

攝影＿葉勇宏

手貼馬賽克的童趣

為了讓衛浴空間更加繽紛，屋主特意親自手貼馬賽克專拼貼出黃色小鴨的意象，讓小孩增添增添洗浴的童趣，也成為空間中最顯眼的視覺焦點。

圖片提供__大雄設計 Snuper Design

亮眼衛浴空間

使用反射性高的金屬磚和馬賽克磚，感受不同特色，讓空間產生多元變化。

亮面馬賽克營造低調華麗風格

衛浴牆面利用局部跳色的馬賽克磚營造低調華麗感，鏡面則利用噴砂玻璃造型製造燈光變化，為空間增添趣味。

圖片提供__演拓室內空間設計

板岩磚
均質耐磨的地板材

30 秒認識建材

| 適用空間 | 客廳、餐廳、廚房、衛浴
| 適用風格 | 現代風、自然風
| 計價方式 | 以坪計價（不含施工）
| 價 格 帶 | NT.5,000 至上萬元
| 產地來源 | 義大利、西班牙、土耳其、東南亞、台灣
| 優 點 | 吸水率低，與天然板岩相較下價格較便宜
| 缺 點 | 陶瓷板岩有瓷磚易脆、破裂，表面強度弱等缺點

Q 選這個真的沒問題嗎

1 聽說板岩磚鋪起來的質感很好，平時會不會難保養呢？ 解答見 P.59

2 板岩磚的尺寸很多，若用在浴室的地面，哪種尺寸比較好呢？ 解答見 P.59

人造板岩磚又稱仿岩磚或仿石磚，是利用人工方式將瓷磚或是石英磚仿造成岩板紋理，一般常見的是陶瓷板岩磚及石英板岩磚。目前市面上的板岩磚，大部分皆以石英磚的材質製作，耐用度和硬度較好。

以國外進口板岩磚而言，所生產的板岩磚，胚底紮實、密度高、耐磨度高、吸水率底，不只可用於室內，更可用於室外。而新的數位上釉技術，讓板岩磚紋路更自然，就像是天然石材切片般有如將大自然的氛圍帶進室內，讓消費者擁有開闊舒適的感受。其製成的方法由胚土研磨、調製成形後，再利用高溫窯燒後裁切修邊製成。

圖片提供＿馬可貝里磁磚

種類有哪些

依照製成的方法，可分為陶瓷板岩磚和石英石板岩磚。

1 陶瓷板岩磚

材質為瓷製磁磚，在表面進行仿造岩石面的燒製。表面強度較弱，易脆裂。

2 石英石板岩磚

石英板岩磚的其耐用度及強度等數值都較瓷製磁磚好。

這樣挑就對了

1 依空間挑選

板岩磚適合鋪設的區域很廣泛，唯一要注意的是地面的鋪設以硬度較好的石英材質為佳。板岩磚表面紋路較清楚，具有止滑效果，也適合鋪在浴室等潮濕的地方。

2 大尺寸可呈現大器感

板岩磚尺寸多樣，客廳公共空間的地坪可以挑選較大的尺寸表現大器感，其他小空間如浴室地坪，則以 30×60cm 的尺寸施作，較好處理洩水坡度。

這樣施工才沒問題

1 拼貼應留縫 2mm

因台灣位處於地震帶，在施工時不建議緊密拼貼的方式，最好應留縫 2mm，以做為緩衝，避免因地震時隆起。

2 以水刀裁切，邊緣較平整

因應地坪空間大小而需要裁切時，建議以水刀切割較能裁切出平整的切邊。

3 填縫劑避免整面塗抹

板岩磚的填縫劑要避免整片塗抹，乃因板岩磚凹凸不平的紋路容易殘留填縫劑，事後不易清潔。應在板岩磚的縫隙直接以鏝刀少量塗抹填縫劑，或採「勾縫」方式，以填縫袋尖端直接施作。

監工驗收就要這樣做

與工班溝通施工方式

與一般磁磚工法類似，由於錯誤的施工方式可能會造成板岩磚產生「膨共」的問題，因此在施作前先和工班確認施工方式，並留意磁磚的間隔需預留 2mm 左右的伸縮縫。

達人單品推薦

1 Stone Box 寶格系列—白

2 Pure Stone 純粹系列—灰

3 奧瑞亞

1 精選全世界石材紋路中最漂亮的 36 種紋路，以數位印刷印於磁磚表面。紋路表現細緻自然。
（45×90cm，價格店洽，圖片提供＿木豐國際磁磚精品）

2 設計靈感來自簡單的概念，將石材切片的原本紋路直接印製於磁磚，不多做篩選，隨機呈現。再加上 3D 立體感的線條及雲彩，讓紋路更自然，逼真。
（80×80cm，價格店洽，圖片提供＿木豐國際磁磚精品）

3 以先進數位噴墨印刷工藝，搭配立體浮雕模面，讓天然山峰紋理清晰自然，層次更加分明、細緻，透過細膩的工藝，讓空間溢滿天然脈絡。
（60×30cm，價格店洽，圖片提供＿馬可貝里磁磚）

※ 以上為參考價格，實際價格會依市場而有所變動。

這樣保養才用得久

以清水保養

目前市面上的板岩磚，大部分皆以石英磚的材質製作，與天然板岩相較下，清潔時更為容易，平時使用清水保養即可。但板岩磚的表面略微粗糙，雖可防滑，但容易卡皂垢髒污，建議可定期用專門的磁磚清潔劑清潔。

搭配加分秘技

悠閒自適的洗浴空間

延續全室沉穩舒適的視覺感受，衛浴空間以淡米色的板岩磚鋪陳，再輔以全黑的檯面和木色櫃體，有效穩定空間重心。同時利用雙面盆的設計，讓兩人可以一起梳洗。木百葉的設計，展現多層次的風貌，擁有更悠閒自適的盥洗空間。

圖片提供＿大雄設計 Snuper Design

黑色調打造沉穩衛浴風格

同色系黑色的板岩磚為衛浴空間的主色調，能帶來放鬆沉靜的感覺，仿石的紋理營造度假般的悠閒風格。大面積的鏡面可擴大空間感。

圖片提供＿直點子室內設計

木紋磚
木地板的最佳替身

30 秒認識建材

適用空間	客廳、餐廳、廚房
適用風格	各種風格適用
計價方式	以坪計價（連工帶料）
價格帶	NT.5,000～10,000元
產地來源	歐美
優點	具原木溫潤的視覺效果，且易清理保養
缺點	價錢較高，踩起來沒有木地板溫暖

Q 選這個真的沒問題嗎

1 挑選木紋磚時，該有什麼需要注意的嗎？ 解答見 P.62

2 木紋磚和其他磁磚的差別在哪裡？優缺點分別是什麼？ 解答見 P.61

所謂的木紋磚，顧名思義就是仿木紋的磁磚。由於台灣潮濕的氣候，使得向來怕水、怕腐蝕的木頭不易維護和保養，若做為地板使用，在硬度和耐磨度上，易壞損的機率相當高，因此，在這種情形下，開始研發耐磨、耐刮又好清理的仿木紋磁磚。而木紋磚雖是屬於磁磚材質，但因表層有經過釉藥處理，和拋光磚與石材比起來，不但防滑功效比較好，在使用感上雖不及木頭來得溫潤，但還是比較具有溫暖度。

在發展的過程中，木紋磚在花紋風格、顏色深淺上做變化外，在尺寸上也出現長條與方形的規格，從常見的15×60cm、到大尺寸的60×120cm、20×120cm等一應俱全，讓木紋磚在拼貼手法上，也擁有和木地板多變的拼貼方式。同樣的，根據燒製溫度的不同，木紋磚也分有陶質、石質和瓷質三種種類。一般來說，瓷質吸水率最低，硬度和耐磨度也高，適合在浴室或戶外空間使用。

圖片提供＿安心居

種類有哪些

依木紋類型，可分成原始木紋和古木紋。

1 原始木紋

單純仿木紋的圖案，主要是保留原木的紋路，營造天然的氛圍。

2 古木紋

呈現如古木般有著深刻歲月斑駁的刻痕紋路為主，講究的是自然不矯情的原始風格。

這樣挑就對了

1 確定木紋磚鋪設位置

依照空間特性選擇適合的材質，瓷質的木紋磚因硬度和耐磨度高，適合用在戶外空間，若鋪在浴室，則可以選擇表面紋理較深的木紋磚來增加止滑度。

2 用價錢辨認品質

辨認品質最好的方法，是直接以價格來判斷，因為燒成技術越好，紋路便會越趨近真實，價錢當然越高。

3 注意磁磚的平整度

木紋磚常會仿效木地板的拼貼方法，因此若磚面不平整，鋪設後的視覺感便會相當凌亂。在選購時，可請店家當場試拼，確認平整度。

這樣施工才沒問題

注意填縫劑的使用

因木紋磚具有木質素材的顏色，然而平時的填縫劑多以灰色系為主，在視覺觀感上比較不適合，因此可選用接近木紋磚色調的填縫劑做搭配。

監工驗收就要這樣做

1 確認磁磚平整度

鋪設前要先確認磁磚是否有翹曲的情形，可用兩片磚面對面比對。

2 確認花色有無錯誤

看看磁磚是否色澤平整、花紋是否有方向錯誤的情況。

達人單品推薦

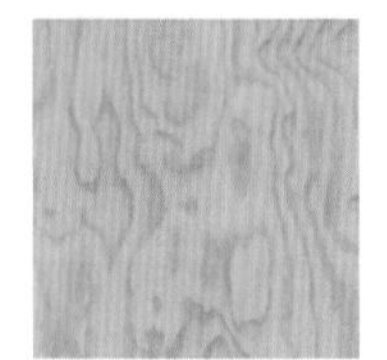

1 生態木

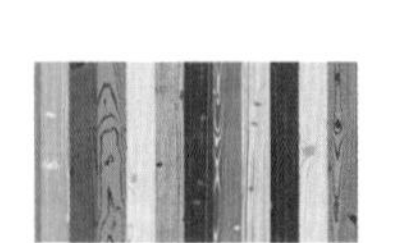

2 普普木 Uonuon

3 杉峰石木紋磚

4 珂米木紋磚

5 Fusion 融合系列

1 單純的木紋注入北歐的環保概念成就了另一番自然風味。
（60×120cm，NT. 3,400 元／片，圖片提供 __ 新睦豐 ）

2 打破過往木紋磚的規則和限制，將 14 種不同顏色的木紋磚，透過黑白色兩種正負片效果，創造磚面色彩的多變樣貌，略帶普普風的設計，可以很前衛，也能融入復古空間，同時隱含了向現代藝術大師 Andy Warhol 致意的意涵。
（20×120cm，NT.2,070 元，by 14 Ora Italiana，圖片提供__新睦豐）

3 透過先進的數位噴墨印刷技術，採用天然原木印象，有白楊木、橡木等紋理設計。
（15×75cm，價格店洽，圖片提供 _ 冠軍磁磚）

4 懷著對天然森林的敬意，運用先進的數位噴墨印刷技術，擬真呈現實木的木質紋理層次。
（60×120cm，價格店洽，圖片提供__馬可貝里磁磚）

5 呈現渾然天成的木質色澤，仿造木質地板的天然原貌所打造的手刮痕立體表面，以手指輕撫，觸感獨特自然。
（15×90cm，價格店洽，圖片提供 _ 冠軍磁磚）

※以上為參考價格，實際價格會依市場而有所變動。

搭配加分秘技

以色彩表現風格
地板通常是決定家中風格的主要元素，如果希望居家風格比較沉穩內斂，可選用較深色的木紋磚，反之，白色的木紋磚則可以營造乾淨清爽的輕鬆氛圍。

圖片提供＿馬可貝里磁磚

鮮豔色彩型塑搶眼風格
木紋磚除了可平鋪在地面上，也能多元運用於壁面或樓梯，以色彩鮮豔的磚材點綴其中，塑造視覺焦點，讓人一眼就感到驚艷！

圖片提供＿新睦豐

這樣保養才用得久

1 使用具有酵素的清潔劑
白色的填縫劑雖然看起來美觀，但容易有吃色的問題，就算弄髒後馬上清理也難以去掉污漬。因此建議可使用具有酵素的清潔劑清理。若是無法完全去除髒污的情況下，可自行DIY挖除髒掉的填縫劑再進行回填。

2 使用牙刷、軟布等工具清理
若在磁磚上的木紋花紋卡污，可用牙刷、軟刷、油漆刷或是軟質的布輔助擦拭清潔。

花磚
最吸睛的重點裝飾

30 秒認識建材

適用空間	客廳、餐廳、臥房、廚房、衛浴
適用風格	各種風格適用
計價方式	以片或組計價（連工帶料）
價格帶	進口磚匯率不一，價格不定
產地來源	歐美
優　　點	藝術價值高、花樣變化豐富
缺　　點	有潮流的時效性，且價格稍貴

Q 選這個真的沒問題嗎

1 玄關的地面想用花磚和復古磚做搭配，在材質挑選上有什麼需要注意的？ 解答見 P.65

2 聽說花磚很貴，一般是如何計價？我可以只買單片嗎？ 解答見 P.65

花磚的設計是磁磚最大的特色，向來是各磁磚廠商展現創意與新技術的重要產品，尤其每年秋季，在義大利波隆納的磁磚展，更可以見到引領時尚潮流的各式花磚產品。透過磁磚的印刷技術、上釉手法、高溫窯燒的方式，以及磁磚的表面處理，每一個步驟都會影響花磚的視覺效果。

一般來說，花磚多用於壁面裝飾，若要用於地面做裝飾，地磚和壁磚使用上的差別通常是以硬度及止滑度做為區隔的，若要用壁磚作為地磚，建議局部裝飾即可，且需有耐磨處理過的。

近年來，磁磚廠商非常樂於跨界合作，插畫家和藝術家的設計也提高了花磚的藝術價值。一般來說，花磚圖案以花卉和抽象幾何的圖形為主流，在空間設計上通常會搭配同系列的素磚讓空間產生多層次的變化。

圖片提供 _KC Design Studio

種類有哪些

依花紋的大小，可分為單塊花磚和拼貼花磚

1 單塊花磚

在一片磚上呈現完整的圖案，稱為單塊花磚。

2 拼貼花磚

用數片的磚合拼成一幅完整的圖案，尺寸較大，多使用於範圍較廣的壁面。

這樣挑就對了

1 採購時最好整組採買

由於每一家廠商或每一款花磚的尺寸都不盡相同，若隨意更換搭配恐怕會有尺寸不合的問題，最好是整組花磚加素磚統一採購。

2 不適合做為地面材

一般花磚用在壁面為主，不建議鋪設於地面，除非有抗磨處理，選購時先諮詢清楚。

3 溫泉區不可選用含金屬釉料的花磚

溫泉區的酸鹼度會讓金屬釉料變黑，選購時要特別注意。

這樣施工才沒問題

1 注意對花

由於拼貼式的花磚，最重要的是要注意對紋是否精確，因此，在施工前需先丈量尺寸從中間開始貼，讓兩邊的磁磚對稱。

2 轉角處收邊

在壁面或地面的轉角處要精準算入磁磚的厚度後，以磨背斜 45 度切割，才能完美地拼貼出漂亮的花磚。或者直接以轉角磚替代。

監工驗收就要這樣做

確認花色有無貼錯

看看磁磚是否色澤平整、花紋是否有方向錯誤的情況。

達人單品推薦

1 姿意系列 - 飛舞米

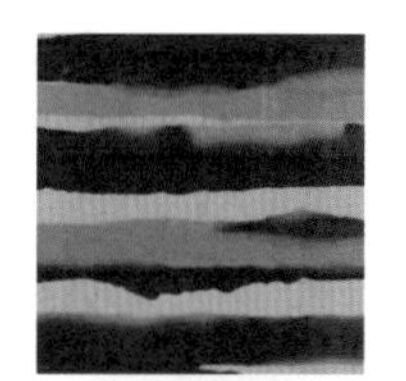

2 當代石系列 - 印象白

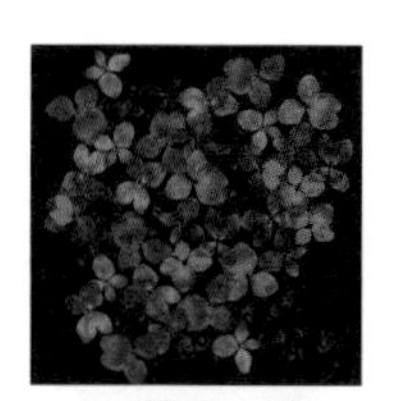

3 花季—繁

4 威尼斯柱飾

5 坎德培拉

1 姿意系列的不規則朦朧色調，不規則的線條刻痕呈現多種光影變化，除了米色之外，也有黑色可供選擇。
（60×60cm，價格店洽，圖片提供 _ 安心居）

2 以潑墨式的筆觸，搭配似油畫般的線條，呈現特殊淋釉的立體感。
（48×96cm，價格店洽，圖片提供 _ 安心居）

3 花，一直是浪漫的代表，其柔軟、婉約的印像，成為生活藝術中不可缺少的一環。 花季系列，將花朵的剪影細緻的呈現於磁磚表面。 讓花朵也有永久的保鮮期。
（50×50cm、100×100cm，價格店洽，圖片提供 __ 木豐國際磁磚精品）

4 古典歐風的柱飾圖騰襯以優雅的米黃色調，使人彷佛置身於水都威尼斯。
（91.5×91.5cm，NT. 23,100 元／組，圖片提供 __ 新睦豐）

5 融合天然石材的元素，在磚面呈現細膩的光澤，其表面造型與色彩更加豐富與多樣，構築了寫意又舒適生活空間。
（60×60cm、20×60cm，價格店洽，圖片提供 _ 安心居）

※以上為參考價格，實際價格會依市場而有所變動。

搭配加分秘技

圖片提供＿汎得設計

加上花磚，豐富視覺感受
水泥地板加高再搭配清玻璃方式，圈圍出獨立區塊，周邊再由花磚鋪成，能豐富彩度變化，創造更舒適的飲食氛圍享受。

流露復古懷舊的氣息
運用六角、菱形等復古花樣堆砌而成的牆面，不同花紋的隨意排列形成寫意自然的舒適氛圍，懷舊的米色花紋使空間流露美好的舊日情懷。

圖片提供＿安心居

這樣保養才用得久

使用中性的清潔劑
一般使用中性的清潔劑，可不傷害磁磚本身。

特殊磚材
布紋金屬各異其趣

30 秒認識建材

| 適用空間 | 客廳、餐廳
| 適用風格 | 各種風格適用
| 計價方式 | 以才計價（連工帶料）
| 價 格 帶 | 進口磚匯率不一，價格不定
| 產地來源 | 歐美
| 優　　點 | 表現風格特殊，有多款樣式可挑選
| 缺　　點 | 多由國外進口，價格較貴

Q 選這個真的沒問題嗎

1 **設計師說不用貼壁布，現在用磁磚也可以呈現布面的質感，是真的嗎？** 解答見 P.68

2 **家裡想用皮革質感的磁磚做裝飾，要怎麼搭配才會好看？** 解答見 P.69

因近年來磁磚的印刷技術日趨進步，可逼真地模擬出各種材質的紋理，像是布紋、皮革或是金屬等，在表現手法上不僅多了創意，也融合磁磚耐用好保養的特性。

布紋磚和皮革磚仿造天然織品和動物皮紋，視覺上看起來較有暖度。而金屬磚帶有冷冽的金屬光澤，呈現極簡冷調的氛圍，適合用於營造現代風格。

雖然表現出來的材質不同，但實際上還是基本的磁磚，製成的材質包含陶質、瓷質、石英磚等三種。建議選購時，還是要依照材質去搭配使用空間，像石英磚和瓷質較堅固，適合用於地面和壁面，而且石英磚不容易熱脹冷縮，特別受到廣大消費者的喜愛；而陶質壁磚則不適合用於地面。

圖片提供＿安心居

種類有哪些

依表面呈現的材質可分成仿石材磚、布紋磚、金屬磚和皮革磚。

1 仿石材磚

透過壓紋和顏色的變化處理，讓磁磚表面呈現如砂岩、紋岩、石英石等不同觸感，經過壓紋處理的磚，本身具有止滑效果，應用在衛浴或池畔都十分合宜。

2 布紋磚

運用色彩突顯織品的纖維與圖案，將軟性材質質感與硬質磁磚結合，流露溫暖的調性，展現質樸、自然的居家感。

3 金屬磚

以釉彩呈現金屬光澤的效果，可展現冷冽質感，多用於現代風的居家設計。

4 皮革磚

一般常見的有牛皮、鱷魚皮、大象皮等皮革紋理，改寫了磁磚給人的冷冽質感。近期市面上還出現以仿斑馬紋、仿豹紋等珍稀動物毛皮的立體磁磚。

這樣挑就對了

注意素材的運用與平衡感

像金屬磚這種冷冽的磚材，比較適合局部使用，若運用於大面積的壁面時，可搭配淺色等具備溫暖調性的素材，來保持空間的平衡感。

這樣施工才沒問題

施工前先規劃

施工和一般磁磚的施工大同小異，建議施工前應先做好規劃，再依標線黏貼。

監工驗收就要這樣做

1 注意填縫劑的顏色

填縫劑的顏色會影響鋪設後的整體質感，驗收時應多留意。

2 其他驗收注意事項與一般磁磚相同

達人單品推薦

1 清水模磚

2 坎德培拉 - 巴洛克白金

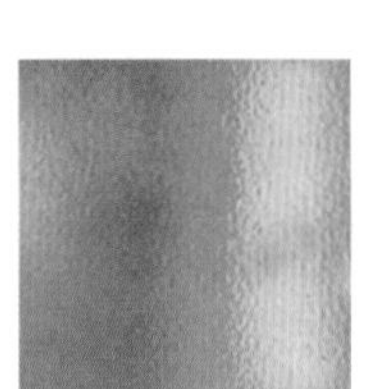

3 倫巴第金

4 鑄晶石微晶磚系列

5 西斯汀 Sistina 微晶磚系列

1 本系列運用數位印刷的技術，讓磁磚有了清水模的面貌。不但保留了清水模經典質樸的特色，也解決了可能的施工不良及粉塵問題，讓居家空間簡約、自然，也更安全。
（60×60cm，價格店洽，圖片提供 _ 木豐國際磁磚精品）

2 古典的表面刻紋，再加上隱約閃耀的光澤，呈現大器雍容的空間氛圍。
（60×60cm、20×60cm，價格店洽，圖片提供 _ 安心居）

3 亮眼的金黃色澤演譯出大戶人家的奢華氣派。
（15.2×15.2cm，NT. 140 元／片，圖片提供 _ 新睦豐）

4 以先進數位噴墨印刷技術真實重現原石紋路肌理，運用全新的乾粒微晶施釉燒結科技， 呈現天然石材的紋理層次，營造出空間時尚優雅的魅力。
（90×90cm，價格店洽，圖片提供 _ 冠軍磁磚）

5 運用工藝陶瓷「乾粒微晶施釉燒結科技」，紋理更加立體、細緻。數位印刷的石材紋路栩栩如生，花色多元唯美，質感晶瑩剔透。
（90×90cm，價格店洽，圖片提供 _ 馬可貝里磁磚）

※以上為參考價格，實際價格會依市場而有所變動。

搭配加分秘技

水泥磚與鐵件型塑冷硬氛圍
在工業風的空間中，運用強調原貌的水泥磚，搭配不可或缺的鐵件元素，型塑出冷硬的空間氛圍。大尺寸的磚型，減少溝縫的產生，也更突顯 Loft 空曠感。

圖片提供 _ 新睦豐

展現高雅氣息
衛浴壁面以特殊的菱格布紋磚展現雅致的調性。

圖片提供 _ 陶璽空間設計

這樣保養才用得久

以清水擦拭
和一般的磁磚相同，在清潔時以清水去除髒污即可。

Chapter 03

天然舒適的無壓建材

木素材

家，是每個人最放鬆的地方，想營造出自然無壓的空間，就一定要挑選質地溫厚的木材。其溫潤的質地、香味，不論是用於地板、牆面亦或是傢具，往往都能將人從整日的緊張感中釋放出來。

依照製成手法和樹種，可分成實木、集層材、特殊樹材和二手木。其中實木以整塊原木裁切，最能完整呈現木質質感；集層材經過各類木種壓縮加工，另成一副嶄新的面貌；除了原木之外，人們也開始尋找替代建材，能夠取代日漸耗竭的森林資源。其中生長快速的竹子和具有柔韌特性的軟木塞，就成了現今的新寵兒。另外，基於永續環保的觀念，利用價格便宜的二手木，回收再造使木料美麗變身，讓木材的生命能延續不絕。

種類	實木	集層材	特殊樹材	二手木
特色	整塊原木所裁切而成	由三～四塊木料拼接而成	以竹材和橡樹製成，為環保耐用的綠建材	回收舊木材製成
優點	沒有人工膠料或化學物質，只有天然的原木馨香	有效節省天然木料的使用	為實木的替代建材，實現環保觀念	價格低廉
缺點	價格高昂、抗潮性差，易膨脹變形	無法100%模擬自然木質	造價貴、使用不普遍	品質不一、需避免選到泡過水的木材
價格	NT.4,500～30,000元	NT.3,000～8,000元	NT.5,500～18,000元	依木種和重量而定

設計師推薦 私房素材

石坊空間設計・郭宗翰推薦

圖片提供__石坊

1 海島型木地板・賦予空間溫厚的氛圍：天然的紋路肌理呈現出獨一無二的表情，本身特有的溫潤感賦予舒適、溫暖的質地，夾板與實木的交互構成，切合著氣候時節的變化。價格中等，但也因實木厚度部分有些許的差異。在地面材的運用上，可賦予空間溫厚質樸的氛圍，自然木面的呈現，隨著時間的變化展演出不同的韻味。

攝影__Yvonne

馥閣設計・黃鈴芳推薦

2 二手木・帶有歷史的陳舊風味：二手木的價格約是一般木材的二到三折，且上面特有的多色澤或紋路，經過歲月的洗禮而顯得獨特柔和，並可隨創作者的經由巧手設計後，化身為獨一無二的商品，自然是一個經濟實惠又具設計感的高CP值推薦品。另外，由於大部分的二手木皆為老木，不易龜裂，所以在清潔保養上更顯容易。

圖片提供__馥閣設計

實木
吸濕控溫自然木香

30秒認識建材

適用空間	客廳、餐廳、書房、臥房
適用風格	古典風、現代風、鄉村風
計價方式	以坪計價（連工帶料）
價格帶	NT. 4,500～30,000元
產地來源	台灣、印尼、緬甸、非洲
優點	以整塊實木切割，質感溫潤天然
缺點	抗潮性差，易膨脹變形

Q 選這個真的沒問題嗎

1 **好想要鋪實木地板，可是房子在一樓容易反潮，可以鋪嗎？** 解答見P.72

2 **海島型木地板和實木地板的差別是什麼？哪種比較不容易腐壞？** 解答見P.73

3 **風化板紋路看起來很漂亮，除了用在壁面，我可以拿來當木地板嗎？** 解答見P.75

實木是指以整塊原木所裁切而成的素材，天然的樹木紋理不但能讓空間看起來溫馨，更能散發原木天然香氣，而木材經過長時間的使用後，觸感就變得更溫潤，因此受到大眾的歡迎。

木材能吸收與釋放水氣的特性，可以將室內溫度和濕度維持在穩定的範圍內，常保健康舒適的環境。但實木的缺點就是必須砍伐原木，對生態來說非常不環保，目前對於森林資源的利用日漸嚴謹，除了高級木種如台灣檜木之外，就連緬甸柚木等東南亞木種也因當地政府的限制而減產，因此市面上的原木木材已越來越稀少，價格也越來越高昂。

在台灣居家裝修中，實木常以整塊原始素材運用，如檜木、花梨木；或是做成實木木皮，運用在電視牆、客廳臥房牆面、櫃體門板、天花板等，常見的木種有橡木、柚木、梧桐木、栓木、梣木、胡桃木等。實木也可透過加工處理打造不同的木質效果，如以鋼刷做出風化效果的紋路，或是染色、刷白、炭烤、仿舊等處理。

但要注意的是，實木在高溫高濕的環境下，容易膨脹變形。若用做為木地板，則要注意不能施作於潮濕的環境，若地面易有反潮現象，則不建議鋪設。

圖片提供＿漂亮家居資料室 攝影＿李永仁

種類有哪些

依照用於地面、天花和壁面空間來區分，下面列舉常見的實木加工產品。

1 實木板&實木木皮

實木板以整塊實木裁切而成，紋理天然溫潤，通常做為實木傢具、天花板、壁面裝飾用。實木板的厚度不一，可依需求裁切，平時多以所用木種命名。

另外，為減少木材資源的浪費，再加上整塊實木的原料價格高，用在櫃體、傢具等都造價不斐。因此改良出將實木刨切成極薄的薄片，黏貼於夾板、木心板等表面，從外觀看同樣能營造出實木的自然質感。實木貼皮的厚度從0.15～3mm都有，通常厚度越厚，表面的木紋質感越佳。一般的實木木皮由於厚度過薄，在施工過程中可能會受損，會在底部加一層不織布黏貼層，以方便施工。

2 實木地板

是指以整塊原木所裁切而成的地板，厚度多為5分～7分（1分為0.3公分），木紋清晰自然，最能表現溫馨樸實的自然質感。

實木地板的特性如同一般的原木，易受潮、膨脹係數較大，因此需選用防潮性高的木種來因應台灣潮濕的氣候。

圖片提供_PartiDesign Studio & 曾建豪建築師事務所

▲實木地板紋路自然，呈現木頭的原始面貌。

依製作方式可分為原木木地板和集層材木地板：

（1）原木木地板

一般常用的木種為檜木、柚木、紫檀木和花梨木等，共同的特點為防潮性佳、油質高。檜木的顏色最淺且木紋精細，有清香味，可防蟲蛀。柚木偏黃，看起來較光滑油質。花梨木偏紅，木紋精細、明顯，年輪多樣富變化，抗蟲防蛀特佳。檀木的顏色最深，且質地堅硬，容易給人沉穩內斂的感覺。

（2）集層材木地板

所謂的集層材主要是將不同顏色的實木地板以橫向拼接方式呈現，因此常被設計師用來做一些特殊的牆面或面材，來強調視覺上的差異感，塑造另一種實木地材風格。

3 複合式實木地板（海島型木地板）

複合式實木地板的表層為實木厚片，底層再結合其他木材所製造而成的。底層通常使用雜木、白楊木或是柳安木作為基材，使用膠合技術一體成型，具有防水功效，也因此達到能抗變形、不膨脹、不離縫的情形，防潮係數相較於實木地板、超耐磨地板來得高。

除了能抗變形外，好一點的地板還有防白蟻、防蟲蛀的特點。地板種類也因表層木皮的選擇而有不同，大部分都為耐潮性較佳的柚木和紫檀木為主。

其中，複合式實木地板表層的實木木皮厚度和木種是決定價格高低的因素，表層實木的厚度越厚，價格越高，其耐用度也越高。厚度則以條數計算，100條則為1公釐，複合式實木地板的表層厚度從100條到300條都有。

種類	實木地板	複合式實木地板（海島型木地板）
特色	1 整塊原木所裁切而成 2 能調節溫度與濕度 3 天然的樹木紋理視感與觸感佳 4 散發原木的天然香氣	1 實木切片做為表層，再結合基材膠合而成 2 不易膨脹變形、穩定度高
優點	1 沒有人工膠料或化學物質，只有天然的原木馨香，讓室內空氣更怡人 2 具有溫潤且細緻的質感，營造空間舒適感	1 適合台灣的海島型氣候 2 抗變形性能比實木地板好，較耐用，使用壽命長 3 減少砍伐原木，且基材使用能快速生長的樹種，環保性能佳 4 抗蟲蛀、防白蟻 5 表皮使用染色技術，顏色選擇多樣，更搭配室內空間設計
缺點	1 不適合海島型氣候，易膨脹變形 2 須砍伐原木不環保，且環保意識抬頭，原木取得不易。 3 價格高昂 4 易受蟲蛀	1 香氣與觸感沒有實木地板來得好 2 若使用劣質的膠料黏合則會散發有害人體的甲醛
價格	NT.6,000～30,000元	NT. 4,500～18,000元

4 南方松

南方松，全名為「美國南方松仿腐材」，指的是由生長在美國馬里蘭州至德州之間廣大地區的松樹種群所產出之實木建材，通常作為戶外地板使用。

南方松帶有自然況味，質感具可塑性且容易加工，本身較不怕磨損，在重壓下可防止劈裂，再加上南方松會經過防腐的處理，不適合用於屋內，較適合使用於空氣流通的戶外場所。

台灣地處潮濕，若善用輕鋼架架高南方松與地面的接觸機會，以及注意木材之間的拼貼縫隙，以方便排水。用不鏽鋼或鍍鋅等五金，自然能延長建材的使用壽命。

由於南方松在進口前，會先做好防腐處理，依照藥劑的不同，大致可分成：

（1） CCA藥劑：CCA（Chromated Copper Arsenate，鉻化砷酸銅）。早期大多使用CCA藥劑，可有效防止黴菌類和白蟻的侵害，但CCA含有鉻、砷的成分，不僅對人體有害，也會對環境造成污染，目前則較少使用。

（2） ACQ藥劑：ACQ（Alkaline Copper Quaternary，烷基銅銨化合物 ），在市場上佔大宗。為改善CCA藥劑對環境造成污染的問題，而研發出不含鉻、砷成分的ACQ藥劑。其功效同樣可防止白蟻蟲害和腐壞的情況。

（3） MCQ 藥劑：MCQ（Micronized Copper Quaternary，微化四元銅）。相較於ACQ藥劑，MCQ藥劑對於金屬的腐蝕性較低，可以延長整體金屬結構的使用期限。

圖片提供＿同心圓綠能室內設計

▲經防腐處理的南方松適合用於戶外或陽台等開放空間。

圖片提供＿石坊空間設計

▲大幹木皮製成的實木牆。

5 風化板：早期的風化板是以噴砂磨除方式製造而成，能局部加強紋理深淺差異，如質地較硬的橡木、柚木等，以噴砂處理才能突顯效果，但製作成本較高，現在則多利用鋼刷方式做處理。以滾輪狀鋼刷機器，磨除風化板較軟的部位，使紋理更明顯，同時也增強天然木材的凹凸觸感，其自然色澤更能將空間變得溫潤感性。

各種木種皆可以作為風化木，但因為梧桐木最便宜、生長快速，是目前最常見的素材，另外也可見到南美檜木、雲杉、鐵木杉、香柏等木種在市場上流通。南美檜木風化板比梧桐木風化板的價格稍高；香柏風化板除了具紋理外，還能產生淡淡香氣，價格更高，每片約NT.2,000元。

風化板與其它木料相同，怕潮濕、怕溫差變化過大，甚至怕油煙，所以較適合貼覆於室內乾燥區塊的壁面、天花板、櫃體或桌面，至於廚房、衛浴間則較不適合。另外，梧桐風化板質地較軟，較不適合作為地板材，避免踩久或家具壓覆其上而造成凹痕。

一般來說，常見的風化板可分成兩類：

（1）實木板：常見尺寸為1×8公尺，厚度約7～8公釐，鋼刷處理後凹凸感較鮮明。厚度可依個人需求訂做，但寬度以2公釐為上限，否則易裂。

（2）貼皮夾板：尺寸多為4×8公尺，厚度約4～5公釐。在表層貼覆的鋼刷實木皮，至少要有60～70條（0.6～0.7公釐）的厚度才能做出風化效果。但若要刷出深淺的觸感則需要150條（1.5公釐）以上的厚度。

這樣挑就對了

1 這樣挑實木板和實木貼皮

（1）依照需求選購：可依照喜好的木種去挑選實木板和實木貼皮，但不同木種會有不同的特性，像是檜木實木板要注意選的木料是心材還是邊材，若是邊材則材質強度與防腐性較心材差；橡木木皮選用60～200條（0.6～2mm）以上的厚度較佳。在選購時需多問多看。

2 這樣挑木地板

（1）依所需木種選購：地板的價格主要是以上層用的木材及表層木皮的厚度來決定。厚度愈厚、防潮性高的木種，價格愈高。像是檜木、紫檀木、花梨木等，油質和防潮性皆高，價格較貴；而櫸木、橡木、楓木等抗潮性較差，價格則較低。要避免選擇抗潮性差的楓木、樺木和象牙木，以免地板變形。

（2）從紋路、色澤辨識：一般實木會有一定的重量，且木紋紋路在正反與側面都會有一定的連貫性，若是染色木，看起來較為死板，且較沒有木頭香味。

（3）以香味和泡水實驗分辨真假：要分辨實木地板的材質真假，可切開聞香味或做泡水實驗。若是經過染色處理，則泡水後會出現顏色。另外，也可將同尺寸的樣品與貨品秤重，檢驗真假。

（4）依區域選擇：由於木地板怕刮，不耐磨損，建議可用在客廳、臥房相對磨損較少的區域。

（5）依材質表面判斷：注意木地板的表面狀況，比如油漆塗裝或粉刷的光澤、漆膜是否均勻，表面紋路材質有無明顯缺陷。另外周邊的榫、槽也應該要完整無缺。

▲ 挑選實木時要注意是心材還是邊材，心材的強度與防腐性較佳。

3 這樣挑南方松

（1）檢視是否有蓋上美國防腐商協AWPA的品質保證章：一般消費者可能不會直接接觸或採購，大多數會交由設計師或施工單位採購。但仍可在施工當天檢視每片南方松的背面是否有美國國家標準及美國防腐商協會AWPA所蓋的品質保證章，以保障自身的權益。

4 這樣挑風化板

（1）不可做為地板：相較於其它木種，梧桐木重量最輕、色澤最淺，能牢固貼覆在壁面或櫃體，若想洗白或染特殊色，成色效果也最好。但梧桐風化板質地較軟，較容易造成凹痕，不適合做為地板材。

（2）依照木種選擇：檜木風化板紋路清晰、香柏風化板有淡淡香氣，能為空間帶來不同氛圍，但價格較梧桐風化板貴2～4倍。柚木風化板因木材本身具油質，風化效果較不理想，且價格昂貴。

（3）好的風化板，紋路要清楚分明：品質好的風化板紋理必須清晰自然，否則不易呈現視覺效果。

這樣施工才沒問題

1 木地板依照施工方式的不同，可分成3種

（1）平鋪式施工法：平鋪式為先鋪防潮布，再釘至少12mm以上的夾板，俗稱打底板。然後在木地板上地板膠或樹脂膠於企口銜接處及木地板下方。通常以橫向鋪法施作，其結構最好、最耐用又美觀，能夠展現木紋的質感。

（2）直鋪式施工法：活動式的直鋪不需下底板。若原舊地板的地面夠平坦則不用拆除，可直接施作或DIY鋪設，省去拆除費及垃圾環保費，且木地板也比較有踏實感。

（3）架高式施工法：通常在地面高度不平整或是要避開線管的情況下使用，底下會放置適當高度的實木角材來作為高度上的運用。但整體空間的高度會變矮，相對而言，較費工費料，施作起來的成本也較高。且時間一久，底材或角材容易腐蝕，踩踏起來會有異樣擠壓聲音或有音箱共鳴聲。

2 施工前先整地

在鋪設木地板前需注意地面的平整以及高度是否一致，建議可先整地，鋪設起來較順利。

3 先鋪設防潮布

在木地板施工前，地面要先鋪設一層防潮布，兩片防潮布之間要交叉擺放，交接處要有約15公分的寬度，以求能確實防潮。

4 預留伸縮縫

選用木地板要考慮濕度和膨脹係數，因為這是影響木地板變形的主因。在施作時要預留適當的伸縮縫，以防日後材料的伸縮導致變形。

5 貼實木貼皮前先確認施作面的平整度

在施作面上先擦去灰塵粉粒，若有坑洞則可先補土磨平使表面平整光滑後，在施作面塗上黏著劑後黏貼。

6 做好防水處理

不論是哪種實木加工品都有木頭怕潮的缺點，因此在靠近浴室附近的區域，要先在木頭表面或縫隙做防水處理，防止日後變形。

7 在表面上一層保護漆：建議使用實木板或風化板做裝飾時，可上層保護漆或透明漆，較不易因毛邊刮傷自己。

圖片提供＿山木生空間設計

▲ 若想避免噪音過大打擾到樓下鄰居，可在木地板下方鋪設隔音墊以減緩噪音。

圖片提供＿ PartiDesign Studio & 曾建豪建築師事務所

▲ 風化板表面需上一層保護漆，避免毛細孔吸入髒污，造成吃色。

監工驗收就要這樣做

1 察看實木木皮的邊緣

察看轉角邊緣是否有黏貼整齊，若不平整，可以修邊刀處理多餘木皮。

2 木地板

（1）鋪設前先放置在施工現場：鋪設施工的48小時前，先將木地板置放在房間中央，不要將未拆封的地板放置在高溫高濕的環境。

（2）完工後確認是否密合：先試著走走看，如果有出現聲音則需重新校正，並確認房門是否能正確開闔。

（3）直鋪式地板要與原結構密合：若原本的地板為磁磚，要確定是否與原地面密貼，以及地面是否太鬆軟。

（4）檢視地板接縫的大小：檢視地板有無瑕疵凹凸或邊緣有高低差，地板接縫大小是否不一，或表面有掉漆或塗抹不勻稱，最好的地板紋路清晰自然，有平滑柔順的觸感及質感。

3 實木板和風化板

（1）板材數量要一次進足：由於每批板材的商品顏色都會些微差異，在進貨時要事先估算好足夠的數量，避免二次進貨，導致紋路與色澤會有不同，影響整體美觀。

（2）確認垂直、水平、直角線條：板材在施工時一定要注意「垂直、水平、直角」三大原則，木工屬於表面性的裝飾，一旦有歪斜的情形，缺陋容易一覽無遺，也難以修補缺失。

達人單品推薦

實木地板

1 玉檀胡桃

2 玉檀煤黑

3 正緬甸柚木實木

4 kd柚木實木

1 純手工上色呈現木頭自然紋理，瑞典BONA漆面環保無毒可隨時無塵翻新，不用擔心家中學習爬行的孩童、寵物吃進化學致癌物。
（5寸6分亂尺、NT. 13,000／坪，圖片提供＿麗新木地板）

2 極致黑，適合崇尚簡約時尚風格的單身貴族。
（5寸6分亂尺、NT. 13,000／坪，圖片提供＿麗新木地板）

3 防潮性能佳的柚木，十分適合台灣海島型的潮濕氣候，其溫潤的木色能帶給居家安逸舒適的氛圍。
（5.7寸6分、價格店洽，圖片提供＿麗新木地板）

4 富含油脂、穩定性高的柚木，再加上深色紋理展現沉厚溫潤的居家感，十分受到人們的喜愛。
（2×18×120cm，NT.14,000～27,000元，圖片提供＿科定企業）

※以上為參考價格，實際價格將依市場而有所變動

海島型木地板

1 原味典藏 WR-313E-7

2 Kd花梨木地板

3 亞麻木地板 LIC400

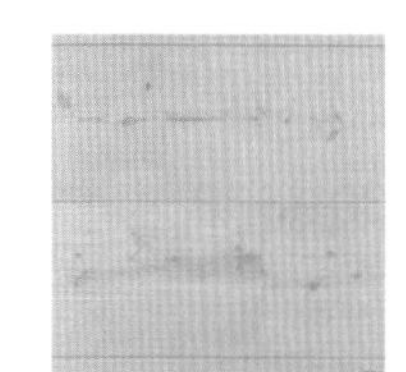

4 Lyed-look larch rustic

1 保留橡木原始肌理，添加老工匠巧手刻劃的復古浮雕藝術，呈現自然溫潤的風格。
（尺寸、價格電洽，圖片提供_茂系亞）

2 有原木的自然感、寬度適中。花梨木色澤優美，能給予居家溫暖舒適的氣息。
（180cm×18cm×1.5cm、NT.7,600～13,000元／坪，圖片提供＿科定企業）

3 大尺寸規格的海島型木地板可突顯出空間的大器，寬版的設計展現優雅高貴的姿態。
（91cm×30cm×9.8mm、NT.7,500～10,000元／坪，圖片提供＿辰邦）

4 如松木般的淺色色系，能為空間定調，展現純淨的無印風格。
（400～535×18.5～30×1.7cm，NT.12,500～16,000元／坪，圖片提供＿辰邦）

※以上為參考價格，實際價格將依市場而有所變動

這樣保養才用得久

1 以微濕的抹布擦拭即可
實木的加工品不應接觸過多水氣，平時以微濕的抹布擦拭即可。

2 上蠟保養
實木板或木地板可定期塗抹保護蠟以降低灰塵與表面的附著力，而實木貼皮外層可上木器漆等保護水氣侵入。

3 避免日曬雨淋
由於實木製品過於乾燥會膨脹裂開，要避免陽光直曬，保持通風，而雨天時要記得關窗，以免浸水泡爛。

4 避免放置過重傢具
木地板怕刮傷，所以要避免安置過重的傢具或物件。表面不耐碰撞，建議可盡量少挑選有輪子的傢具。

5 以軟毛刷簡單擦拭
由於風化板是利用鋼刷製造出紋理，凹凸肌理之中一定容易卡灰塵，建議可使用軟毛刷乾刷，且以輕刷方式做清潔，來維持風化板的整潔。

6 可打磨去掉頑垢髒污
梧桐木本身毛細孔較大，若有髒污易吃色。因此以梧桐木製成的風化板若有難以去除的髒污，可重新打磨後上漆。

搭配加分秘技

橫跨三區的大器主牆
一入門，便能看見一整道溫潤暖意的木色主牆，橫跨玄關、餐廳至客廳，長形的設計營造出大器風範。同時在玄關、客廳處分別設計開放櫃體，染黑的木色，讓整體富有變化，創造視覺的遠近效果。

圖片提供_ PartiDesign Studio & 曾建豪建築師事務所

利用錯層設計斑馬木書桌

房子後半段結構錯層，利用降板設計書房，並直接將斑馬木桌板放在地板上，從上方空間眺看，斑馬木分明的紋理，像是自然畫作。

圖片提供＿大雄設計Snuper Design

原木格柵營造優美圍籬

木格柵為鐵件框架嵌寬板的南方松木板所構成，能適度地透風、透光又顧及隱私。光影綽約，也構成另一種趣味。

圖片提供＿近境制作

圖片提供_ PartiDesign Studio & 曾建豪建築師事務所

雙重木皮堆疊虛實之美
電視牆用栓木與橡木做色澤與紋理變化，並藉塊狀堆疊衍生層次，深灰底色與懸空，更豐富了虛實交融美感。

圖片提供_ PartiDesign Studio & 曾建豪建築師事務所

深淺木色為空間增添躍動視覺
在開放式的餐廚區中，運用木素材修飾天花，與木地板相呼應之餘，同時也能有效遮蔽吊隱式冷氣，深淺不一的榆木展現豐富的視覺感受。

圖片提供＿大雄設計 Snuper Design

深色天花帶出空間框景

L型天花板深沉咖啡色的鐵刀木以鍍鈦金屬包邊，以材質明暗對比製造景深，並加入木頭、砂岩磚、米灰色沙發等調和整體色彩。

圖片提供＿相即設計

特殊紋理展現木質原味

特地選用節眼明顯的雲杉天花，錯落有致的分布，為空間帶來節奏感，強化休閒氛圍。

集層材
減少木料的耗損

30 秒認識建材

| 適用空間 | 客廳、餐廳、臥房
| 適用風格 | 鄉村風、古典風
| 計價方式 | 以坪計價（連工帶料）
| 價 格 帶 | NT.3,000 ～ 8,000 元
| 產地來源 | 北美、德國
| 優　　點 | 有效節省天然木材的使用
| 缺　　點 | 無法 100%模擬自然木質

選這個真的沒問題嗎

1 集層木地板和一般的實木地板有什麼差別嗎？ 解答見 P.83

2 我想自己在家 DIY 鋪設木地板，施工時需要注意什麼嗎？ 解答見 P.83

3 挑選集層木地板時，要怎麼選才不會挑到品質低劣的產品？ 解答見 P.83

所謂的集層材，是拼接有限的木料而成的木材再製品，多以黏膠合成拼接。近 10 年來，集層材被大量的使用，成為未來必然的趨勢。乃肇因於森林砍伐受到限制，木材取得困難。再加上集層材是利用三～四片以上的木料接成，相較於須耗費多年時間長成的大塊實木，集層的加工更快速且製成品的衍生性也多。不論在裝修、傢具或建築上，都能看到集層材的運用。

製作集層材的木種有柚木、松木、北美橡木等，一般若使用越大塊的木料進行集層，表面質感會越細緻自然。而在裝修上，集層材可製成集層實木板、集層木地板等，用於地面、天花板或壁面裝飾。

以木地板為例，集層材可做為運用在木地板表層的實木厚片或底材，像是常見的集層材海島型木地板則將集層材運用在表層，而超耐磨地板的底材也是採用集層的技術概念製成的。

圖片提供＿漂亮家居資料室 攝影＿李永仁

種類有哪些

1 集層板材

種類繁多，木種包含柚木、松木等，可被製成工作桌、天花板等。使用面積較大的木料去集層，質感看起來就越細緻，效果也越自然，因此集層板材越寬越厚，成本也越高。

2 木地板

依類型有集層實木地板、集層海島型木地板和超耐磨木地板。集層實木地板為整塊以集層木材製成，集層海島型木地板則是在表面貼覆集層實木，由於是由不同木種拼接而成，在外觀可看出深淺不一的木紋顏色。

而超耐磨地板依結構有底材、防潮層、裝飾木薄片和耐磨層。通常底材以集層技術製成的高密度板，除了沒有一般底板可能蛀蟲的問題之外，低甲醛的成分能有效保障居家環境安全。另外，超耐磨木地板的在耐磨層以三氧化二鋁組成，可達到耐磨、防焰、耐燃和抗菌的優點。防潮層則可防止地板濕氣。

這樣挑就對了

1 仔細觀察表面

不論是板材或是木地板，都要以肉眼檢查表面是否有無平整、有明顯壓痕或正面無光澤、色澤不均的現象。另外也要注意木材邊緣是否有崩壞龜裂。

2 選擇低甲醛建材

由於集層材為各種木料黏接而成，最大的問題在於要特別注意黏膠成分，有不少業者為了降低成本，而使用具有揮發性氣體 VOC 的黏著劑，用在居家環境，容易引發呼吸道疾病等。因此在選購時應注意是否有含甲醛、有機溶劑，免得買到危害健康的建材。

這樣施工才沒問題

1 板材

由於集層板材仍是由實木拼接而成，仍保有實木怕水氣的缺點，因此受潮後會容易膨脹變形，再加上由黏著劑黏成，可能還會有層層剝落的情形，不適合使用在廚房、浴室等潮濕地方。

2 木地板

（1）施工前要先整地：木地板和超耐磨地板對地面的平整度要求高，平鋪在原地面上，1 公尺內的高低落差不要超過 3 公分。陽台外推區尤須特別注意地面的高低水平，如落差太大應先整地。另外，也可直接平鋪在舊的地坪上，如舊磁磚、石英磚上，若是原有地材有搖晃或空隙等現象，同樣也先整地再行鋪設。

（2）鋪設防潮布：在施作任何的木地板前，都要先鋪上一層的防潮布，以免受潮。

（3）四周預留伸縮縫：市面上有簡便的鎖扣式超耐磨地板，適合自行 DIY 組裝。雖然鎖扣式的優點在於可無縫拼接，但超耐磨的底材是由木頭組成，仍會吸收部分水氣。因此施作時，要在牆面四周要留下伸縮縫的空間，最後再以踢腳板收尾。

圖片提供＿辰邦

▲ 地板完工後可使用踢腳板、線板或矽利康收邊。

攝影＿蔡竺玲

▲ 集層材的上層為實木厚片，下層為多種木料拼接而成的底材。

監工驗收就要這樣做

1 觀察表面

施工前先觀察表面是否平滑，集層板材或木地板表面不應該有腐朽、蟲孔、裂縫或夾皮等情形。

2 確認規格

板材或木地板運送到施工現場時，要確認地板的規格尺寸是否與產品介紹相同。

達人單品推薦

1 LD-300 莊園系列

2 SAN6046klein

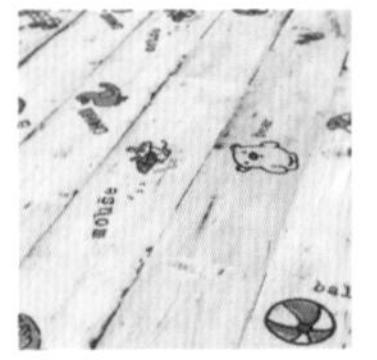
3 設計系列— D3009 遊戲場

4 淺色凡爾賽

1 超耐磨地板的木紋立體對花質感超越實木地板，超大尺寸、氣派非凡，是國內許多豪宅建商特別指定專用。
（2,052cm×20.8cm×9mm、NT. 6,000 元／坪，未滿 10 坪需補貼工資費用，圖片提供__辰邦）

2 除了仿木材質之外，也發展出仿石材金屬的地坪。展現冷冽堅硬的風格，很適合用在居家空間當中。
（632×325×8mm、NT. 7,500 ～ 10,000 元／坪，圖片提供__辰邦）

3 印上小孩最喜愛的小熊和小鴨，充滿童趣的圖案帶來新奇的氛圍。
（138×19.3cm、NT. 5,780 元／坪，圖片提供__德國高能德思地板）

4 風格古樸，具有手作的特質。沉穩的顏色常用於復古風格的空間中。
（624×624×9.5mm，NT.1,000 元／片。圖片提供＿茂系亞）

※以上為參考價格，實際價格將依市場而有所變動

這樣保養才用得久

1 注意防黴、防潮濕
木地板的保養方式主要是注意防黴、防潮濕等。使用者可在入口門外放置腳踏軟墊，防止把砂粒、泥土帶入室內。室內的濕度盡量不要有太大的變化，減少地板的自然膨脹和收縮過大。建議平日以擰乾的濕布清潔，並保持通風或使用除濕機，即可延長木地板的使用壽命。

2 定期塗上木器漆或護木油
不論是板材或集層木地板都為實木製成，建議表面需定期塗上木器漆或護木油，保護木材表面不被水氣入侵。

搭配加分秘技

圖片提供_辰邦

木天花、櫃體、地板的素材一氣呵成
核桃木的特色在於質感紋理的清晰度高，因此同時用於桌面、系統櫃板、天花板，同色系、同一建材的搭配，不僅大方、素雅，也讓空間更具立體感。

細膩木質變化帶來生動

木地板選用三種花色，一深一淺地拼出韻律生動的鋪面。牆面木皮染成接近地坪顏色，兩兩成對地斜拼出千鳥紋。

圖片提供＿森境＆王俊宏空間設計

木質與藤編突顯休閒感

客廳用超耐磨木地板鋪陳地坪，放射狀線條的天花板則以夾板染色取代實木，搭配藤編像具與燈飾，以及量身訂製的柚木貼皮臥榻，讓空間洋溢濃濃的休閒氛圍。

圖片提供＿邑舍設紀

特殊樹材
無毒環保又天然

30秒認識建材

適用空間	客廳、餐廳、書房
適用風格	現代風、東方風
計價方式	以坪計價（連工帶料）
價格帶	NT.5,500～18,000元
產地來源	台灣、葡萄牙
優　　點	為實木的替代建材，實現環保觀念
缺　　點	造價貴、使用不普遍

Q 選這個真的沒問題嗎

1 竹地板和實木地板有什麼不一樣？特色是什麼？ 解答見P.87

2 使用軟木地板和竹地板，會不會有發霉、褪色等疑慮？ 解答見P.87

3 軟木地板的材質感覺似乎相當脆弱，是否不太抗壓耐磨？ 解答見P.87

一般樹木至少需要30～50年的生長速度，長期下來因過度砍伐而造成樹木的耗竭，為尋求替代資源，而開始開發其他樹種的產品，其中以橡樹和竹材的副產品最具代表性。

竹材的生命力旺盛、生長期短，運用廣，完全體現綠建材的環保概念，可作為代替實木地板的建材。通常在選材上以孟宗竹為主，其質地堅韌、紋路清晰、取材容易、相較於其他竹種的視覺效果更佳，也最具美感。最好的竹材年齡是第4～6年，正是竹子的壯年時期，取材方式包括縱切與旋切式兩種，不同的取材方式，能將竹皮獨特的枝節特色完全顯示。

軟木地板取材自橡樹的樹皮，成分百分百天然。由於橡樹約在25歲成熟，橡樹樹皮即可剝採使用，且樹皮具有回復性可自然再生，因此人們就針對此項樹材研發出新型的軟木地板。軟木地板被視為綠建材的指標產品，每採用一坪軟木地板，每年估計可減碳500～650公斤。

圖片提供＿辰邦

種類有哪些

1 竹地板

（1）實竹地板：以整塊實竹做成，但膨脹係數大易變形，且竹材本身含有大量的醣份及澱粉質，若破損就容易受潮，且會引起霉菌侵入，進而有變黑、蟲蛀等問題。

（2）複合式竹地板：仿海島型木地板的作法改良實竹地板。表層為竹片、中間層為夾板、底層則為抗潮吸音泡棉。表層被覆耐磨防護網狀透氣保護層，讓竹材不易發霉。而夾板具防水功能，不但解決了膨脹收縮問題，同時具有耐潮、耐磨、耐污、靜音的功效。

（3）旋切式表面：利用機器架住竹節兩端，旋轉的刀片將竹子切成薄片，可清楚展現竹節紋路，呈現水波的感覺。

（4）縱切式表面：以垂直刀法將竹子切成細條薄片狀，再拼接成細長竹條，極富線條感。

2 軟木地板：軟木中主要的成分軟木纖維，是由14面多面體形狀的死細胞所組成，細胞之間的空間充滿幾乎與空氣一樣的混合氣體，所以當人們走在軟木地板的時候，是正走在50%的空氣上。具有保溫功能，擁有極佳的彈性、韌性與回復性。若不慎跌倒可減緩衝擊力，適合有幼兒或老人的家庭。再加上軟木不含澱粉及糖分，因此不會有蟲蛀損壞的問題，也不會發霉、長塵蟎或滋生細菌，可以提升居住環境的健康，降低老人、小孩呼吸道過敏疾病。

軟木地板的防潮性高，乃因為軟木地板與葡萄酒瓶軟木塞的材料相同，吸水率幾乎是零，絕對不會滲水。並且可避免氣候產生過度收縮膨脹變形的問題，無毒害，且材料可回收再利用。

依據鋪設的方式，軟木地板可分為黏貼式、鎖扣式：

（1）黏貼式：施工方式類似PVC地板，必須以黏著劑於現場黏貼，可能產生不環保或脫膠起翹的副作用。

（2）鎖扣式：其構造設計如同三明治一般，上下都是軟木層，中間則是由高密度環保密集板的鎖扣構造所組成，方便現場組裝施工，不像傳統的木地板需要打釘上膠，所以可回收使用。

這樣挑就對了

1 確認甲醛含量是否符合標準

竹地板以複合方式做成，需使用到黏著劑，而有些黏著劑含有甲醛，因此選購時可選擇具有綠建材環保標章認證的竹地板。另外，也可聞聞看是否有刺鼻味，若有則可能含有甲醛，建議不要購買。

2 注意竹材年齡

正常來說竹材的成長年輪為7年，而竹農們在種植時是遵循著「存三去四不留七」的定律。因此，最好的竹材年齡為4～6年，此時期竹材纖維度最高、硬度夠，超過此年齡，竹材成分會逐漸老化，較不適合拿來製成竹地板。

3 避開潮濕環境

複合式竹地板與複合式實木地板一樣害怕潮濕環境，因此也不建議將竹地板使用在濕氣和水氣高的廚房與浴室，避免發生膨脹變形的情形。

4 慎選產地來源

在市場上，軟木地板也有劣質商品流通，因此產地的來源就顯得十分重要，在選購前先瞭解代理商的信譽是否優良，避免買到劣質商品。

5 注意面漆的種類

軟木地板的表層會有一層面漆，不同的面漆種類會不同的效用和功能。其中，聚氨酯面漆初

種類	實木地板	竹地板	軟木地板
特色	整塊原木所裁切而成	取材於天然竹林	橡樹皮製成
優點	1 沒有人工膠料或化學物質，只有天然的原木馨香，讓室內空氣更怡人 2 具有溫潤且細緻的質感，營造空間舒適感	採複合式結構，具耐潮、耐磨、靜音等功能	具有保溫功能，擁有極佳的彈性、韌性與回復性。
缺點	抗潮性差，易膨脹變形	日曬後會黃變	不耐磨擦，易被尖銳物刺穿
價格	NT.6,000～30,000元	NT.9,500～18,000元	NT.5,500～12,000元

期雖柔軟，長時間下來易有脆化的問題；陶瓷面漆的耐磨度高、止滑性佳，讓地板的質地更堅硬；植物油面漆是最具環保性、防滑性與舒適性，日後的保養修復十分容易；使用丙烯酸面漆目前只有極少數產品具有此項專利技術，提供如同室內體育館地板表面的耐磨性能，又不影響柔軟的質感。

6 依照適用空間挑選

軟木地板會塗上一層保護蠟，是天然防蟲劑，蟲蟻不蛀，又有防止水滲透的性能，抑制細菌滋生。因此，除了用於地板之外，也很適合施作於樓梯、浴室和廚房。

這樣施工才沒問題

1 竹地板

（1）鋪裝前先置放於施工現場：最好提前一周或半個月將竹地板開箱置於現場，使竹地板在安裝前和施工場所的濕度保持一致，可有效控制鋪裝後的膨脹係數。

（2）不需預留縫隙：一般來說，複合式竹地板與實木地板的施工方式相同，兩者的差異在於，竹地板不需預留縫隙，只需緊靠輕敲，靠牆周邊可預留3公釐的細縫，用矽利康填補或踢腳板補邊。

（3）調整色調排列組合：由於天然材質皆有色差問題所在，因此在施工前，建議先將竹地板依顏色調整排列過一次，再進行鋪設工程，讓色調能更一致，細微的色差均勻分佈其中也能帶出不同美感效果。

圖片提供__茂系亞

▲ 運用竹子快速生長的特性，所取用製成的竹地板，環保自然。

2 軟木地板

（1）黏貼式施工法

STEP 1：從地板中心開始，以砌磚的交錯方式事先在地坪畫好黏貼的記號線。

STEP 2：刷子沾附黏著劑後塗上地坪或軟木地板的背面待乾，依記號線從中心開始黏上軟木地板。

STEP 3：完成後使用橡膠皮錘敲擊每一塊地板或用滾子滾壓地板使其完全附著。

（2）鎖扣式施工法

STEP 1：先整地，並鋪上防潮布，需重疊至少15公分。

STEP 2：在牆面至少預留6公釐的伸縮縫後開始拼接。完成拼接三排後，觀察是否有歪斜或不平。

STEP 3：完成後以收邊條收邊。

圖片提供__辰邦

▲ 軟木地板材質柔韌，空氣含量多，踩踏時除了有靜音的效果外，還有防潮、耐撞的功能。

監工驗收就要這樣做

1 事先需注意地面是否平整

軟木地板和一般地板的鋪設方式相去不遠。但須注意的是，軟木地板對於鋪設地面的平整度要求高，若是要直接使用在毛胚屋的地坪上，為求新地板的鋪設平整度，最好是補平地坪或添加夾板。若不想剔除舊有地材，也可直接平鋪在原地坪上，但若是原有地材不穩定或縫隙過大，最好還是先整地再進行鋪地板動作。

2 完成後踩踏一遍

完工後建議在竹地板上來回走過一次，看看是否有異音，若有的話，則請師傅補強。

這樣保養才用得久

1 搬動傢具小心輕移

複合式竹地板表面有塗耐磨漆已具防刮效果，但建議椅腳、桌腳及櫥櫃底部仍須使用保護墊或護套。在搬動地板上的家具時要小心輕移，同時也應避免使用尖銳物去破壞竹地板。

2 避免日照曝曬造成黃變

複合式竹地板使用久了一定都會產生黃變的問題，但一般人不易看出來，若仍擔心黃變問題情況嚴重，可在安裝空間的窗戶上加裝窗簾，降低陽光直接曝曬導致加速黃變的速度。

3 定期上蠟永保光澤

清潔竹地板和軟木地板時用一般抹布沾清水擦拭即可，不需要再使用清潔劑來清潔處理，以免破壞軟木本身具備的蠟質成分。在保養方面，竹地板和軟木地板可每隔三～六個月上一次地板保護蠟，可常保地板的光澤度及防止地板刮傷、受潮。

達人單品推薦

竹地板

1 白紋竹 、墨紋竹

2 璀璨系列─藏金竹

3 格紋系列 MB-05B

1 縱竹系列強調竹枝的垂直線條美感，經過染色或碳化的色調為居家帶來清雅的書卷氣息。
（4.8寸×4尺，價格店洽，圖片提供__茂系亞）

2 經過特殊染色處理，沉穩的深色調為居家帶來不同的氛圍變化。
（14×148×900mm、NT.15,000元／坪，圖片提供__茂系亞）

3 方格系列打破以往對竹紋的印象，不僅增加活潑感，也能看見色澤層次美。
（5寸×6尺，價格店洽，圖片提供__茂系亞）

※以上為參考價格，實際價格將依市場而有所變動

搭配加分秘技

溫潤木質的空間氛圍
櫃面和地板選用相同木色，創造和諧的視覺感受，特別選用淺色竹地板，呈現淡雅溫潤的空間氛圍，凝聚出舒適溫暖的居家空間。

圖片提供_茂系亞

改變拼貼方式營造視覺變化
斜紋系列的竹地板，拼貼後會呈現獨特的視覺效果，增添地板玩味。

圖片提供_茂系亞

圖片提供_辰邦

給家人多一層防護

軟木地板本身的孔洞即能造就豐富的視覺饗宴，呈現素材的原始肌理，柔軟有彈性的地板，能防止重擊、跌落等意外傷害，為家人提供安全的環境。

讓家中幼兒更安全

選用堅韌柔軟的軟木地板，能保護孩童行走的安全。

圖片提供__山木生空間設計

二手木
回收再用最省錢

30秒認識建材

| 適用空間 | 客廳、餐廳、書房、臥房、兒童房
| 適用風格 | 鄉村風
| 計價方式 | 以斤計價或以才計價
| 價 格 帶 | 依木種而定
| 產地來源 | 台灣
| 優　　點 | 價格較新木低廉
| 缺　　點 | 品質不一、需避免選到泡過水的木材

Q 選這個真的沒問題嗎

1 回收的二手木品質好嗎？會不會容易損壞？ 解答見P.92
2 二手木表面有釘孔，有什麼方法可以修復？ 解答見P.93
3 要怎麼挑選二手木，才不會挑到品質低劣的產品？ 解答見P.93

許多人喜歡木材質的觸感溫潤，但考量木素材的價格及維護，現在也很流行使用二手木素材，甚至許多愛好者會直接到二手木材行去買回收木素材製作傢具，價格比全新木材便宜個三到五成，也是環保又划算的做法。由於使用二手木材必須再整理，運用於裝修上會比使用新木材花更多的時間、但是價格就比新木材便宜許多，而且呈現出來的效果比起仿舊處理更有味道，也切合永續利用的環保觀念。

二手木材的來源，大多是使用過的木箱、棧板、枕木、房屋建材、老屋木門窗等等。通常可到舊木料行或回收木材店選購，這些店家多位於偏遠地區，回收木料擺放較亂，一疊疊堆放，挑木料時不要怕麻煩，可請老闆將適合尺寸的板材一片片拿出來看木紋花色，要多留點時間逛，才能找到好的二手木材。由於木材的品質不一，需要仔細觀察木料的表面是否有泡過水的痕跡，避免買回去後，因腐壞而不堪久用。

攝影＿Amily

種類有哪些

1 不含化學物質

本身僅經過機械處理、不含化學物質的二手木，像是舊門板、房屋樑柱等回收拆卸下來的木材。一般來說台灣的回收二手木木種有台灣紅檜、肖楠、福杉、台灣杉等，木紋花色與軟硬度不同。台灣檜木香氣宜人，且年輪較密，國外的檜木樹種不具香氣或很淡，年輪也較鬆。台灣檜木板材多來自老房子樑柱建材，穩定度較高，不易變形，二手檜木1才約NT.300元。

2 不含有機混合物和防腐劑

僅被油過漆或木膠黏過，但不含任何鹵素類有機混合物和防腐劑的木材，像是實木傢俱、木箱等，這些可作為再利用的木料。而其它則可作為燃料，再利用其能量。

這樣挑就對了

1 觀察木紋顏色

若木材曾浸過水，則內部的木紋顏色會浮出表面，形成黃色的污漬，表面的木色就不乾淨清晰。

2 盡量不選購集層角材

集層角材為混合各種木材，經過壓縮再用膠水黏合，因此泡過水後會一片片剝落，再次使用的話，其使用年限較短。

這樣施工才沒問題

1 加工前先處理表面

二手回收舊木材表面通常會有髒汙、粗糙、有釘孔，挑選二手木材時必須多看多注意；而表面髒汙及粗糙可以用砂紙機、電刨來處理。

2 修復二手木上的釘孔

二手木材上如果有釘孔是可以補的，一般來說使用白色補土後再用乳膠漆上色，就能讓釘孔消失，建議補釘孔時先用白色乳膠漆當底，這樣就可以把白色補土的顏色蓋掉，之後再上其它顏色。

監工驗收就要這樣做

事先確認板材品質

若選用二手板材製作，則監工方式和其他板材無異。只是事先必須確認二手板材的品質是否無虞，可藉由觀察側面，察看內部是否有損壞。

這樣保養才用得久

實木材料表面塗上保護層

大部分的二手木頭皆為老木，所以在清潔保養上較容易，幾乎不會有木頭龜裂的情形發生。

選用舊門板等傢具的實木材料，則需要塗上護木油或木器漆等。若使用廢棄的角材或木心材，則本身已有防護處理，因此不用費心保養。

搭配加分秘技

牆面深淺拼接，營造律動感

拆除舊家的檜木重新拼接成的電視主牆。經過謹慎的排列拼貼，型塑出直紋意象，呈現線條分明的律動感。

圖片提供__六相設計

Chapter 04

剛毅堅實的個性材質

金屬

室內裝修常用的金屬材料，主要有鐵材、不鏽鋼，以及銅、鋁等非鐵金屬。這些金屬韌性強，可凹折、切割、鑿孔或焊接成各式造型。此外，金屬為了防鏽，表面多半會做各式處理。除了噴漆，還有各種電鍍加工，來產生不同質感與顏色。近年來復古風盛行，不少人也將金屬表面做鏽蝕的處理，呈現斑駁紋理之美。

鐵材是鐵與碳的合金，另含矽、錳、磷等元素。依外觀顏色而概分為「黑鐵」與「白鐵」。大部分的金屬，表面皆呈現白金屬色澤。像是不鏽鋼由於較能防鏽、可長時間維持原有的金屬色，故俗稱「白鐵」。像是鑄鐵、熟鐵等，則就是「黑鐵」。不論是哪一種，都能為居家帶來迥異的面貌。

鈦金屬質輕、延展性佳、硬度高，經過不同的加工處理，會使讓鍍膜呈現黑、茶褐、香檳金、金黃等顏色。亮度高，且多樣的色澤，使鍍鈦逐漸成為設計中不可或缺的元素之一。

種類	鐵件	鍍鈦金屬	沖孔板
特色	為鐵與碳的合金，依外觀顏色可分為黑鐵與白鐵。在煉製時，由於從900˚C以上高溫急速冷卻而導致不完全氧化，表面會披覆一層黑鐵皮。	鍍鈦是利用金屬在真空高溫的真空狀態下會交換離子的物理特性，將鈦離子附著於金屬表面形成一層硬度極高的保護膜。鈦金屬質堅耐久，抗蝕力與白金不相上下。	運用金屬、木質等素材以機器壓製沖孔而成，可製作出圓形、橢圓形等形狀，普遍用於建築營造、廚房用具或室內裝飾材質使用。
優點	支撐力足、造型多變	硬度高、抗酸鹼、不易氧化或褪色，好保養	堅固耐用、質量輕、透風性佳
缺點	很容易生鏽，需做好防鏽處理	造價高昂、鍍膜一旦受損就無法修補	熱軋鋼板和冷軋鋼板材質若未上烤漆，易生鏽
價格	依設計與加工方式而定	格稍高，依設計與加工方式而定	價格不一。依照孔洞的直徑大小、排列方式、密度、材質而有所差異。

設計師推薦 私房素材

森境 & 王俊宏室內設計 · 王俊宏 推薦

圖片提供＿森境&王俊宏空間設計

1 鐵件 · 兼顧纖薄美感與實用性：鐵件與木頭等建材相比，它的承重力更高、造型更靈活，還可結合木作、石材等材質。由於台灣的住宅多半不大，因此多運用鐵件來打造出質感精緻又輕盈的櫃體或鏤空樓梯。由於鐵件表面已有噴漆，屋主平時也不用花太多心力去整理。

圖片提供__森境&王俊宏空間設計

近境制作 · 唐忠漢 推薦

2 鍍鈦金屬・構成空間最吸睛的焦點：鍍鈦金屬板的鍍膜能隨著光線與視線，展現豐潤的光澤與色彩。在空間裡只要少量運用，就能拉抬整體質感。

圖片提供__近境制作

3 鐵件・量身訂作的絕佳建材：金屬能打造出一些難以用木作達到的多變造型，又能擁有足夠支撐力。且可塑性高，能量身訂作出獨一無二的品味。

演拓設計・殷崇淵推薦

鐵件
耐用又多變的建材

30秒認識建材

| 適用空間 | 各種空間適用
| 適用風格 | 各種風格適用
| 計價方式 | 視個案估價
| 價 格 帶 | 依設計與加工方式而定
| 產地來源 | 台灣
| 優　　點 | 支撐力足、造型多變
| 缺　　點 | 很容易生鏽，需做好防鏽處理

Q 選這個真的沒問題嗎

1 鐵製的物品看起來堅硬又耐久，會需要費心保養嗎？ 解答見P.98

2 想在樓梯加上鐵件，要選用多少厚度才足夠？ 解答見P.97

鐵的熔點為1,539℃，延展性佳，加上礦產量大，千百年來為人們應用最多的金屬。鐵材為是鐵與碳的合金，另含矽、錳、磷等元素：依照合金元素的比例而分成不同種類，總稱為碳鋼。業界依外觀顏色而概分為「黑鐵」與「白鐵」。大部分的金屬，表面皆呈現白金屬色澤（White Metal）。不鏽鋼由於較能防鏽、可長時間維持原有的金屬色，故俗稱「白鐵」；而「黑鐵」則泛指不鏽鋼以外的鐵材，包含鑄鐵、熟鐵（或稱鍛鐵、軟鐵），以及碳鋼等合金鋼。

鐵材在煉製時，由於從900°C以上高溫急速冷卻而導致不完全氧化，表面會批覆一層黑鐵皮（Mill Scale），由於黑漆漆的外觀而得名。若磨掉這層氧化物並進行拋光，鐵件也可展現如同不鏽鋼般的光滑、亮麗。鐵件具有金屬建材共通的優點且價格相對較低，因此常應用於結構材或裝飾面材。若施以電鍍、陽極處理、噴漆或烤漆等處理，還能達到防鏽效果並展現出迥異面貌。

一般來說，鐵件的承重力比相同體積的實木來得強大，也比系統板材的強度高很多，常用來打造櫃架，相同承載量可以打造得比木作更為輕薄。當然，實際上的承重量還是得考慮到鐵板的材質與厚度，以及整座櫃架的結構設計。

圖片提供＿近境制作

種類有哪些

依照煉製過程，可分為以下三種：

1 鑄鐵

俗稱「生仔」，為雜質較多的碳鐵合金，含碳量2～4%。碳愈多，硬度就愈高。普通鑄鐵的強度、耐蝕性都比鋼材低，每平方公尺只能承受30～50kg。由於熔點較低（1,200℃），成本較低廉，廣泛用於製造鐵管、鐵板等各式建材，或是熔鑄成各種造型的鑄鐵門、窗花或欄杆。

2 鍛鐵／熟鐵

熟鐵的雜質少，含碳量低於0.1%，延展性、韌性、可鍛性及熔接性皆佳，又稱為鍛鐵或軟鐵。可製成鐵絲或螺釘，甚至用機器或手工錘鍊成繁複雕花的欄杆、鐵窗或鐵門等空間構件。

3 鍍鋅鋼板

鍍鋅鋼板也可稱為「白鐵」，也就是不鏽鋼。鍍鋅層能防鏽，故可長時間維持表面的金屬色。鋼材經過鍍鋅之後，強度與延展性皆能提高，鍍鋅方式可分兩種。

（1）熱浸鍍鋅（SGCC，簡稱GI）：以450℃溫度讓鋅金屬與鐵金屬彼此擴散而形成合金（鍍鋅層），厚達54微米以上。由於防鏽力佳。多用於戶外或打造建築用的鋼筋、鋼管、鋼板。

（2）電鍍鋅（SECC，簡稱EG）：利用電化學來鍍鋅。鍍膜厚約10微米，表面較平整，故耐指紋，多用於室內或小家電。

這樣挑就對了

1 鍍鋅板看鍍膜厚度與花紋

熱浸鍍鋅鋼板的表面會帶有鋅花，鋅花越小代表鍍膜越均勻；因此，最好是小到幾乎看不見的程度。而鍍膜厚度則是越厚越好。鍍鋅層越厚，代表防鏽力、耐候力越佳，且強度與延展性也會隨之提升。

2 樓梯踏步宜選用較厚的板材

雖說鐵板的承重力遠比木作為佳，但為了安全起見，像是樓梯等需要高度承重者仍宜選用厚板來打造。鐵板厚度從1.2mm～3cm皆有。打造樓梯踏步最好選用厚度3mm以上者，以免日久變形。

這樣施工才沒問題

1 選用適合的焊接工法

鐵件的焊接，通常比較適合電焊。雖然氬焊的熔接面（焊道）較小，電焊的會比較大而導致要花較多時間來磨光；但焊道較小的銜接面容易因外力而產生裂痕，故電焊的工法會比較穩固。此外，不同金屬（如黑鐵與白鐵）雖可焊接；但由於兩者熔點差距較大，銜接面較容易被外力扯出裂痕。

2 上漆前要徹底清除表面

在上漆或鍍膜之前都必須清除鐵鏽或油污。否則會降低漆膜的附著力，鐵鏽也會在漆膜下方繼續侵蝕而導致脱漆。至於乍看牢固的黑鐵皮，其實帶有不少能讓水氣進出的細孔；因此，在上漆前一定要磨光，才能讓漆料僅僅附著在金屬表面。

3 確定施工前原始地面狀況

因為金屬材質帶有鋼性問題。當鐵板豎直並排時，板材還能維持一定平直的形狀。一旦橫放且下無支撐的話，板材就會因為重力的關係而逐漸地微微凹下。在規劃櫃架時，尤其是會排滿書籍的書櫃，務必要考慮到鐵製層板的厚度與隔板的間距，以免層板長年使用後會因為鋼性而變形。

監工驗收就要這樣做

1 焊接處要填滿並磨平

如果是需要承重的結構或是鐵板銜接鐵管，就一定要焊滿，避免銜接處裂開。焊接完畢之後，每個焊點或焊道都要磨平。尤其是轉角或是有特殊造型的構件，需特別注意表面是否有修平順。

2 注意鐵板鏤空圖案的精緻度

切割鐵板的方式有兩種：電離子切割與雷射切割。後者的精準度較高、前者則較有手工感。無論採用哪種切割技術，鏤孔邊緣須平順。

3 大形鐵件要吃進建物結構

當鐵件要結合其他構件時，一定要精準地計算尺寸和結構支撐。像是隔屏、門片等頗具份量的大型鐵件，當五金需要鎖進木作時，必須要先加強五金的結構；甚至需直接鎖進鋼筋水泥的承重結構裡，以免木作支撐不了。

搭配加分秘技

大鐵框構成精緻的多功能造型櫃
為使主臥不顯窄迫，睡眠區與更衣間以一道懸空的鐵件造型櫃做區隔，半穿透視線讓兩區能彼此延伸。

圖片提供__森境&王俊宏空間設計

用鐵件打造大型的懸空置物架
臥房外側以兩座長約兩米多的吊櫃構成一道隔屏，為顧及放滿衣物之後的重量，故選用鐵件框架，呈現輕薄與懸浮感。

圖片提供__近境制作

這樣保養才用得久

1 避免強力碰壞保護膜
鐵件若受到外力衝擊或一直遭受尖銳硬物的碰撞，表面的漆層也可能會崩落。因此，平日使用時最好避免重力撞擊。若表面為鍍鈦，雖然硬度大幅提升，但仍須避免強力碰撞或刮磨。

2 定期刷漆
塗漆、噴漆或烤漆的保護會隨著漆料老化而逐漸失去作用。尤其是塗刷的油漆或透明漆，應該每隔幾年就重新刷一次，避免漆層老化而剝落。幫欄杆、樓梯扶手等重新上漆時，應先磨平原有剝落的漆料再刷新漆。同時需等第一層乾掉後再刷一層新的，反覆幾次以避免油漆層的毛孔讓水氣侵入。

鍍鈦金屬
抗氧耐磨不褪色

30秒認識建材

適用空間	各種空間適用
適用風格	現代風、工業風
計價方式	依設計而定
價格帶	價格稍高，依設計與加工方式而定
產地來源	台灣
優點	硬度高、抗酸鹼、不易氧化或褪色，好保養
缺點	造價高昂、鍍膜一旦受損就無法修補

Q 選這個真的沒問題嗎

1 **鍍鈦金屬的材質有什麼特性？** 解答見P.99

2 **我家靠近溫泉區，設計師說改用鍍鈦後的材質可耐腐蝕，是真的嗎？** 解答見P.99

3 **鍍鈦的電視牆發現有點油污，可以用鋼刷清潔嗎？** 解答見P.100

鈦金屬質輕、延展性佳、硬度高，熔點為1,668℃，抗蝕力與白金不相上下。鈦金屬質堅耐久，因為提煉較難而價格昂貴。1970年代已發展出真空鍍鈦的技術，多用於航太工業；現應用於裝飾性的金屬板材，稱為鍍鈦金屬板。

鍍鈦是利用金屬在真空高溫的真空狀態下會交換離子的物理特性，將鈦離子附著於金屬表面形成一層硬度極高的保護膜。膜層厚度介於0.3至0.5微米之間。由於軟的金屬無法披覆鈦離子，普遍使用特定的不鏽鋼板來鍍鈦，並透過控制加工過程的參數來讓鍍膜呈現黑、茶褐、香檳金、金黃等顏色。除了不鏽鋼板外，也可以鍍在堅硬的底材，如磁磚或鋁、銅等。

由於鍍膜帶有鈦金屬的特性，硬度為不鏽鋼板的兩到三倍，板材凹折至90度也不損及鍍膜，且抗氧化又抗腐蝕。可應用於大樓帷幕、包柱、門框、扶手欄杆、電梯門板等空間或招牌。除可選用現成板材，也能請廠商將金屬半成品鍍上鈦膜。

鍍鈦金屬板的鍍膜耐酸鹼，且表面不易沾附異物，無論是工廠或汽車排放的污染物質、溫泉地瀰漫的硫磺，或是夾帶鹽分的海風，都不易腐蝕鈦膜，因此若是要用作戶外建材也相當適合。

圖片提供＿森境&王俊宏空間設計

種類有哪些

依照加工處理方式，可分為以下兩種：

1 鍍鈦鋼板

奈米等級的鍍膜能緊密結合金屬板材，加強水氣隔絕而能高度防鏽又不易脫落。鍍膜表面光滑，不易沾附異物，且抗鹽霧能力為不鏽鋼SUS304的兩倍以上，故不易沾染指紋。

鍍膜顏色有多種選擇，還可加工成不同圖案，如鏡面、毛絲、亂紋、噴砂、霧珠，或進行3D雷射或立體蝕花等處理。

2 抗指紋處理鍍鈦鋼板

鍍鈦鋼板若進行奈米級的抗指紋處理，鍍膜可再提高硬度，並使顏色更顯飽和也更不易褪色。因此，多了這道加工程序的鍍鈦金屬板，其耐候性強，更適合用於戶外溫泉區、海邊或空氣污染較嚴重的地帶。

這樣挑就對了

慎選優質廠商

不管是購買鍍鈦金屬板材，還是將各種不鏽鋼單品拿去鍍膜，最好能挑選優質廠商。可從公司規模、設備新穎與否，以及磨砂、拋光等相關技術與設備來評估。當然，如能先拿到樣本確認品質，會更有保障。

這樣施工才沒問題

1 安裝前做好保護措施

如果鍍膜遭受破壞，裡面的不鏽鋼會因失去保護而逐步生鏽，因此板材表面會貼覆一層不留殘膠的保護皮膜，等完工後才可撕下來。運送時還要再加上厚紙板、塑膠板等進行層層捆包，避免途中不小心損傷到鍍膜。

2 工地現場要淨空

鍍鈦金屬板最怕刮傷、碰傷。需等其他工程都退場了，才安排鐵工進場。此外，在工地現場進行凹折等加工時，也應避免粗糙面磨壞板材。安裝完畢還要用防水膠布包覆表面，以免盥洗牆壁或地板時被強酸、強鹼的化學藥劑潑濺到。

3 特殊造型可於焊接後鍍膜

雖說鍍鈦金屬板可進行凹折，抗指紋處理還能避免金屬板材因雷射切割而出現燒熔的問題；不過，如果想製作的物件體積較小且造型較複雜，建議先將不鏽鋼板材焊接成型，再送至工廠進行真空鍍膜，整體質感會較精緻。

監工驗收就要這樣做

1 施工前先驗收品質

收到建材時，除了確定尺寸、花色等是否符合當初訂貨的規格，還要確認鍍膜的平滑光整度與有無色差。板材不能翹起，或有凹痕、擦傷。

2 完工後注意細節收尾

注意接縫是否密實，整塊接合之後的立面是否平整、密合，或彎曲的弧度符合原有設計。尤其是邊角的收尾要特別注意。此外，也要檢查鍍膜是否保持完整，表面沒有擦痕或凹痕。

這樣保養才用得久

1 一般髒污用濕布擦拭即可

鈦金屬板較不易沾附異物，如果表面有指紋或灰塵，先撢去灰塵，再用清水沖洗再擦乾水痕。如果有殘膠或油垢，可用濕布沾取中性洗潔劑來擦拭，之後再沾上清水來擦過一遍。

最好使用細棉布，不要用粗布或粗的菜瓜布，雖說鍍膜硬度頗高，但仍可能有刮傷的疑慮。

2 避免沾附酸性或鹼性物質

鈦金屬板的鍍膜雖有優越的抗酸鹼能力，但長期沾染仍可能導致鈦金板表面變色或鍍膜受損而脫落。平日清潔，避免用強酸、強鹼的藥劑。此外，鍍鈦金屬板最怕沾附水泥。如遇此狀況，要趁水泥未乾之際先以大量清水沖洗。

達人單品推薦

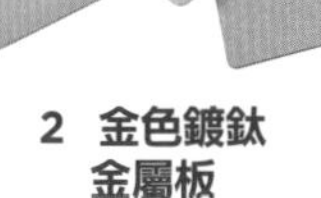

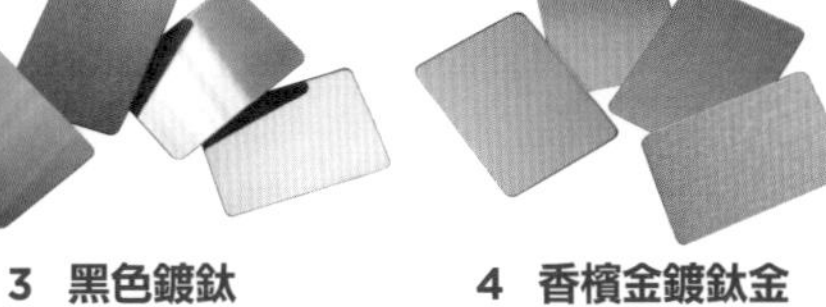

1 玫瑰金鍍鈦金屬板　**2 金色鍍鈦金屬板**　**3 黑色鍍鈦金屬板**　**4 香檳金鍍鈦金屬板**

1 略偏粉紅的玫瑰金，顏色柔和、內斂，又不至於太過甜膩，相當耐看！從左至右分為亂紋、霧珠、毛絲面與鏡面。
（122×244cm、價格店洽，圖片提供__昱龍不銹鋼）

2 金色最能展現出空間的奢華與貴氣。鈦金屬鍍膜的豐富光澤，再加上不同紋路的表面處理，很能展現獨特的奢華質感。從左至右分為毛絲、霧珠面、鏡面、亂紋。
（122×244cm、價格店洽，圖片提供__昱龍不銹鋼）

3 黑色鍍鈦板非常適合強調空間個性的工業風或時尚現代風。黑色搭配金屬鍍膜特有的光澤，能展現獨特魅力。從左至右分為霧珠、亂紋、毛絲面與鏡面。
（122×244cm、價格店洽，圖片提供__正龍不銹鋼）

4 典雅的香檳金，很適合沉穩的古典風或俐落的現代風空間。搭配不同質地的表面處理，能細膩展現出精緻的細節。從左至右分為鏡面、、霧珠、毛絲面、亂紋。
（122×244cm、價格店洽，圖片提供__昱龍不銹鋼）

搭配加分秘技

華麗光澤跳脫出木質基調
玄關落地櫃、電視主牆與沿樑柱打造的ㄇ型框，皆為鍍鈦金屬板。墨色鍍鈦的玄祕的色澤，來與深色木地板構成質感對比。

圖片提供__近境制作

沖孔板 堅固耐用基礎材

30秒認識建材

| 適用空間 | 居家和商業空間
| 適用風格 | 現代風、工業風
| 計價方式 | 少量以單次架模費計價、大量以才計價
| 價 格 帶 | 價格不一。依照孔洞的直徑大小、排列方式、密度、材質而有所差異。
| 產地來源 | 台灣
| 優　　點 | 堅固耐用、質量輕、透風性佳
| 缺　　點 | 熱軋鋼板和冷軋鋼板材質若未上烤漆，易生鏽

Q 選這個真的沒問題嗎

1 **沖孔板的材質有哪些？不同材質有什麼樣的特性？** 解答見P.103

2 **沖孔板不同的孔徑大小有什麼不同的用途？** 解答見P.103

所謂的沖孔板，是運用金屬、木質等素材以機器壓製沖孔而成，可製作出圓形、橢圓形等形狀，普遍用於建築營造、廚房用具或室內裝飾材質使用。而依照孔洞的直徑大小、形狀、排列分布，具有不同的特質和用途，直徑在3mm左右的孔洞，由於孔洞小，多用於過濾的機具或用品，像是廚房常用的濾網就是一種；而5mm的沖孔板則用於吸音材料和冷氣的出風口，才能有效吸收聲音或通風。

一般來說，沖孔板常用的材質多為不鏽鋼、冷軋鋼板、熱軋鋼板或鍍鋅板等，不同的材質主要取決於使用的需求。不鏽鋼的硬度最好，材質堅硬，耐候、耐用度高，可用於戶外壁面等區域；鍍鋅板由於在表面鍍上鋅後，具有防鏽的功能，價格也較經濟實惠，是常用的裝潢材料。沖孔板本身規律有秩序的排列，形成特殊的視覺效果，除了圓孔狀之外，還可客製圖案，不論是用在牆面或天花裝飾，都能讓視覺變化更為多元。

圖片提供＿CJ Studio陸希傑設計事業有限公司

種類有哪些

依照常用材質，可分成以下幾類：

1 CR冷軋鋼板

冷軋鋼板的厚度較薄，可生產的厚度僅0.15～2.0mm，主要多用於家電、電腦機殼等。

2 HR熱軋鋼板

熱軋鋼板為黑鐵製成，經過熱軋後可延展。若製成品的厚度需2～3mm以上，建議使用熱軋鋼板。

3 GI熱浸鍍鋅板

在鋼板外層鍍鋅，鍍鋅層比電氣鍍鋅板較厚，防鏽力較好，適合用在戶外。

4 EG 電氣鍍鋅

運用通電，使鋅均勻分佈在鋼板外層，施作後的厚度較薄，多用於室內牆面、家電等。具有耐蝕防鏽的特性。

5 AL鍍鋁板

材質較軟、延展伸度大，適於擠壓成型製作容器。

6 不鏽鋼

相較於以上五種材質，防鏽力最高、堅固耐用。一般來說較常使用的不鏽鋼型號為304，其硬度適中，多用於廚具。316的等級最高，耐酸鹼，防鏽力和耐候性強。

這樣挑就對了

1 依照需求挑選適合材質

若使用於戶外，建議選擇耐候性高、防鏽力較強的材質，像是不鏽鋼、熱浸鍍鋅板等。

2 依用途選擇孔洞大小

以實用面來看，不同的孔洞直徑有不同的功能。直徑5mm左右的沖孔板，可作為吸音材，當沖孔板覆蓋於吸音棉上時，聲音透過率才會達到35%以上，才能有效吸收環境音。

圖片提供_進泰製網

▲ 沖孔板可用於建築結構、室內、戶外等裝飾材。

3 孔洞排列、大小、間距，依個人喜好而定

沖孔板可用於壁面或天花的裝飾材料，可依照喜好和需求選擇孔洞的形狀、大小、間距和排列方式，呈現出各式的視覺美感。

這樣施工才沒問題

1 壓軋時，注意四邊留邊

在壓軋沖孔板時，四邊需留邊，避免屆時難以裝設。而孔徑大小、排列方式、角度、孔中心至中心距離，需確實注意是否有依顧客需求施作。

2 在天花、壁面施作要固定確實

若要在天花和牆面裝設沖孔板，拼接時可穿孔鎖螺絲，或是以焊接方式固定。

監工驗收就要這樣做

確認孔洞是否完整

確認孔洞是否完整：由於壓軋時，機器模具會因多次摩擦撞擊而損耗，最後可能會有缺角，因此要注意成品的孔洞形狀是否完整。

達人單品推薦

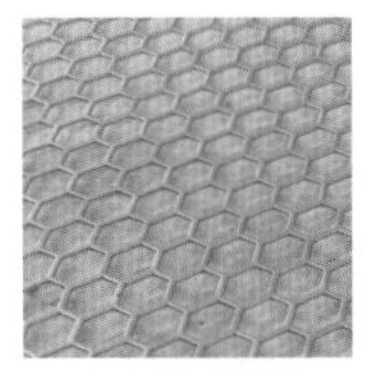
1 蜂窩網狀

長方橢圓孔

1 沖孔板依照孔徑形狀、大小、排列方式、角度、孔中心至中心距離進行客製。有多種材質可供挑選。
（尺寸、價格電洽，圖片提供_進泰製網）

Chapter 05

不造作的自然質樸材

水泥

水泥可說是當今最重要的建築材料之一，主要由添加物（膠凝材料）、骨料（砂石）及水所組成，調整成分比例及添加物調整其特性後，可用於各類環境的建築，大家常聽到的「清水模建築」就是一例。

但由於清水模工法的失敗率較高、且造價昂貴，因此研發出「後製清水工法」（SA工法），此工法以混凝土混合其他添加物製成，可用來處理清水模建築的基面不平整、蜂窩、麻面等缺失。造價比清水模相對便宜，成為清水模的最佳替代建材。

除了架構建築主體外，室內也運用水泥施作，一般的水泥粉光就是以1：3水泥沙混合，早期裝潢經常看到水泥粉光地坪。雖然現今大多以磁磚鋪陳，但水泥的質地，以及不均勻的表面色澤，仍擄獲不少人的心。也因此近年與水泥相關的室內裝修素材及工法，逐漸成為方興未艾的一門顯學。

種類	水泥粉光地板	清水模	後製清水模
特色	由1：3的水泥砂混合添加物、骨料及水所組成	以混凝土灌漿澆置而成，表面不再做任何粉飾，呈現原始水泥的質感	以混凝土混合其他添加物製成，可適用於室內任何壁面底材
優點	保暖性佳，因紋路及色澤不同，有著難以取代的手工美感與質樸風格	一體成型的美感，節省外立面飾材	施工前可打樣確定風格及色澤，高度擬清水模質感，但不會失敗；價格較真清水低
缺點	易裂，造成後續清潔不易；若廠商經驗不足，完工後可能起砂	考驗施工精準，成敗只有一次	易碎，不適合用在地面
價格	NT.3,000元～10,000元／坪（連工帶料，不含地坪的事先修整）	視建築設計而訂	最低施工面積為30平方公尺，價格為NT.90,000～100,000元；30平方公尺以上，則NT. 2,500元／平方公尺（連工帶料）

設計師推薦私房素材

馥閣設計-黃鈴芳推薦 圖片提供＿馥閣設計

1 後製清水模，保證成功的清水模：對喜愛清水模的人來說，後製清水絕對是一大福音。不像清水模不可控因素太高，後製清水與灌注清水模的相似度不僅可達九成，甚至可在施作前打樣確保施工後的模樣，其價格也相對實惠許多；此外，使用後製清水不需擔心對建築造成結構負擔，更可放心使用。

圖片提供__摩登雅舍

演拓設計．殷崇淵推薦

2 清水模，水泥藝術的極致：建築師安藤忠雄因為善於運用清水模打造住宅及商業空間，讓他的大名幾乎和清水模劃上等號，也因為國際上多個建築獎項的加持，讓清水模更廣為人知，雖然造價不斐，但清水模建築散發出混凝土自然的原始色澤質感，質樸穩重的氛圍廣受大眾喜愛。

圖片提供__演拓設計

水泥粉光地板
Loft風的最佳素材

30秒認識建材

適用風格	工業風、Loft風、現代簡約
計價方式	以坪計價
價格帶	NT.3,000元～10,000元／坪（連工帶料，不含地坪的事先修整）
產地來源	台灣、美國、德國
優點	保暖性佳，因紋路及色澤不同，有著難以取代的手工美感與質樸風格
缺點	易裂，後續清潔不易；若廠商經驗不足，完工後可能起砂

Q 選這個真的沒問題嗎

1 **聽說水泥粉光地板一定會龜裂跟起砂？是真的嗎？** 解答見P.106

2 **水泥粉光的花紋好漂亮，可以做出一模一樣的嗎？** 解答見P.107

3 **水泥粉光地板好保養嗎？** 解答見P.108

水泥粉光地坪是由水泥、骨料、添加物等材質依需求比例混合，為早期常見的裝潢地坪。且水泥粉光會因施作時材料的品質、環境溫濕度及人工經驗等因素，而呈現深淺不一的色澤、雲朵紋路。

然而，看似簡單的水泥粉光地板，在完工後因熟化環境及收縮等自然因素，會容易有粉塵出現，也就是俗稱的「起砂」，建議可在水泥粉光地板上鋪一層EPOXY（環亞樹脂）或者使用撥水漆，在清理時不會受到影響，但是EPOXY在施工上亦有難度，厚度不一時容易出現深淺顏色的差異性。

除了起砂之外，水泥粉光最為人所知的缺點是，日久容易有龜裂的問題。雖說這肇因於水泥基本特性，但以目前技術是可被控制且克服。美國及德國法規就明確規範水泥粉光面的裂紋寬度（稱為雞爪紋或髮絲紋）需在0.2mm及0.4mm以下。國內已有廠商引進美國及德國相關產品，只是單價相對高昂。

此外，水泥粉光地坪本身有毛細孔，易吃色，有色的液體打翻後就難以清洗，也無法以拋磨的方式去除污漬，是使用上需要特別注意的部分。

圖片提供＿邑舍設紀

種類有哪些

水泥粉光面的構成和一般建築用的水泥大同小異，都是骨料、水泥砂漿及添加物，也因此從裝修工程上視覺可見的方式來分類，可從其骨材的不同大致區分為兩類：

1 磨石子地板

可選擇在骨料中混入不同的石子甚至是瑪瑙，依照師傅經驗調配出水泥深淺，輔以不同種類的壓條（銅條、木條、壓克力或不用壓條），都能創造出風格迥異的磨石子地板。

2 水泥粉光地板

在骨料中僅加入細砂，以1：3的比例調配材料，為了讓表面看來光亮細緻，沙子通常會再以篩子篩過，也能避免小石子或雜物造成地面不平整。

這樣挑就對了

挑選有口碑的廠商

水泥粉光地板施作完的品質一分錢一分貨，市場上的價格帶差異也頗大，主要是在原料品質及工法的差異，除了找有口碑的廠商外，也可要求現場勘查廠商之前的施作實績，才能確保施工後沒有問題。

這樣施工才沒問題

1 清楚溝通需求及想法

水泥粉光地板製作出來的成果，在審美上其實相當主觀，也因此在施作前，務必要和設計師或廠商溝通清楚，當設計師或廠商告知可能的風險時，也要務實地自我評估能否接受，再決定是否要施作。

2 施作前先簽約

因為水泥粉光相對於其他建材的施工，較不可控制，因此在細節溝通完成後，於合約上清楚載明，降低日後發生糾紛或歧見時，雙方較能有依據。

3 確定施工前原始地面狀況

原始地面的狀況影響水泥粉光地板完工狀況甚鉅，除了置平外，有時還會依使用空間及區域需要抓傾斜角度。以本文提供之價格帶，並不含原始地面的修整狀況，因此在施工前也得先問清楚。

4 先做好防水，避免環境污染

水泥粉光地板施工時會有水、打磨時會有粉塵，這些都是施工時需要注意的事項。有經驗的優良廠商為了

圖片提供＿植彤設計

▲ 基於水泥本身材質的關係，使用久了會有龜裂的情形，乃屬正常現象。

避免施作時水往下滲透，造成與鄰居的糾紛，一定會先進行防水工程；而打磨時也會盡量避免粉塵污染。

5 施作完需7天的養護期

水泥粉光地板鋪上泥料後，一般會有7天的養護期，養護期間主要就是讓水泥凝結及乾燥程度達到60～70%，然而7天的養護期亦會因施作期間的氣候及溫度而有差異。養護期間別急著趕工，待地面凝結到一定程度後再施工，避免地面施工失敗。

監工驗收就要這樣做

1 檢視平整度

仔細檢查地面磨平的程度，是否和合約中訂定的相符；此外，若施工後的地板有裂縫，是否在當初討論的可接受範圍內。

2 檢視邊角是否修飾完整

因打磨的機器為圓盤狀，牆面邊角難免打磨不到，細心的工班會用手工打磨方式處理，這點在驗收時也可注意。

3 索取保固書

有口碑的優良廠商，一般都會付保固書給顧客，記得向廠商索取保固書避免日後若有問題，才不會求助無門。

達人單品推薦

1 Polished Bond

2 Nature Grain

3 晶石拋光

1 表面光滑且具備高黏著性，可直接施作於金屬、木板、磁磚等底材上，除可用在地面上，亦可施作於牆面。
（約NT. 10,000元／坪，圖片提供＿萊特創意水泥）

2 完工後表面帶有極為自然的紋路與層次，粗獷的質感很適合用於工業風空間中，施作後僅2～3mm的厚度，確保有傳統水泥拋光強度且鮮少龜裂。
（約NT. 10,000元／坪，圖片提供＿萊特創意水泥）

3 具備多種色彩，可與各類材質搭配運用，甚至可刻上雕花紋路，適合用在大廳或較大空間。
（約NT. 10,000元／坪，圖片提供＿萊特創意水泥）

這樣保養才用得久

1 使用防護劑
施作廠商一般都有自己推薦的防護劑可使用，多半只要加在清水中，定期以拖地方式養護即可。

2 使用水蠟
若不想使用價格相對高昂的防護劑，也可選擇水蠟為家中水泥粉光面進行保養。

3 避免深色液體沾染
完成面的水泥因其易吸水特性，使用上要盡量避免深色液體如可樂、醬油等沾染，免得染色後影響外觀。

搭配加分秘技

原木與水泥交織的質樸簡約
以各類不同色調及切割的原木書櫃作為空間端景，搭配水泥拋光地板，呈現簡約卻不失層次的概念。

圖片提供＿無有設計

圖片提供__無有設計

開放空間的自由自在
以水泥粉光質樸自然風格，突顯以「自由」為主題、充滿開放及穿透隔間的自在氛圍。

圖片提供__汎得設計

相異材質相搭更加分
以水泥粉光地坪打底，上方再鋪上一層EPOXY，呈現如雲朵般的不規則鋪陳之外，也展現EPOXY的亮面效果。

清水模
現代風的重要元素

30 秒認識建材

|適用空間| 所有空間都適用
|適用風格| 極簡、現代風
|計價方式| 視建築設計而定
|價 格 帶| 視建築設計而定
|產地來源| 台灣
|優　　點| 一體成型的美感，節省外立面飾材
|缺　　點| 考驗施工精準，成敗只有一次

Q 選這個真的沒問題嗎

1 家裡想用清水模做牆面，應該要怎麼搭配才有獨特的風味？ 解答見 P.112

2 清水模需要費心保養嗎？ 解答見 P.112

清水模建築散發出混凝土自然的原始色澤質感呈現，其質樸穩重的特色能營造現代風格、日式禪風，身為大眾所喜愛。但造價不斐，一般大眾難以負荷，另發展出清水模磚、仿清水模塗漆等替代建材表現相似的質感。

所謂的「清水」是指混凝土灌漿澆置完成將模板拆卸後，表面不再作任何粉飾裝修處理（僅塗佈防護劑），而使混凝土表面透過模板本身呈現出質感的工法，也就是說清水模施作完成牆面，表面光滑且分割一致的「細緻質感」；模板若是木紋模，牆面就能刻印出木頭紋路的質感。

清水混凝土尚有更深層的意義存在，它是一種精神，是必須靠整個團隊（設計與施工）有計畫規劃設計、掌握施工精準度，將簡單的清水混凝土與力學結構相結合，做出一件典雅、剛柔並濟的作品。管理是清水模工法最重要成敗關鍵，主導本項工程者就應具備足夠清水模之理念、經驗和認知才能有效統合整個團隊運作，確保施工品質。

因此，清水混凝土建築在規劃設計時，設計者與施工者必須充分溝通，討論出既美觀且易施工之設計方式考量，若僅重視設計感而無視於施工性將容易產生施工缺失。

圖片提供＿敦霖營造

種類有哪些

清水模板種類有鋼模、鋁模、硬化塑膠模、FRP 模、紙模等，鋼板模通常用於道路、橋樑等公共工程，紙模可運用於圓柱形結構體。
清水混凝土專用夾板模有：

1 菲林板與芬蘭板
此兩種又稱為黑板，表面為黑色熱熔膠，差別為規格尺寸不同，完成面效果平整，光亮度接近霧面。

2 日本黃板
又稱為優力膠板，防水、抗熱與抗酸性良好，完成面較為光亮。

3 木紋清水模板
多使用杉木與松木製作，可依照需求加工木料使具有不同深淺紋路，呈現出不同立體感。

這樣挑就對了

1 挑選專用夾板
並非可用於板模的板材就是清水模板，除上述三類之外，也有不少以塗裝防水夾板、美耐板取代的作法，其差別在僅能使用一次或兩次即報廢，因此施工價格相對提高。

2 挑選專業有品質廠商
清水混凝土的成敗在於團隊是否具有足夠專業經驗與整合性，因成敗只有一次機會，若事前整合或施工稍有不慎，尤其遇到爆模或垂直水平誤差過大，通常只能打掉重做，無異增加成本損耗。

這樣施工才沒問題

1 模板分割計畫
依照設計圖的結構尺寸，規劃繪製清水模施工圖。清水模板表面分割接縫板線、螺桿孔，必須事先規劃，達成整齊美觀、對稱和對縫。

2 混凝土沙漿與強度控制
模板不應以傳統鐵線固定，應採適當之清水模板繫結件，並加強模板支撐穩固性及水密性，單次灌漿範圍也需計算，以免負荷不了產生沉板、變形、扭轉或嚴重漏漿。

圖片提供＿敦霖營造

▲ 以木紋模板做出仿木質的自然紋理。

3 工地清潔
施作時工地清潔相當重要，工人務必不可嚼食檳榔，組粒完成必須附蓋保護，而澆置前一天必須完成模板表面清洗、排除牆角水分。

4 混凝土測試
施工前必須配合構件斷面或配筋量訂定混凝土坍度與水膠比，並進行測試。

5 施工步驟解析
STEP 1：模板組立
清水模所使用的混凝土性質較接近於流體，所以模板側壓力明顯增加，應採專用繫件加強穩固性及水密性。

圖片提供＿敦霖營造

STEP 2：澆置
澆置清水混凝土時，盡可能一次澆灌至頂（避免冷縫），所以模板緊結圍束及支撐穩固要更注意加強。

圖片提供＿敦霖營造

STEP 3：拆模養護
清水混凝土施工完成後表面要塗上一層防護劑填補混凝土本身的毛細孔，避免吸水滲水與表面風化。

圖片提供＿敦霖營造

監工驗收就要這樣做

1 灌漿時拆模後表面須養護
拆模後牆面需進行保護措施，避免遭汙染或損傷；而使用後的模板應清潔殘留泥漿，以便下一次備用。

2 小心搗實
混凝土澆置時，應使用內模震動器配合外模震動器施予震搗，使空氣排出，以免產生粒料分離的蜂窩現象。

3 完成面有細小氣泡
有小氣泡為清水混凝土的自然表情，若要求更加光滑可以鏝刀鏝平修飾。

4 避免冷縫現象產生
混凝土運輸距離需在事前作好妥善的交通規劃，灌漿不能中斷，以免造成冷縫。

這樣保養才用得久

1 完成面須進行養護
為了防止混凝土塑性收縮而產生裂縫，當澆注完畢、粉光完成後即須進行養護。

2 噴灑專用保護劑
為避免風化、紫外線照射與水漬污染牆面，可噴塗奈米光觸媒、壓克力漆等保護劑。

3 表面髒污可磨除
如同石材表面髒污，清水混凝土表面若附著不可洗潔之髒污，可用砂紙輕輕磨掉。

搭配加分秘技

圖片提供＿金湛設計

木與石的搭配，質樸自然
矩型的清水模規律排列，與窗戶的形式相互對應，加上刷白的木地板，展現木與石自然純淨的風格。

利用經典傢具混搭，讓現代與復古並存

寬敞的餐廳擺放原木材質的六人大餐桌，北歐風格的經典 Y-Chair 置於其中，在現代極簡的清水模建築中，賦予永恆的經典韻味。

圖片提供＿毛森江建築工作室

後製清水模
保證成功的清水模

30秒認識建材

適用風格	工業風、Loft風、日式禪風、現代簡約
計價方式	以平方公尺計價
價格帶	最低施工面積為30平方公尺，NT.90,000～100,000元；30平方公尺以上，NT. 2,500元／平方公尺（連工帶料）
產地來源	日本
優點	施工前可打樣確定風格及色澤，高度擬清水模質感，但不會失敗；價格較清水模低
缺點	易碎，不適合用在地面

Q 選這個真的沒問題嗎

1 **聽說有種仿清水模是用塗的，到底是什麼？** 解答見P.115

2 **後製清水模會不會很容易龜裂？** 解答見P.115

3 **後製清水模跟真的清水模比起來會不會很假？** 解答見P.115

圖片提供__朋柏實業

清水模質樸的質感近來越來越受大眾歡迎，但因施作不易、造價不斐，以及多項不可控制的因素，讓許多人望之怯步。為了克服清水模的缺點，因而產生後製清水工法。日本菊水化工開發出的清水混凝土保護與再修飾工法（又名 SA 工法）就是一例。

SA工法是以混凝土混合其他添加物製成，除了用於修補清水模的基面不平整、嚴重漏漿、蜂窩、麻面、歪斜等缺失，還可用在室內裝修壁面及天花，不僅可在施作前打樣供顧客確認色澤花紋，且適用於任何底材，厚度亦只有0.3mm，不會造成建築結構的負擔，廠商還可依喜好於表面打孔、畫出木紋樣式、製作氣泡、溢漿、溝縫等效果，施作後的效果與灌注清水模極為類似，是喜好此風格但擔心失敗或預算較低時的另一選擇。

種類有哪些

SA後製清水工法施作於室內或居家環境時，由師傅以手工具製作，可依其呈現的外觀區分不同類別。

1 自然溝縫形式

仿照灌注清水模做出木板拼接造成的溝縫，可分為自然溝紋、深溝紋、溢漿溝紋等樣式。

2 一般模形式

仿照類似灌注清水模具製作出的樣式，可大致分為木紋模（類似芬蘭板形式）、金屬模等樣式。

這樣挑就對了

1 可挑選有授權書的廠商

由日本導入台灣的後製清水工法，多半會給予台灣代理商施工授權書，再由該代理商訓練在地工班執行，因此在找廠商時，可要求其出示日方授權書。

2 檢視廠商過去作品

為確保找到的廠商有能力施工，可要求至現場實際檢視廠商過往施工作品；若無法配合，也可至其展示間確認挑選。

3 確認喜好樣式

因後製清水模可於施作前打樣，消費者可先與廠商溝通喜好的感覺，並確認打樣後再執行，確保完成面不會和喜好差異過大。

這樣施工才沒問題

1 確認廠商施工限制

後製清水模無施作底材之限制，但在施工前仍要請廠商現況評估，以確認是否有任何風險，以及是否因需要修補底面而可能衍生之任何費用。

2 進場時間應於最後清潔前

因後製清水工法施作面薄且質地脆，需避免碰撞產生龜裂或損傷，因而以室內裝修時程來說，最好在最終清潔前進場施作。

▲ 後製清水模可適用於任何底材，除了可在壁面使用之外，天花也能施作。

監工驗收就要這樣做

1 確認表面完整

驗收時可檢視施工面是否有任何碰撞傷，可請廠商修補。

2 使用打樣來對色及花紋

在驗收時，可拿廠商於施作前提供的打樣來核對檢視，確認最終呈現結果與溝通時一致。

達人單品推薦

1 仿木紋模

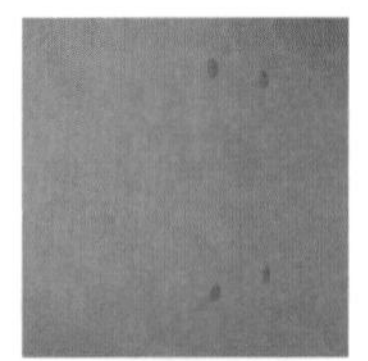
2 鑽孔模

1 呈現灌注清水模的芬蘭板木紋質感。
（最低施工面積為30平方公尺，NT.90,000～100,000元；30平方公尺以上，連工帶料NT.2,500元／平方公尺，圖片提供＿朋柏實業）

2 以手工具洗出灌注清水圓形螺栓孔，極為擬真，孔洞疏密還可由使用者自行決定。
（最低施工面積為30平方公尺，NT.90,000～100,000元；30平方公尺以上，連工帶料NT.2,500元／平方公尺，圖片提供＿朋柏實業）

這樣保養才用得久

1 使用清水擦拭
後製清水模因完工時會施以透明保護工法，因此在維護上相當簡便，僅需以擰乾的抹布擦拭即可。

2 避免重物敲擊
為免施作壁面剝落，移動傢具或平日起居時應避免重物敲擊或撞擊壁面。

搭配加分秘技

沉靜大器的優雅空間
以後製清水模在原始電視牆面施作，呈現深沉靜謐的穩重質感，簡約細膩顯見空間的落落大方。

圖片提供＿馥閣設計

以色彩於空間畫龍點睛

透過後製清水模、岩面地磚及烤漆玻璃架構出空間深邃且富層次的簡約，壁面用色鮮明的藝術品則讓空間多了視覺焦點。

圖片提供＿馥閣設計

Chapter 06

另類獨特的耐用地板

塑料材

由於自然材的數量有限，再加上像是實木等天然材質價格昂貴。為此，開始著手研發替代建材，像是塑合木，是以廢棄木料打碎後加入塑料而成，不僅可以改善天然材質易朽、不耐碰撞的缺點，也降低木料的使用比例。而除了從原料改變之外，同時原本運用於廠房、停車場的 EPOXY 和 PANDOMO 也開始登堂入室，展現其耐磨耐潮的優點，在室內空間軋上一角，在建材選購上為人們提供另一種的嶄新方向。

種類	EPOXY	PANDOMO	PVC 地磚	環保塑合木
特色	成分為環氧樹脂	以水泥為基礎的建材	俗稱為「塑膠地板」，外表美觀，且具有耐磨特性	塑料與木粉混合的產品，材質的穩定度比實木高
優點	地面無接縫，具止滑效果	地面無接縫，具有防火效果	耐磨好保養，施工簡易可自行安裝	防腐、無毒、防焰，穩定性好、不易產生裂痕和彎曲
缺點	表面較脆弱，易被刮傷	易吃色、若有髒污則難清洗。不耐刮，重物拖拉會造成痕跡	泡水後易發脹	價格較南方松高
價格	NT.2,000 元／坪	NT. 13,000～15,000 元	NT.2,500～7,500 元／坪	NT.180～240 元

設計師推薦 私房素材

演拓室內設計．殷崇淵 推薦

圖片提供＿演拓設計

1 PVC 地磚．便宜好用的平民建材：PVC 地磚便宜又易更換，一向是省錢一族的最愛。有些 PVC 地磚表面的耐磨層高，耐用度更高，平時清潔也不用花費很多功夫。用途多元，不只能用於地面，改用在牆面上更能彰顯 PVC 地磚不怕髒的優點。

攝影 _Yvonne

王俊宏室內設計 · 王俊宏 推薦

2 環保塑合木 · 更耐潮防朽的戶外地板：
相較於南方松來說，塑合木的材質穩定高，遇水不會有膨脹翹曲的現象，用於戶外更能適應多雨潮濕的氣候。再加上塑合木不具毒性，對居家健康更有保障，雖然價格比南方松來得高，但耐用度和持久度更高，長遠來看是個更省錢的建材。

攝影 _Yvonne 產品提供 _ 森境＆王俊宏室內設計

EPOXY
不易裂無接縫地坪

30 秒認識建材

| 適用空間 | 客廳、書房、廚房
| 適用風格 | 現代風、混搭風
| 計價方式 | 以平方公尺或坪計價（連工帶料）
| 價 格 帶 | NT.4,000 元～7,000／坪
| 產地來源 | 台灣
| 優　　點 | 無縫美觀、止滑
| 缺　　點 | 表面脆弱易刮傷

Q 選這個真的沒問題嗎

1 什麼是 EPOXY？有什麼優缺點嗎？ 解答見 P.120

2 EPOXY 耐刮嗎？平時維護清理會不會很困難？ 解答見 P.121

3 家裡的 EPOXY 不小心被剪刀刺穿了一個凹洞，有辦法修補嗎？ 解答見 P.120

EPOXY一環氧樹脂地坪，最初大量用於工業廠房、地下停車場，由於本身材質特性可形成光潔且無接縫的地坪，再加上具有止滑、不易龜裂的優點，近年來不少設計師開始使用在居家空間。

EPOXY 施工快速，約 2～3 天就可以完工，而在鋪設 EPOXY 時，除了木地板需拆除之外，其他地磚或大理石地坪皆可直接覆蓋鋪設。但若原先的地面有問題，建議需整地後再鋪設。EPOXY 還可因應環境需要而添加各種料來達到防腐、耐酸、抗電等效果，機能性強，但 EPOXY 怕水氣和油污，因此不建議用於浴室、廚房等地。

另外，EPOXY 的表面較脆弱，易被刮傷或被尖銳的物品刺出凹痕，因此搬運傢具或重物時要避免物件直接接觸地面或用拖拉方式移動，若造成龜裂的情況，事後則無法進行修補。

圖片提供＿邑舍設紀

種類有哪些

1 普通 EPOXY
穩定性高，耐磨好清洗、表面光滑。

2 抗靜電 EPOXY
環氧樹脂流展法是在水泥等素地上以鏝塗的方式施工，施工之大約厚度 2 ～ 3mm 之間 。具有抗電效果，使居家更安全。

3 耐酸 EPOXY
在樹脂地床施做工程中加入玻纖網 （亦可加入鋼網、鐵網），鋪貼含浸，使結構更為堅韌、強硬 。具高耐藥性、耐強酸強鹼。

這樣挑就對了

依空間特性選擇
EPOXY 地板僅能選用單一色彩，無紋理的變化。在色調的選擇上有灰色、米色、蘋果綠等多種顏色，可視空間本身的需要調配，以符合整體空間的調性。

這樣施工才沒問題

1 居家空間以流展法施工為宜
一般 EPOXY 的施工方法大致可分成薄塗法和流展法，薄塗法施工的厚度為 0.3 ～ 0.5mm，多用於倉庫、辦公室等使用頻率較低的區域。居家空間等使用頻率高的地方則用流展法，施工厚度大約在 2 ～ 10mm。而居家空間施作的厚度需至少 0.2mm。

2 施作前，水泥基地需放乾一個月
施做前水泥基地必須乾透，通常水泥沙需一個月左右才能完全乾透，否則鋪上 EPOXY 後可能會因水氣反潮，使得表面產生氣泡。 另外，開始面塗前，地面一定要清潔乾淨，因為在施工過程會略為縮水，殘留粉塵會造成地面突起。

3 需給予 3 ～ 7 天的養護期
完工後，建議需放置 3 ～ 7 天，以提升材質的穩定度。這期間因材質尚未硬化完成，不可放置重物，否則會有凹陷的情況發生。

圖片提供＿汎得設計

▲ EPOXY 僅能選擇單一色彩施作，但其光潔無縫的地坪能擴大空間感。

監工驗收就要這樣做

觀察地面是否有突起
原本地形是否被修飾平整，是否有高點突起或沾黏粉塵異物。廠房或地下室施工可在角落抽查表面是否達到一定的厚度。

這樣保養才用得久

1 不可使用強酸強鹼
平時以清水清潔 EPOXY 地板即可。雖然 EPOXY 短時間可耐弱酸鹼，但不可使用強酸強鹼或特殊溶劑清潔地坪，否則地坪將會遭受腐蝕。

2 搬運重物時先鋪上木板或鐵板
由於 EPOXY 不耐刮，在搬運重物時，建議在地面先鋪上木板或鐵板輔助，以免刮傷地坪。另外，在清潔時，像菜瓜布等較粗糙的用具，也要避免使用。

搭配加分秘技

無接縫地板，放大視覺感受
公共區域地面皆以 Epoxy 鋪陳，創造無接縫的視覺，而沉穩的灰色地坪，在白色為主軸的空間中穩定重心，創造平衡的空間感受。

圖片提供 _ 無有設計

水泥粉光 +Epoxy 塗佈，帶來繽紛視覺
先以不規則的水泥粉光創造出如潑墨般的地坪，再鋪上 Epoxy 不僅有保護的作用，其略帶透明膠的亮面質感，創造極簡現代氛圍。

圖片提供 _ 汎得設計

PANDOMO（磐多魔）
無縫、抗污力強

30 秒認識建材

適用空間	客廳、餐廳、廚房、書房
適用風格	現代風
計價方式	以坪計價（連工帶料）
價 格 帶	NT. 13,000～15,000 元
產地來源	德國
優　　點	耐磨、無縫
缺　　點	易吃色、不耐刮，重物拖拉會造成痕跡

Q 選這個真的沒問題嗎

1 **PANDOMO 完工後，為什麼不可以馬上進住？** 解答見 P.124

2 **聽說 PANDOMO 很容易吃色，有預防的方法嗎？** 解答見 P.124

3 **PANDOMO 鋪得薄一點可以更省錢嗎？** 解答見 P.123

PANDOMO（磐多魔），為水泥基礎的建材，但沒有水泥大面積易收縮且容易龜裂的缺點。一般磁磚因接縫會造成有視覺被分割的感覺，而盤多魔有著簡潔與平滑的外貌，無縫的呈現方式可讓空間有放大的效果。造價高昂，通常使用於商業與工業空間，但隨著民眾對於新建材的接受度增高，這種特殊材質也逐漸被運用於居家的室內空間。

PANDOMO 的施工期約為 7～8 天，施作前需先整地完成，需無粉塵、碎屑才可入內鋪設。和 EPOXY 鋪設的條件相同，可直接覆蓋原有地坪施作，施作厚度需達到 5～7mm。

PANDOMO 材質表面有天然氣孔和紋路，使用久了之後氣孔會逐漸增加，可透過專業的拋光處理，延長使用年限。一般可使用的區域包含地面、牆面甚至於天花板，彈性大、應用面廣。PANDOMO 雖然有無縫的優點，但易吃色，若沾到有色飲料應立即擦拭，避免滲入。另外還需避免重物撞擊和傢具的拖拉造成地坪刮損。

圖片提供＿廣蒼實業

種類有哪些

依表現手法，可分為素色系和磨石子系列。

1 素色
以水泥為基底，加入喜愛的顏色調配。一般居家較常使用白、灰、黑色系。

2 磨石子系列
外觀和傳統的磨石子地坪無異，呈現多樣的花色，讓空間更活潑，不過僅有固定幾款樣式，選擇性較少。

這樣挑就對了

1 依風格選擇色調
PANDOMO 的顏色眾多，若想表現沉靜優雅的現代風，可使用黑色或灰白色系，若想呈現溫暖的木質調，可選用磚紅或紅棕色系。若想有花紋的變化，可加入磨石子去搭配，使空間顯得更活潑。

2 依適合空間施作
PANDOMO 有毛細孔，為避免水氣或髒污滲入，因此不適合施作於衛浴或有油煙的廚房。

這樣施工才沒問題

1 做好環境防護
以類似保鮮膜的材質將固定式傢具、裝潢與木作包覆好，避免施工過程中受到污染與破壞。

▲ PANDOMO 有毛細孔，除了可以軟毛刷清除髒污外，也可上蠟保護表面。

2 進行拋磨
使用機器以砂紙經由四道手續進行拋磨作業，將地板磨出光亮與溫潤的質感，由於機器為原廠配備，並為無水的乾磨，因此不會造成環境污染。

3 需給予 3 ～ 7 天養護期
PANDOMO 和 EPOXY 相同，施工完成後，材質尚未硬化，需一段養護期，建議完工後不要立刻入住。

監工驗收就要這樣做

1 檢查是否有破口
素地是否有破口、沒有被覆蓋的地方。

2 紋路顏色誤差
完成面的漸層或紋路變化通常是工程爭議點，建議討論時輔助樣板，親眼確認完成面是否符合期待，由於空氣濕度會改變顏色，建議在進場前一個月再次打板確認。

達人單品推薦

1 Pure 系列

2 Light 系列

3 Heiter 系列

4 Akzent 系列

1 多為灰黑色系，運用於空間中能展現沉穩氣息。
（NT.13,000 ～ 15,000 元／坪，圖片提供＿廣蒼實業）

2 色系淡雅素淨，適合無壓的自然空間。
（NT.13,000 ～ 15,000 元／坪，圖片提供＿廣蒼實業）

3 運用寧靜不過份彰顯的色彩，為居家帶來舒適的視覺感受。
（NT.13,000 ～ 15,000 元，圖片提供＿廣蒼實業）

4 亮麗的色系能讓空間更為明亮，創造活潑的氣息。
（NT.13,000 ～ 15,000 元，圖片提供＿廣蒼實業）

※ 空間區塊變化越大，人力成本越高，原料價格則依國際匯率浮動

搭配加分秘技

以灰白混色地坪搭配整體空間
整間空間色調以黑灰白色系為主軸，黑色牆面和白色的中島，形成強烈對比，再加上灰白混色的磐多魔地坪做搭配，其類似水泥粉光的質感，感覺更溫暖。

圖片提供＿墨線設計

這樣保養才用得久

1 以清水保養
PANDOMO 地坪耐髒污，平時以清水拖地清潔即可。另外，可定期使用水蠟拖地。若有頭髮或灰塵，用吸塵器或除塵紙稍微清潔處理，即可讓地坪恢復乾淨光亮的樣貌。

2 避免刮損或沾到有色液體
PANDOMO 耐磨但不耐刮，要避免尖銳物品刮傷，若造成破損可用拋磨處理。另外 PANDOMO 也易吃色，一旦沾到可樂、咖啡等有色液體要盡快擦拭。

3 PANDOMO 可上蠟保護
由於 PANDOMO 有自然氣孔，可能會卡髒污，除了用軟毛刷將髒污清除之外，建議可以再進行上蠟處理，加以保護。

米白色磐多魔地板打造 Loft 質感
以磐多魔做為地坪，無縫的表面能表現水泥地板的粗獷自然，而米白色調則讓空間展現質感。

圖片提供＿陳亞孚空間設計

PVC 地磚
擬真耐磨平民地磚

30 秒認識建材

| 適用空間 | 客廳、餐廳、臥房、書房
| 適用風格 | 各種風格適用
| 計價方式 | 以坪計價
| 價 格 帶 | NT.2,500～7,500元／坪
| 產地來源 | 美國
| 優　　點 | 耐磨好保養，施工簡易可自行安裝
| 缺　　點 | 泡水後易發脹

Q 選這個真的沒問題嗎

1 PVC 地磚耐用嗎？使用年限大概有多長？ 解答見 P.126

2 PVC 地磚適合用在哪裡？可以用在靠近浴室的地方嗎？ 解答見 P.127

3 PVC 地磚施工時需要注意什麼？ 解答見 P.127

早期因地板材料大多取自於天然石材或陶瓷製品，材料的成本較高，因而逐漸發展以塑膠原料製成的地板，也就是大多數人認識的 PVC 地磚。早期的 PVC 地磚被認為是質感較差的產品，耐用度低，因此大多使用於辦公和商業空間。不過隨著科技的進步，印刷技術越來越發達，PVC 地磚也發展出深具質感的花色。美觀、耐磨，再加上價格便宜，PVC 地磚愈來愈受到消費者的喜愛。

PVC 地磚俗稱為「塑膠地板」，主要以塑膠原料組合製成，可區分為「透心」和「印刷」，因其製作過程的不同，所呈現的花色也有所差異。透心地磚的花色較少，大部分是以石粉加上化學添加物所製成，看起來較廉價，因此多用於小倉庫居多。而印刷式的地磚花色多樣，大部分使用於商業空間。

PVC 地磚的耐磨層從厚度 20 條（0.2 公釐）、50、70 到 100 條都有，普通的 PVC 地磚厚度約 3 公釐左右，一般可使用 5 到 10 年。而部分產品表層有特殊耐磨塗佈，適用於高流量區及抗椅角重壓。除此之外，地磚表面經過壓紋處理，也能增加止滑性能並提高視覺效果。施工容易，工時短、速度快，就連施工時產生的垃圾量也很少，可以節省更多的成本。

攝影＿王正毅

種類有哪些

PVC 地磚以獨特的印刷工法，仿真出各種材質的天然紋理。依照花色大致可分成四類。

1 天然材質
展現仿石材或木頭紋理的效果，木紋以對花壓紋處理，擁有如木地板的風味。

2 幾何藝術
以幾何或藝術圖案融入於地板中，大面積的呈現手法能展現意想不到的大器質感。

3 織紋地毯
屬於新開發的特殊 PVC 材質，紡織紋地毯的處理方式，無傳統地毯毛絮及塵蹣問題，表面經防水抗污處理。

4 3D 現代感
以簡約的幾何 3D 圖案，模擬出冷冽而具有科技感的金屬材。

這樣挑就對了

1 易吸水膨脹，不適合用在浴室
PVC 地磚本身泡水會發脹，除了乾濕分離型的浴室之外，不建議施作於浴室中。平時多用於客廳、臥室、兒童房或書房等空間。

2 依使用空間做挑選
PVC 地磚會依照鋪設的空間不同而有不同的規格。最主要是依使用空間來選擇地磚的耐磨程度。一般而言，耐磨層 0.2 公釐適用於人員較少的居家環境、耐磨層 0.3 公釐適用於商用空間，而耐磨層 0.5 公釐以上則適用於輕工業環境。

這樣施工才沒問題

1 整地
在施工前要注意地面的平整度，如果地面不夠平整，則施工後不但會影響美觀，且也會有高低起伏的現象。另外，也要避免濕氣，以免反潮使得黏膠不容易乾。

2 確立中心線
找出施工空間的中心十字線，並注意一定要垂直。鋪設第一片時，要對準中心線的垂直交錯處後開始黏貼。

3 防潮布鋪設
防潮布鋪設於所有施工處的地坪，銜接處需重疊 3 公分的面積。

4 均勻上膠
在地面均勻塗佈上膠，以特殊膠料搭配將地磚貼附於地面上，建議施作於乾燥的室內空間。

5 以水蠟封住毛孔，免除日後髒污
由於透心的 PVC 地磚有著粗糙的毛面，所以在施作完後需先上一層水蠟將表面的毛細孔封住，以免日後特別容易變色或因髒污染色。

監工驗收就要這樣做

1 預留伸縮縫的空間
在鋪設地磚時，除了地面要清掃乾淨，與牆壁要預留約 1 公分的伸縮縫隙。

2 注意對花
鋪設木紋質感的地磚若選擇對花花紋，就需注意紋路是否有貼錯的情形。

這樣保養才用得久

1 簡單擦拭，定期除溼
PVC 地磚的清潔相當簡單，平日只需以拖把或溼抹布擦拭乾淨即可。另外由於台灣氣後較潮濕，定期除濕也能延長使用壽命。

2 避免尖銳物品刮擦
雖然 PVC 地磚有耐磨的優點，但不具有耐刮的特性，因此平常要注意勿使用尖銳物品刮傷，或是搬重物時也要特別注意。

3 避免日曬
溫度過高會使 PVC 地磚的黏膠產生變化而不具有黏性，地板會發生翹起的情形。另外，經常踩壓會使地磚與地板更黏合，太久未使用也會翹起。

達人單品推薦

1 仿竹紋

2 特殊紋理系列—普普風

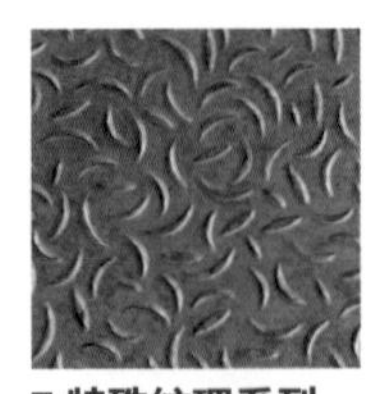

3 特殊紋理系列—仿金屬

4 古典系列—仿磁磚

1 獨特的印刷方式染上天然竹子的紋理，讓家仿若置身於自然般清新。
（457×457mm，NT.2,000 ～ 3,000 元／坪，圖片提供＿維東興業）

2 普普圖案交錯排列，形成活潑的韻律感，粉嫩柔和的色系，不論任何空間都非常適用。
（12″×12″、NT.2,000 ～ 3,000 元／坪，圖片提供＿維東興業）

3 運用浮雕刻痕讓地磚更具有立體感，相當具有擬真效果。
（18″×36″、NT.2,000 ～ 3,000 元／坪，圖片提供＿維東興業）

4 深淺不一的磁磚拼接，突現多層次的圖案，為居家展現多元品味。
（12″×12″、NT. 900 ～ 1,200 元／坪，圖片提供＿路易士塑膠地磚）

※ 以上為參考價格，實際價格將依市場而有所變動

搭配加分秘技

從地板換到壁面，質感更提升
在臥房的背牆運用仿木紋的 PVC 地磚，能為空間帶來溫潤的木質氛圍，達到物超所質的效果。PVC 地磚耐髒又好清潔的優點，可省下不少清掃的工夫。

圖片提供＿演拓空間室內設計

環保塑合木
低甲醛的綠建材

30 秒認識建材

| 適用空間 | 戶外
| 適用風格 | 北歐風、自然風
| 計價方式 | 以才計價
| 價 格 帶 | NT.180 ～ 240 元
| 產地來源 | 台灣
| 優　　點 | 防腐、無毒、防焰，穩定性好、不易產生裂痕和彎曲
| 缺　　點 | 價格較南方松高

Q 選這個真的沒問題嗎

1 **環保塑合木是什麼？為何有綠建材之稱？** 解答見 P.129

2 **挑選環保塑合木時，可以從哪些方面考慮？** 解答見 P.130

環保塑合木（塑木複合材料），英文名稱為 Wood Plastic Composites，為塑料（聚乙烯 PE 及聚丙烯 PP）與木粉混合擠出成型。由於經過高溫高壓充分混合及擠壓，使塑料充分將木粉包覆，成型之後材質的穩定度比實木高，具備防潮耐朽的優點，多使用於居家陽臺、公園綠地、風景區及戶外休憩區等場所。

環保塑合木的吸水率極低，不需加防腐劑也不會腐爛，可改善實木遇水容易翹曲變形的缺點。再加上沒有防腐藥劑，和南方松相比，具備無毒、防焰的優點，且觸摸的質感與木材十分相近，可減少樹木砍伐。另外，環保塑合木可以使用回收的塑料及木粉來製造，成品耐用年限較木材長久，因此是一種相當環保的景觀建材。

圖片提供＿環塑科技有限公司

種類有哪些

依照填充物的不同，一般可分為木纖塑合木與玻纖塑合木兩種。若在製成過程中植入鋼管或鋁合金骨材，則可製成「木纖塑鋼木」與「玻纖塑鋼木」，此兩種建材剛硬穩固，可作為結構或支撐樑柱之用途。

1 木纖塑合木
由無毒的聚乙烯、聚丙烯塑料，加入 45% 木纖維作為填充物擠出成型，因含有自然木纖維成分，表面質感與實木非常相似，多用於居家裝修。實木材料可使用的範圍內，皆可以木纖塑合木取代。

2 玻纖塑合木
由聚乙烯、聚丙烯與 30% 玻璃纖維混合擠出成型，其吸水率較木纖塑合木更低，且不具有自然腐化的特性，耐腐年限可達 50 年以上。通常適用於濕地、沼澤、山區及海邊等濕度較高的區域。

這樣挑就對了

目前市面上塑合木的品牌及來源相當多，一般可以由切斷面外觀來判斷塑合木品質的優劣。

1 纖維顆粒愈細愈好
最佳的塑合木是將木粉磨至與麵粉大小近似，使木塑混合後的吸水率降低，增加耐腐性。

2 中空材斷面內壁有無氣泡凸起
內壁不平整，表示塑料與纖維未均勻混合，可能易發生變型。

3 用於潮濕地區，木粉佔比應低於 50%以下
由於塑料的成本較高，國外進口的塑合木木粉比例多高於塑料；但由於台灣氣候較歐美潮濕，木粉比例過高，塑合木較易出現吸水膨脹的問題。因此在潮濕氣候的地區，建議選用木粉比例低於 50% 的塑合木。

這樣施工才沒問題

1 地坪板料使用卡扣固定
由於內含塑膠成分，熱脹冷縮伸縮比率略高於實木，大面積的平台鋪設需使用扣件固定，利於熱脹冷縮伸張。

圖片提供＿環塑科技有限公司

▲ 木纖塑合木表面與實木相同的木紋，但比實木更耐潮防朽。

2 交接處應預留伸縮縫
塑木板料相交處應預留 5 ～ 8mm 伸縮縫。

3 適當的角材間距
板材下方的角材（底樑）間距應介於 30 ～ 40cm，不宜過大，確保板料結構穩定。

監工驗收就要這樣做

1 是否有留伸縮縫
檢查板料與板料間是否預留有適當伸縮縫隙。

2 觀察外表
觀察表面是否平整，收邊是否美觀。

3 色差的問題
塑木因內含有天然木纖維，有許些色差屬正常現象。因仿天然實木效果，些微色差能夠增加真實美感。

這樣保養才用得久

以清水或清潔劑清洗
塑合木表面可以清水或清潔劑清洗，表層不需使用保養漆或護木油。如果髒汙無法清洗，可用砂紙輕磨處理。

達人單品推薦

1 塑木板材（中空）

2 塑木板材（實心）

3 4×9 塑木角材

4 塑木格柵（砂面）

5 2.5×5 塑木角材

1 為木纖塑木，正面為木紋、背面為溝紋，適合用於室外、陽台地坪。
（2.5×15cm、NT.250 ～ 300 元／ m，圖片提供 _ 環塑科技有限公司）

2 為木纖塑木，表面溝槽處理，適合用於室外、陽台地坪。
（2.5×15cm、NT.330 ～ 380 元／ m，圖片提供 _ 環塑科技有限公司）

3 為木纖塑木之實心角材，適用於地坪下方底樑。
（4 ╳ 9cm、NT.250 ～ 300 元／ m，圖片提供 _ 環塑科技有限公司）

4 為木纖塑木，表面砂面處理，適合用於格柵、壁板。
（2×10.5cm、NT.150 ～ 180 元／ m，圖片提供 _ 環塑科技有限公司）

5 為木纖塑木，適用於地坪、壁板下方墊料。
（2.5×5cm、NT.100 ～ 110 元／ m，圖片提供 _ 環塑科技有限公司）

※ 以上為參考價格，實際價格將依市場而有所變動

搭配加分秘技

美觀和實用兼具
塑合木無毒又防焰的優點，除了可作為戶外地板使用，甚至可設計成景觀座椅，在實用的機能上更加分。

圖片提供 _ 環塑科技有限公司

Chapter 07

居家裝潢的基礎建材

板材

目前市面上採行的防火隔間天花板材，主要有實木、矽酸鈣板、石膏板、礦纖板等，除了實木之外，其他皆為合成角材，其中最常被拿來比較與討論的就屬矽酸鈣板、氧化鎂板與石膏板了，由於天花隔間相當重視防水、耐壓的功能，因此在材質的選用上需謹慎小心。而木質板材多用於空間裝修和櫃體，需留意板材品質來源、耐用性和防潮度。其餘如水泥版、線板和清水模等板材，則主要用來作為室內的裝飾，營造出不同的居家氛圍。

種類	天花隔間板材	木質板材	線板	美耐板	水泥板	預鑄陶粒板	美絲板
特色	穩固內部結構，目前市面上矽酸鈣板為大宗	空間裝修或是製作系統傢俱的材料	做為天花板、櫃體的收邊裝飾之用	裝潢耐火板，材質具有防潮耐熱的功能	結合水泥與木材優點，質地如同木板輕巧，具有彈性	為陶粒混合發泡水泥砂漿，內夾鋼筋網。膨脹係數低，無機質成分可避免發霉或蟲害	以長纖維木絲混合礦石水泥製作而成，製作過程中將所有素材無機化，因而不會有潮濕發霉的問題。同時表面多孔洞，具有吸音的效果
優點	防火耐潮	塑合板不易變形，防潮耐壓	樣式繁多，易於營造鄉村古典風格	樣式繁多，價格親民	防火耐燃	質輕抗震、施工快速、隔音隔熱	吸音、耐燃防火、不含甲醛。通過綠建材標章，可直接作裝潢材料
缺點	若使用品質不良的板材，不易發現	易散發甲醛	材質會因熱漲冷縮於接縫處裂開	接縫處明顯，不能於同一處長時間置放高溫物品	容易著色顯得髒污	板材尺寸較大，工地需要有足夠充裕的出入口	表面為非平整面，手感較明顯
價格	NT.100 元～3,000 元	NT.100 元～3,000 元	NT.100 ～ 3,000 元	NT.400 ～ 2,000 元	NT.300 ～ 1,250 元／片	NT.1,800 ～ 2,200 元／平方公尺	2×2 吋，NT.330 ～ 380 元／片；3×6 吋，NT.1,100 ～ 1,500 元／片（依型號價格有所差異）

設計師推薦 私房素材

演拓室內設計 · 殷崇淵 推薦

圖片提供＿演拓室內設計

1 矽酸鈣板 · 最穩定的隔間板材：矽酸鈣板為市面上較常使用的天花隔間板材。其材質較硬，且收縮率不大，具有防潮的效果，用於內部隔間或天花板內側較不會有問題。其餘像是氧化鎂板的材質較脆、收縮率大，石膏板則不耐潮濕，皆不建議使用。

攝影 _Amily　產品提供 _ 得利木料行

天花隔間板材
裝潢隔間一定要用

30 秒認識建材

| 適用空間 | 客廳、餐廳、書房、臥房
| 適用風格 | 各種風格適用
| 計價方式 | 以才計價（連工帶料）
| 價 格 帶 | NT.100 ～ 3,000 元不等
| 產地來源 | 日本、大陸、台灣、泰國
| 優　　點 | 防火耐潮
| 缺　　點 | 若使用品質不良的板材，不易發現

Q 選這個真的沒問題嗎

1 常聽到黑心建商偷天換日，把矽酸鈣板換成價格便宜的氧化鎂板，我該怎麼預防呢？ 解答見 P.136

2 聽說矽酸鈣板防潮又耐用，那可以用在浴室嗎？ 解答見 P.136

在裝潢的世界中，板材是一般人較不注意的類別，但在居家生活中卻扮演著與安全、環保議題息息相關的角色。近年來環保意識抬頭，強調防火、抗菌、無毒的綠建材板材，也逐漸成為市場主流，在居家及裝潢工程中為居住者的健康與安全把關。

目前有氧化鎂板、石膏板、矽酸鈣板等隔間板材，在現今注重環保安全的議題下，耐久耐潮的矽酸鈣板成為市場大宗。而在效能的要求上，用來施作為天花板及壁板的板材，除了要具備隔音、吸音的效果外，同時也要有防火、好清理的特性，像是矽酸鈣板及石膏板不含石棉，具備防火、防水、耐髒等優點，就很適合作為室內裝潢的建材。

氧化鎂板雖然造價便宜，但其吸水率低且不防潮，容易發生漏水問題，不建議使用於隔間。近期多聽聞不肖業者以氧化鎂板代替矽酸鈣板，賺取工程利潤，導致房屋漏水嚴重，消費者在裝修時要多謹慎注意不可不防。

圖片提供＿森境＆王俊宏空間

種類有哪些

1 石膏板

石膏板具有防火、隔熱、隔音、耐震、施工容易等特性。氣溫變化時的伸縮率非常低，所以板面不易龜裂。石膏板可以百分之百回收，是很環保的產品。石膏板有普通板、強化板及防潮板等類型。普通板價格較便宜，用途廣泛。防潮板具有防潮功能，適用於潮濕區域。

2. 矽酸鈣板

矽酸鈣板具有防火、防潮、不變形、隔熱等特性，適用於室內空間的牆板和天花板。在選擇時更要注意不含石棉，才不會對人體有害。依照產地的不同，矽酸鈣板的品質也有所差異。以日本出產的品質最佳，台灣居次，大陸為末。部分劣質矽酸鈣板厚薄不一，造成施工油漆時無法均勻上色。

3 氧化鎂板

氧化鎂板不含對人體有害物質及重金屬，加上韌性十足，也符合 CNS6532 耐燃一級，用途十分廣泛；但因氧化鎂板的吸水率低，容易回水而造成漆面變色、出現水痕、甚至剝落等問題。因此居家隔間較不推薦使用氧化鎂板，目前多使用在防火門或是無塵室。

圖片提供＿吉羊有限公司 www.large.cc

▲氧化鎂板的側面類似夾板，且有格紋狀，在選購時可作為判斷依據。

4 化妝板

所謂的化妝板，就是化了妝的矽酸鈣板，其板材表面經過特殊耐磨處理，耐酸、抗髒污。屬於防火建材，而且具抗菌功能，許多餐飲公共設施都選擇其抗菌功能，又不需粉刷的優勢，直接選用化妝板。

5 礦纖板

無機質岩棉纖維組成，內層保有乾燥空氣層，可以防止熱傳導。雖然礦纖板擁有極高的防火、吸音、隔熱性，但本身材質怕潮，挑選時須慎選有做防潮功能的礦纖板。

種類	矽酸鈣板	石膏板	氧化鎂板	化妝板	礦纖板
特質	矽酸鈣、石灰質、紙漿等經過層疊加壓製成	無毒的石膏所製成	氧化鎂及氯化鎂添加木屑、膨脹珍珠岩等為原料，再與玻璃纖維及無紡布結合、烘乾而成	化了妝的矽酸鈣板，其板材表面經過特殊耐磨處理	無機質岩棉纖維組成
優點	1 表面硬度及抗壓強度較佳 2 膨脹係數較小 3 受潮變化不大	1 防火、隔熱 2 質輕耐震 3 隔音效果佳 4 表面平整，不易龜裂 5 施工容易、安裝成本低	1 不含對人體有害物質及重金屬 2 防火等級為耐燃一級	耐酸、抗髒污、抗菌	1 吸音性、隔熱性佳 2 防火等級為耐燃一級
缺點	1 重量較重 2 不同生產配方及技術會影響日後穩定性	硬度較低，搬運時邊角易破損	怕水易受潮	單價較高	1 怕水易變形 2 易有粉塵掉落，目前多使用於辦公室
價格帶	施作隔間連工帶料價格，約 NT. 700～900 元／平方公尺	施作隔間連工帶料，約 NT. 600～800 元／平方公尺	約 NT.190 元／片（90×180cm、厚 6mm）	約 NT. 750～800 元／片（60×240cm、厚 6mm）	產地不同，價格落差大

這樣挑就對了

1 挑選適當的天花板材

每一種板材的特性不太一樣，選用時要先判斷使用環境的情況，例如矽酸鈣板的抗潮性就比氧化鎂板好，較適合台灣的天氣。而目前石膏板已突破以往易受潮的印象，而開發出吸水率低、材質穩定的產品，有些還有經過健康及再生綠建材的認證。

2 外觀及觸感判斷矽酸鈣板及氧化鎂板差異

選購矽酸鈣板時，由於各板材間價差大且表面看上去類似，容易有不肖業者以氧化鎂板代替矽酸鈣板，賺取工程利潤，最簡單的辨識方式就是看板材的側面。

矽酸鈣板是一體成型，無論表面、側面都相同，而氧化鎂板的側面則類似夾板，拿起來兩者的重量也不同，若敲擊表面，氧化鎂板由於有細小空隙，因此聲音會有空心感，矽酸鈣板則較為實心。在觸感上，矽酸鈣板至少有一面是平滑面，而氧化鎂板則可明顯看出格狀紋路，可以此作為判斷標準。

這樣施工才沒問題

1 完工前需加上一道油漆

一般的矽酸鈣天花板必須再經過一道油漆才算完工，天花板要平整，就要注意矽酸鈣板接縫處的油漆披土一定要平整。

2 防水工程要完善

矽酸鈣板雖具有防潮功能，但仍不適合用於水氣過多如浴室及廚房中，倘若有其他考量非得施作，則需以油性油漆刷過，確保防水性。

3 施工安全性第一

櫃材板面因施工技巧較無特殊性，多半已完成品來判定作工好壞。唯一要注意的是不少 DIY 的人，甚至是專業師父，都曾因操作鋸材工具而受傷，操作上得格外小心。

監工驗收就要這樣做

要求保固或延後交屋

板材的施作工法倘若不細緻，可能會在接縫處因潮濕或溫度的熱漲冷縮，導致油漆表面出裂縫，甚至產生深色的水痕。因而在施工前可要求裝修商提供一年的保固，或是在裝修完成後間隔一、兩週再安排交屋，確保牆面的完成品質。

達人單品推薦

1 KEEYANG 矽酸鈣板

2 神戶矽酸鈣板

1 目前運用最廣泛的隔間板材，可挑選較具品牌知名度的廠家使用相對有保障。通過防火一級測試，是相當好的耐燃材料。
（90×180cm、厚 6mm、NT.250 元／片，圖片提供 _ 吉羊有限公司）

2 板材熱傳導率低，俱有隔熱、隔音效果。
（91×182cm、厚 6mm、NT.360 元／片，圖片提供 _ 永逢建材）

※以上為參考價格，實際價格將依市場而有所變動

木質板材
需注意甲醛含量

30 秒認識建材

適用空間	客廳、餐廳、書房、臥房
適用風格	各種風格適用
計價方式	以才計價（連工帶料）
價 格 帶	基礎板材品項眾多、產地不一。約 NT.550 元～850 元不等
產地來源	馬來西亞、印尼、大陸
優　　點	塑合板不易變形，防潮耐壓
缺　　點	易散發甲醛

Q 選這個真的沒問題嗎

1 想重新裝修廚房，請問櫃體要選擇木心板還是塑合板比較好？ 解答見 P.138

2 若想在木心板的外層貼皮，該注意什麼事情呢？ 解答見 P.138

在空間裝修或是製作系統傢俱時，通常都會用到木質板材。木質板材的種類繁多，一般常用夾板、木心板、中密度纖維板（密底板）。而較高級的傢具品牌或進口傢俱則常使用原木和粒片板（塑合板）製作，同時，因為它不易變形，並且具有防潮、耐壓、耐撞、耐熱、耐酸鹼等特性，外層不管是烤漆、貼皮款式都很多樣化。

而板材製成後，容易散發甲醛等有害物質，而危害到居住品質，因此目前市面上也出現許多「低甲醛」的板材。一般所謂低甲醛板材，多指符合 F3 級標準的建材，甲醛平均值 1.5mg/L 以下、最大值 2.1mg/L 以下。F3 級雖未及綠建材及環保標章標準，但卻符合標檢局的低甲醛規範，加上流通較廣、價格適宜等優點，而被系統傢具業者廣泛使用。

圖片提供 _PartiDesign Studio & 曾建豪建築師事務所

種類有哪些

1 夾板

是由三片單板膠貼而成，分為面板、心板和裡板。面板材質較佳，中層的心板較差，下層裡板的材質次於面板。夾板的表面可貼上木皮、印花 PVC 皮紙等，在搭配上也顯得多元。坊間一般將木心板分為麻六甲及柳安芯兩大類，早期麻六甲會有刺鼻甲醛味道，但近期因環保要求相對嚴格，已無此問題。

2 木心板

上下外層為三公釐的合板，中間以木心廢料壓製而成。木心板具有不易變形等優點，且釘接力較強，價錢通常較合板便宜，是室內裝修的主要材料之一。

3 塑合板

又稱粒片板，是利用木材碎片、鉋花等廢料壓製而成。粒片板密度均勻，不會伸縮變形。外表可貼飾單板（薄片）或美耐板，價格低廉，常用於製造傢具、裝潢隔間，天花板等。但板材內無纖維成分，釘上釘子或五金零件後，若工法不夠細緻，會有搖晃等問題。塑合板遇水會膨脹，用在廚房、浴室等地需加強防水功能。

4 纖維板

以精製的木纖維製成，具有多孔洞的特性，適合做為教室或會議室的天花板材料。但遇潮容易膨脹變形，不宜用在室外或潮濕地方。

這樣挑就對了

1 注意外觀的完整度

判斷木心板、夾板及塑合板的好壞，最明顯就是從外觀判斷：

（1） 從正反兩面觀察，注意板材表面是否漂亮、完整。

（2）檢視厚度的四個面，確認板材中間沒有空孔或雜質。

（3）板材厚度差異不能太大，否則會影響施工品質及完工後的美觀程度。

2 重量越重，品質越好

挑選時，可感受板材重量，品質較好的板材通常重量較重。

▲ 木心板

▲ 夾板

3 選用有綠建材標準的板材

板材散發出的甲醛會危害人體健康，且較不環保，在選購時可挑選通過綠建材及環保標章的板材，確保居住環境健康。

這樣施工才沒問題

做櫃體層板需注意木心板條方向

使用木心板做櫃體層板時，要注意木心板條的方向，避免變形。

監工驗收就要這樣做

1 貼皮避免波浪紋路

若在櫃體板材外層貼上木皮，需要注意貼邊皮的收縮問題選擇較厚的實木皮，在不影響施工的情形下，用較厚的皮板或較薄的夾板底板，避免波浪產生。

2 檢視木貼皮的紋路

貼木皮時要注意紋路上下門板要有整片式的結合，紋路的方向性要一致，避免拼湊的情況發生，影響美觀。

達人單品推薦

1 核桃木自然拼木皮板

2 防火夾心板

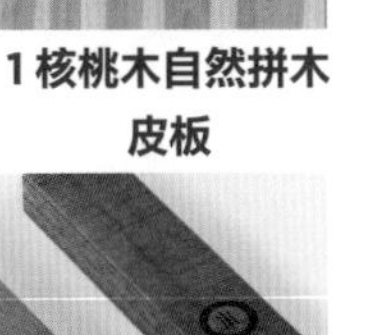
3 日安角材

4 日安健康合板系列

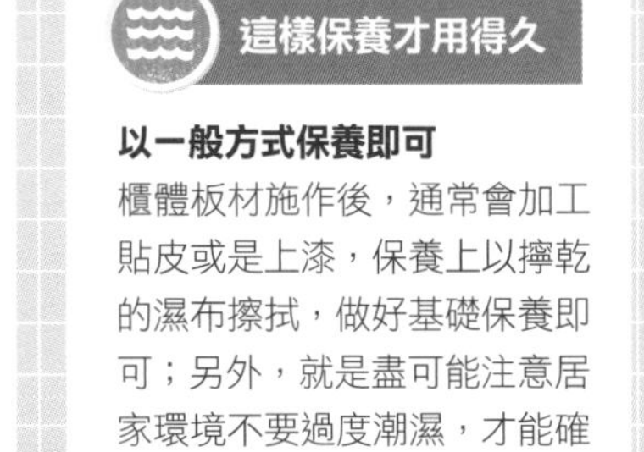

這樣保養才用得久

以一般方式保養即可
櫃體板材施作後，通常會加工貼皮或是上漆，保養上以擰乾的濕布擦拭，做好基礎保養即可；另外，就是盡可能注意居家環境不要過度潮濕，才能確保櫃體板材的耐用性。

1 有別以往傳統的貼皮手法，自然拼花跳脱了規律的紋理線條，改以順應木材本身的紋路走向，呈現出回歸原始森林的氛圍。
（1,220mm x 2,440mm，價格店洽，圖片提供 __ 榮隆建材）

2 符合國家檢驗心材耐燃一級、整體耐燃三級。因厚度紮實，可替代一般木心板於居家裝潢中，提高住家安全性。
（120×240cm、厚 18mm，NT.730 元／片，圖片提供 _ 吉羊有限公司）

3 為 FO 等級的角材，透過專利技術解決甲醛、苯類的危害問題，作為木地板、天花的基底材質，為居家帶來健康無毒的環境。
（尺寸、價格電洽，圖片提供 _ 茂系亞）

4 將甲醛捕捉劑結合膠水，以除醛技術將超微細捕捉劑分子滲入木材孔隙，將游離甲醛分子充分捕捉，並且膠合中板的過程以將近 200℃的高壓處理達十分鐘以上，使得蟲卵難以存活，有效防蟲。
（尺寸、價格店洽，圖片提供 _ 茂系亞）

※ 以上為參考價格，實際價格將依市場而有所變動

搭配加分秘技

圖片提供 _KC Design Studio

淺淡木色，打造清亮空間
挑選一分厚的板材略微染色、上保護漆後，反而更能營造木紋的天然質感。

美耐板
平價大眾的裝飾板

30 秒認識建材

| 適用空間 | 客廳、餐廳、書房、臥房、廚房、衛浴、兒童房
| 適用風格 | 現代風、混搭風
| 計價方式 | 以片計價
| 價 格 帶 | NT.400 ~ 2,000 元不等（依系列、材質、規格差異）
| 產地來源 | 中國、台灣
| 優　　點 | 樣式繁多，價格親民
| 缺　　點 | 接縫處明顯，不能於同一處長時間置放高溫物品

Q 選這個真的沒問題嗎

1 美耐板的素材越來越多元，到底有哪些種類？ 解答見 P.141

2 一般還常聽見一種叫美耐皿的板材，和美耐板的差別為何？ 解答見 P.140

美耐板又稱為裝飾耐火板，發展至今已超過 100 年歷史，由進口裝飾紙、進口牛皮紙經過含浸、烘乾、高溫高壓等加工步驟製作而成。具有耐磨、防焰、防潮、不怕高溫的特性。

由於使用範圍廣，美耐板材發展至今顏色及質感都提升很多，尤其是仿實木的觸感相似度高，許多高級家具在環保與實用的訴求下，也逐漸以美耐板來展現不同的風格。

一般常見的木紋飾材不外乎木皮產品或木紋美耐板。木皮產品易刮傷發黴、不防潮、保養不易是其最令人頭痛之處，且花色傳統、選擇性少，施工時又會散發甲醛影響人體健康；但反觀木紋美耐板耐刮耐撞、防潮易清理，符合健康綠建材，優良廠商出產的美耐板更是擁有抗菌防黴的功能，可以減少居家內的交叉感染及過敏原。

其他如金屬美耐板在商業空間的運用亦十分出色。美耐板提供多種表面處理，例如皮革紋、梭織紋和裸木紋等，更讓原本較為單調的板材飾面，有了其他的選擇。

另外，也常見聽到「美耐皿板」的建材，這是指在塑合板表面以特殊膠貼上裝飾紙，再於裝飾紙上布上一層「美耐皿」（melamine）硬化劑，同樣具有美觀、防潮的優點。

美耐板和美耐皿板最大差異在於表層牛皮紙的層數，及高壓特殊處理的過程，因此美耐板的強度、硬度及耐刮性亦較美耐皿板來得更好。

圖片提供＿CJ Studio 陸希傑設計股份有限公司

種類有哪些

依表面材質或樣式來分類。

1 素色

單純以色紙成色的美耐板外，不少廠商也推出經過鏡面處理的超耐刮美耐板，賦予活躍的色彩魔力。

2 木紋

以天然木皮表面加上特殊處理，保留自然木皮的細細淺痕，使木紋美耐板看來更加溫馨柔美。

3 石紋

石紋是最常被應用在設計裝潢中，運用石紋美耐板不僅可做一般石材無法彎曲的空間應用裝飾，還能呈現大器奢華特色。

4 特殊花紋

梭織系列為美耐板的創新材質，其觸感與布織相似，讓原有的俐落質地，轉變成雍容的風情。

這樣挑就對了

1 浴室等潮濕地方較不適用

美耐板基本上都具備耐污、防潮的特性，但若長久處於潮濕的地方，與基材貼合的邊緣仍會出現脫膠掀開的現象，像衛浴空間潮氣較重的區域，最好選用防潮的基材。

2 金屬美耐板易受水分侵蝕而變色

金屬美耐板遇水易變色，不適合用於衛浴空間，而經常會以手觸摸的區域也不建議使用，避免手汗影響到整體色澤。

這樣施工才沒問題

1 收邊接縫

黏貼美耐板時要注意收邊接縫的問題，若銜接不好，在轉角處會有黑邊出現，有礙美觀。由於美耐板沒辦法轉 90 度，轉角處容易有黑邊出現。可將木皮噴成與美耐板同顏色，修飾黑邊問題。

▲美耐板修邊時，可修成圓角或 45 度角，避免手腳刮傷。

2 黏合時排出空氣

美耐板與基材黏合時，需以滾輪或壓力機等工具壓勻，避免殘餘的空氣在裡面，以確保黏合平順。

3 收邊處理

超過基材部分的美耐板以碳鋼製工具修邊整齊即可。注意修邊可修成圓角或修成 45 度角，可避免刮傷手腳的問題。另外，切邊處要乾淨整齊不可有缺口，否則日後會有容易膨脹變形的情況。

監工驗收就要這樣做

1 整齊修邊無溢膠

確保施工後美耐板周圍是否乾淨整齊，有沒有餘膠溢出；同時確認周圍是否有破損或切割不完整等狀況，避免手腳刮傷。

2 注意施工表面是否平整

美耐板在施工時需完全排除與接合面中的空氣，否則很容易造成脫膠掀開，可以目視及手摸是否完整密合。

達人單品推薦

1 石紋系列

2 木紋系列

3 美立方

1 石紋美耐板不僅可做一般石材無法彎曲的空間運用，還能大幅節省採購成本，讓坐享奢華不再遙不可及，保養和清潔上也較石材更為方便。
（尺寸、價格店洽，圖片提供 _ 富美家）
2 有多種花色可供挑選，為居家展露多元面貌。
（尺寸、價格店洽，圖片提供 _ 富美家）
3 先於加工廠製作成型，於現場僅需鑽孔即可安裝。產品美觀、收邊細緻、省時、省工。
（尺寸店洽、NT.230 ～ 315 元／材，圖片提供 _ 富美家）

※ 以上為參考價格，實際價格將依市場而有所變動

這樣保養才用得久

1 勿以尖銳物品刮擦
雖然美耐板耐磨，但仍不要拿刀子或尖銳物，在美耐板表面上割、刮或切菜，避免破壞表面，因為若留下裂痕，很容易滲入水分，會引起表面膨脹的問題。

2 以溫和清潔劑擦拭即可
平常保養時使用溫和且無研磨效果的清潔劑，沾上濕布輕輕擦拭。而木紋美耐的表面具有紋路凹痕，可利用軟毛尼龍刷輕刷表面維持清潔。

3 不可用強酸強鹼
強酸或強鹼的清潔劑會對美耐板表層造成永久的損害，若不小心碰觸此類清潔劑，則需立刻清除乾淨。

搭配加分秘技

深色皮革展現俐落現代風
牆面採用仿皮革復古面美耐板，深色的皮紋和周遭木質素材的搭配，呈現俐落的現代風格。並且美耐板防髒的特質，不用擔心清理的問題。

圖片提供 _ 權釋國際設計

圖片提供 _PartiDesign Studio & 曾建豪建築師事務所

呼應原木氛圍

原本與流理台同高的中島彎折而下，調整成最合宜舒適的用餐高度。下方則貼上木紋美耐板，在白色為基底的開放廚房增添暖度，同時也呼應整體的木空間元素。

線板
營造風格的裝飾板

30 秒認識建材

適用空間	客廳、餐廳、書房、臥房、兒童房
適用風格	現代風、鄉村風、混搭風、美式風
計價方式	單支計價（1支240公分）
價格帶	NT.100～3,000元
產地來源	中國
優點	樣式繁多，易於營造鄉村古典風格
缺點	材質會因熱漲冷縮於接縫處裂開

Q 選這個真的沒問題嗎

1 裝修不到三個月，就發現天花板上的線板有裂痕，是出了什麼問題？ 解答見 P.145

2 線板的日常清潔保養該怎麼做？ 解答見 P.146

傳統線板多以木頭材質製作，需仰賴老師父純手工創作，師父的設計美感因而與最終呈現的作品息息相關，而木頭製作的線板，因為表面粗糙，施作時須經過三道工法後才可上色，頗為費時費工。現今的線板材質多半為硬質 PU 塑料，並以模具成型，因材質可塑性高，花樣選擇也就日趨多樣。

所謂的 PU 塑料是一種人工合成的高分子塑膠材料，在製造過程中，需依照用途加入發泡劑；在使用上分為軟質及硬質兩大類，線板的製作原料即為硬質 PU 塑料。製成線板的 PU 塑料在硬度上有一定規範，坊間部分業者為降低成本添加過多發泡劑，價格雖然便宜，但因密度不足品質堪慮。

線板從早期簡單的平板式和轉角線板，有了更多的發展，不再僅是裝飾天花板的用途，線的概念延伸到門框、腰帶等；甚至有以線而成面的概念，發展出壁板、燈盤、羅馬柱、托架等，種類極其繁多。

圖片提供＿立塚建材

種類有哪些

1 美式極簡風

採用簡單俐落線條為主軸，通常會以最原始的白色呈現。這類線板因其平行及直角線條之故，在視覺上具有放大空間的效果。

2 復古華麗風

是近年來復古風當道，線板的設計因而隨之繁複起來。以立體圖案刷上金色或銀色漆面，營造復古華麗的氣息。

3 活潑彩繪風

豐富的色澤為簡單的線板增添不少變化，當線板不再僅是「線」的概念時，用於門框、鏡框等裝飾處，就可以各類顏色創造出活潑氣息。

這樣挑就對了

1 同材積線板，重者為佳

線板的主要材質為 PU 塑料，塑型時需添加發泡劑。但因近期塑料價格攀升，劣質產品會添加過多發泡劑降低成本，因此密度不足，導致重量較輕，消費者可輕易從重量判斷出品質好壞。若線板的密度不足，熱漲冷縮的效應就顯得相當明顯，輕微者會在線板接縫處看到明顯的裂痕，嚴重者甚至脆化斷裂，影響整體室內美觀。

2 花樣是否夠立體

PU 線板是以模具製作而成，好的線板花樣立體度十足，在設計及立體感上，都會相對細膩而別緻。

這樣施工才沒問題

1 加一層底膠降低熱漲冷縮機率

先在線板的底部接著處上一層萬用膠，使線板與壁面緊密接合，除了能降低熱漲冷縮的情況，還能有效降低氣槍使用次數，並維持線板的外觀及表面完整度。

2 著釘要確實，避免釘頭突出

著釘的時候釘孔要確實，若有釘頭出現，要在不影響木紋的情況下用丁沖把釘子送入。

監工驗收就要這樣做

線板接口要密合

線板的角與角之間，要特別注意線與紋路是否相吻合，要確實做密合的工作。

達人單品推薦

1 彩金線板 ET-88397SG

2 藝術效果精緻線板 - 華爾滋舞步 CHS

3 雕花角線板 ET-88305

4 組合運用線板 EF-012WG+EF010WG

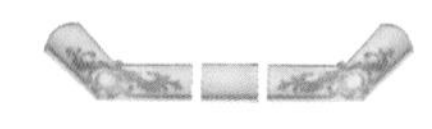

5 線板彎角 ET-8726A/WG

1 銀色的底板描繪精緻的金色紋樣，呈現高貴的華麗感。
（L2445mm、面寬 167mm，價格電洽，圖片提供＿立壕建材）

2 自然的闊葉圖騰，精緻的雕花設計呈現內斂的高貴。
（尺寸、價格電洽，圖片提供＿立壕建材）

3 經典的玫瑰紋樣，塑造出優雅的古典氛圍。
（L2400mm、面寬 131mm，價格電洽，圖片提供＿立壕建材）

4 開發一體成形的組合套件，勾勒出精緻的框架線條，型塑迷人的視覺饗宴。
（L2440mm、花寬 633×633mm，價格電洽，圖片提供＿立壕建材）

5 古典圖騰的 90 度彎角，柔美的線條有效點綴美化空間。
（420×420mm，價格電洽，圖片提供＿立壕建材）

※以上為參考價格，實際價格將依市場而有所變動

搭配加分秘技

這樣保養才用得久

不可用水，以乾布擦拭即可

PU 線板材質相當容易保養及清潔，只要以乾布擦拭或拍掉灰塵即可，盡量不要使用水來擦拭線板表面，避免掉漆的可能性，以延長線板使用年限；另外，PU 材質也不可用有腐蝕性的清潔劑如松香水等，否則會造成線板損毀。

圖片提供＿摩登雅舍

線板勾勒鄉村風格語彙

主臥房床頭主牆，利用線板勾勒鄉村風的設計語彙，內部襯以花鳥圖案壁紙，和鄉村風重視自然氛圍的特色呼應。壁面色彩則與壁紙底色如出一轍，讓空間呈現寧靜、自然的氛圍。

壁爐牆面呈現濃厚歐風

電視主牆仿照歐式壁爐造型，四周輔以線條簡單的羅馬柱，使整體空間呈現濃厚的古典氛圍。

圖片提供＿摩登雅舍

水泥板
清水模的替代板材

30 秒認識建材

| 適用空間 | 客廳、餐廳、廚房、臥房、書房、兒童、陽台
| 適用風格 | 各種風格適用
| 計價方式 | 以片計價（不含工資）
| 價 格 帶 | NT.300 ～ 1,250 元／片（材質不同、厚度不同，價差大）
| 產地來源 | 東南亞、美國
| 優　　點 | 防火耐燃
| 缺　　點 | 容易著色顯得髒污

Q 選這個真的沒問題嗎

1 想營造清水模的日式風格，設計師推薦我可以使用水泥板，這種材質的特色是什麼呢？ 解答見 P.147

2 我很喜歡水泥板的質感，想把地面的磁磚打掉換成水泥板，適合嗎？ 解答見 P.148

水泥板，結合水泥與木材優點，質地如同木板輕巧，具有彈性，隔熱性能佳，施工也方便。另一方面又具有水泥堅固、防火、防潮、防霉與防蟻的特質，展現其他板材沒有的獨特性，其美觀的外型近年來也經常用在天花板及壁板。而水泥板表面特殊的木紋紋路，展現獨特的質感，再加上水泥板的熱傳導率比其他材質的板材低、掛釘強度高，使用上更方便，完成後無須批土即可直接上漆。因水泥板具有不易彎曲和收縮變形，且耐潮防腐，再加上材質輕巧施工快速，用於外牆也相當適合。

因水泥板的硬度較高，也常當作地板材使用。若要將水泥板施做成地板，應特別注意地面是否平坦，若底部不平坦，地板上若放置大型櫃體或重物，則容易造成水泥板龜裂的現象產生。

水泥本身是無法被自然環境所吸收再運用的材質，此點最常為人所詬病。但近年來因環保意識抬頭，加上技術的進步，混合水泥及木屑製成的木絲水泥板因木頭含量達50%，相對降低水泥製品廢棄後對環境的影響。

圖片提供＿永遂建材

種類有哪些

1 木絲水泥板

以木刨片與水泥混合製成，結合水泥與木材的優點，兼具硬度、韌性且輕量之特色於一身，多半被用來作為裝飾空間的面板。

2 纖維水泥板

以礦石纖維混合水泥製成，因吸水變化率小，適用於乾、濕式兩種隔間上。具有防火功效。

這樣挑就對了

1 適用天花板與壁板

木絲水泥板具防火、防潮功能，使用範圍廣，常做為地板、天花板或電視主牆、牆面的裝飾材。由於花色多元，可依居家風格再來做花色上的選擇與搭配。

2 不建議使用在浴室

雖然木絲水泥板能防潮，卻不能真正防水，較不建議使用在浴室或淋浴間較濕的空間。

這樣施工才沒問題

1 用於天花板需加強結構

若想將水泥板運用在天花板上，需特別注意支撐骨架的整體結構。因材質重量較重，需增加骨料密度以強化結構，避免安裝後天花板崩塌。

2 用於地板需注意厚度

水泥板本身材質屬性為硬脆性質，一定要鋪於水平面上，只要地面有些許凹凸不平，再加上傢具重量不均，會容易導致水泥板皸裂或破碎。因此施作於地板上時，底板最好採用較為堅固的木心板，木心板加上水泥板的總厚度最好超過 20 公釐，才能避免地面破損的疑慮。

3 使用水泥板保護劑

水泥板因表面具有毛細孔，因此容易吃色。可選擇使用專用保護劑，以維持水泥板本色。

監工驗收就要這樣做

確認黏著劑是否適用

水泥板施工是以黏貼方式「掛」在欲施工的位置上。因水泥板本身材質較重，施工時須特別注意黏著強度，避免掉落。建議選擇黏著度較高的「免釘膠」或「萬用膠」，會比傳統的「黃膠」或「白膠」來得牢固許多，因此施工時須確認是否採用正確的黏著劑。

達人單品推薦

1 VIVA 木絲水泥板

2 優尼格抗潮水泥板

3 康柏纖泥板

4 木紋水泥板

5 美岩板

1 表面色澤沉穩，用於裝潢上可呈現內斂的質感，集合了水泥及木材兩種材質的優點。
（122×124cm、厚 6mm、NT.860 元／片，圖片提供 _ 永逢建材）

2 高防水、防潮性，並擁有水泥的剛性、防火性、隔音效能與超強的耐久性，適合用作輕隔間牆體板。
（90×120cm、厚 12.5mm、NT. 900 元／片，圖片提供 _ 永逢建材）

3 康柏纖泥板採用松木纖維與水泥板混合製作，孔隙密度低，隔音效果絕佳，適合在音響室或琴房等空間使用。
（60×240cm、厚 15mm、NT.900 元／片，圖片提供 _ 永逢建材）

4 有木質的美感，卻無木質裝潢日久腐壞、斷裂或蟲蛀的困擾。材質輕、易切割，可使用木工工具進行施工，切割粉塵少。
（20.9×366 cm、厚 7.5 mm、NT.410 元／片，圖片提供 _ 永逢建材）

5 美岩板高成分水泥，具備防水防潮效果。色澤柔和清爽，表現柔和卻不呆板的水泥色調，可用於大面積建築外壁裝飾。
（122×124cm、厚 6 mm、NT.325 元／片，圖片提供 _ 永逢建材）

※ 以上為參考價格，實際價格將依市場而有所變動

搭配加分秘技

當作主牆分隔空間，並兼具收納功能
利用纖維板營造和仿清水模風格，除此之外，最重要的功能是做為客廳和樓梯的分界，同時也在下方製作出同材質的櫃體，使風格一致。

圖片提供 _ 權釋國際設計

這樣保養才用得久

1 上保護劑防沾污
若木絲水泥板要使用在戶外時，建議表面要塗上保護劑，因為水泥板表面很多毛細孔，容易沾污、吃色，上保護劑可保護表層。

2 以乾布輕拭
水泥板忌水，切忌勿以溼布擦抹，只要用乾布輕拭即可。

原始裸材，展現空間自然無拘感受
將具有水泥質感的水泥板當成裝飾材，從天花板延伸至電視牆面，利用水泥的質樸，替單調具現代感的空間增添個性，而對應水泥板的原始，輔以同屬較為自然的木素材做搭配，為空間注入屬於家的溫度。

圖片提供 _ 六相設計

預鑄陶粒板
防火隔音又環保

30 秒認識建材

| 適用空間 | 各種空間適用
| 適用風格 | 各種風格適用
| 計價方式 | 以面積計價，或連工帶料來計價者
| 價 格 帶 | NT.1,800～2,200元／平方公尺
| 產地來源 | 台灣、大陸
| 優　　點 | 質輕抗震、施工快速、隔音隔熱
| 缺　　點 | 板材尺寸較大，工地需要有足夠充裕的出入口

Q 選這個真的沒問題嗎

1 夾層用陶粒板當樓板，承重力是否足夠？ 解答見 P.151

2 陶粒板的隔音效果如何？可以防火防水嗎？ 解答見 P.151

圖片提供＿岳洋建材

陶粒板屬於水泥類的預鑄材，在歐美多用於隔熱；在台灣則用來頂樓加蓋、室內加設夾層或隔間。主要材質為陶粒混合發泡水泥砂漿，內夾鋼筋網。膨脹係數低，無機質成分可避免發霉或蟲害。板材表面即為灰色混凝土混合一顆顆的暗紅色陶粒，頗類似擦石子的質感；拼組完成以後，也可以不必再加上表層修飾，直接裸露出板材的原貌。

目前，加設夾層的樓地板多半使用木心板或金屬波浪板，這兩者都怕潮濕且承重有限。而陶粒板每平方公分可耐壓 63 公斤，整塊板材的抗彎力可達 860 公斤，鋪設在 C 型鋼即可新增樓板。陶粒板的表面平整，組好後可直接做貼磁磚等面飾。

由於陶粒板 80% 為 1,050℃燒製的陶粒，故遇大火也不變形。熱傳導係數僅 0.33lal ／ mh℃；連續火燒兩小時，板材正面升溫至 260℃時，背面只有108℃，具有防火的效果。

陶粒板牆的造價、隔音效果與磚牆差不多，但重量不到後者的 1/3。台灣製的新型雙凹槽板材，厚度有8、10到12cm之別；每平方公尺單價為NT. 1,800～2,200元，各規格單價約差NT. 200元。厚8cm的陶粒板隔音效果略遜於磚牆，厚 12cm 者與磚牆只差四分貝。長寬尺寸則視各家工廠出品而略有不同。基本上，寬度多為50或60cm，高度從200～400cm皆有，也可依現場需求來訂製其他尺寸。

陶粒板內夾鋼筋能提供高度韌性；經三軸向的 7 級震度測試，不會損壞或傾倒。板材被打穿也無礙強度；且，挖鑿孔洞時由於質地不若紅磚或水泥那般堅硬，切割或鑿孔都較輕鬆。此外，再加上碎料可回收重製，故為防火、節能、環保又耐震的實心建材。

種類有哪些

陶粒板為單一花色，依照不同的厚度，可分為 8、10、12cm 的陶粒板。一般可依照自身需求挑選厚度，越薄的陶粒板，佔據的空間坪數越少。

1 8 公分陶粒板

一般常用於隔間，隔音效果稍弱。

2 10 公分陶粒板

一般常用於隔間、天花，若需在內部埋設管線，建議用到 10cm 以上的陶粒板為佳，以免挖鑿孔洞而不小心鑿破板材。

3 12 公分陶粒板

厚度較厚，隔音效果較好，除了一般用於隔間外，也常用於天花夾層等。

▲ 陶粒板的隔熱效果很好，低膨脹的係數能有效減輕熱漲冷縮所引發的裂縫，也不像 RC 牆易出現白華等問題。

這樣挑就對了

1 慎選產地來源

目前，全台只有兩家廠商製造，其餘由大陸進口。台產與大陸貨的主要差別在於內部是否有加入鋼筋。大陸製的產品內部沒有鋼筋，在地震頻仍的台灣來說，耐震力明顯不足而有安全疑慮。優質的陶粒板，表面應平整、不應有切割過的痕跡；同批相同規格的產品，厚度也應相同。

2 挑選雙凹槽板材結合更緊密

早期的陶粒板，板材兩側為公＋母的卡榫。一凹一凸的設計，使水泥因填縫量不足而無法彌補在乾燥過程中的收縮，導致板材銜接處很容易出現裂痕。因此，有部分板材改成雙母榫（雙凹槽），在兩塊板材銜接處的凹槽填入水泥，能銜接得更緊密。

這樣施工才沒問題

1 接合處的水泥要填實

拼接陶粒板，以水泥填入板子兩側的卡榫（溝槽）來結合。因此，施工時要確實將正確配比的水泥填入板子與板子之前的榫槽。至於要不要植筋來固定板子的距離，那就看各家施工廠商的標準而定了。

2 現場的放樣要精準

無論是水平放樣或垂直放樣，位置都要精準。還有，如果垂直度不夠會導致牆面變成梯型；那麼，最後完工時，也只能配合梯型的立面來貼磁磚了。

3 與建築結構的結合要確實
陶粒板組成的牆面，其工法和輕隔間牆類似，兩者都必須先在天花與地板設置鋼構的凹槽，當中再拼組板材。若應用陶粒板在地面或天花時，則要以螺絲將板材鎖定在鋼骨結構。

4 需埋管時宜選用厚板
一般的排水管，直徑約為三英吋（6 公分多）。若在厚 8cm 的陶粒板裡面埋設排水管，施工時很容易打穿牆板。被鑿穿的陶粒板並不會影響結構，板子也可修補；但若要避免打壞牆板，施工時就得更小心翼翼。故建議選用厚板。

監工驗收就要這樣做

1 檢測牆面是否歪斜
陶粒板為工廠預鑄，出廠時每片板子都很平整且堅硬。就怕拼組時，整道立面或地面歪斜了。除在安裝時要做假固定並隨時固定，驗收時也可用水平尺等來檢測牆面與地板是否平整。

2 檢查接縫處是否有裂痕
若在剛完工就發現接縫處有裂痕，多半是因為水泥沒有充實，或是填縫的水泥並沒有照正常配比調製。當然，強震過後也可能導致水泥填縫處的裂痕。解決方法就是敲掉水泥填縫，重新灌入新的水泥即可。

3 牆面上方是否以發泡劑填滿
用陶粒板牆打造室內隔間或外牆，整道牆面的上下兩端必定設有鋼槽以固定牆面。為因應上下晃動的地震，陶粒板牆並不會做到滿，而是與天花之間會留有一條細縫（因地心引力，牆板會穩穩落入底下的凹槽內）。待牆面組好後，這道縫隙必須填入彈性發泡劑來密封，以免蚊蟲飛入室內或冷氣外露。

4 避免冷縫現象產生
混凝土運輸距離需在事前作好妥善的交通規劃，灌漿不能中斷，以免造成冷縫。

達人單品推薦

1 CFC 預鑄板

1 台產新型雙凹槽板材，內置 6mm 竹節鋼筋，抗震效果接近 RC 牆；防火性能更優，是內政部認可的耐火材。紅磚牆隔音值（STC）為 40dB。厚 8cm 的 CFC 預鑄板的隔音 STC 值為44dB；厚16.8cm 者則高達 51dB。施工快速，只需傳統磚牆的 1/3 天數。
（各規格尺寸店洽，長 200 ～ 500cm、寬 50cm、厚度 6.5 ～ 16.8cm 皆有，可另設計配筋量。NT.1,800 ～ 2,200 元／平方公尺，各規格單價差距約 NT.200 元。圖片提供＿天臣實業）

這樣保養才用得久

1 牆面盡量避免釘掛
相較於石膏板、水泥中空板、三明治板等常見的輕隔間建材，陶粒板跟紅磚牆一樣都可直接釘入鐵釘或鋼釘；其他則無法釘釘子，或必須採用特殊的抓釘。陶粒板強度足以負荷馬桶等重物，鑿孔、挖洞也不會影響板材結構；但仍建議消費者自行吊掛裝飾品時，最好盡量使用無痕掛勾。如果一定要釘掛，用鋼釘即可。這樣比較不會破壞板材的表面。

2 裂痕可刷漆遮掩或重新填縫
強震過後，陶粒牆如發現有垂直裂縫，應為水泥填縫處的裂痕，基本上這並不會影響結構，只是有礙瞻觀而已。輕微的裂縫，可以請油漆師傅修補。若較嚴重的話，建議可敲掉填縫、重新灌漿即可。

搭配加分秘技

表面以灰色鋪陳，穩定重心
隔間運用預鑄陶粒板，表面飾以灰色，在一片淺白的空間拉沉色調，穩定重心。

圖片提供 _ PartiDesign Studio & 曾建豪建築師事務所

深淺素材原色展現錯落的美感
陶粒板外牆本身作出凹凸造型，又貼上深灰色磁磚、淺色擦石子來強調立體感。深淺配色，展現錯落有致的韻律。

圖片提供 _ 天臣實業

美絲板 

空間的新聲活美學

30 秒認識建材

| 適用空間 | 各種空間適用
| 適用風格 | 各種風格適用
| 計價方式 | 以片計價（不含工資）
| 價 格 帶 | 60×60cm（1 坪約 9 片）
NT.330 ～ 380 元／片
91×182cm（1 坪約 2 片）
NT.1,100 ～ 1,150 元／片
| 產地來源 | 台灣
| 優　　點 | 吸音、耐燃防火、不含甲醛、通過綠建材標章、可直接作裝潢材料
| 缺　　點 | 表面為非平整面，手感較明顯

Q 選這個真的沒問題嗎

1 美絲板的特性是什麼？為何具有吸音的功效？ 解答見 P.155

2 在裝設美絲板時，有哪些需要注意的原則？ 解答見 P.155

美絲板是以環保木纖維混合礦石水泥製作而成的建材，美絲板在製作過程中將所有素材無機化，因而不會有潮濕發霉的問題，也因採用自然原料，不僅無毒亦取得綠建材標章，而材質中混入的水泥，亦使這項建材通過耐燃二級檢測。

其外觀可明顯看出長纖木絲構造，粗獷又帶有自然質樸簡約的樣貌，用於壁面或天花的裝修上，都能讓空間恰如其份地突顯簡單及充滿禪意的韻味；也因其多孔隙不平整的表面，而具有吸音及漫射音波特性，是不少視聽空間的建材新寵，也十分適合與清水模搭配運用。此外，美絲板多孔隙的構造，亦具有調節空間濕度功能。目前為了豐富空間，美絲板賦予了多彩色澤，還有模組化生產的小六角形規格，都能獲得不錯的視覺效果。此六角形的吸音磚，相當適合自行 DIY 拼組發揮創意，只要利用木工工具或白膠加泡棉雙面膠帶固定，就能在天花或牆壁隨意拼圖，創造出自己喜愛的造型及色澤搭配。

圖片提供＿華奕國際

種類有哪些

依照板材的形狀和大小可分成以下兩種：

1 長形

尺寸較大，為 91×182cm，適合在天花或牆面施作做出大面積的鋪陳，讓視覺延伸。

2 六角形

尺寸較小，可自行 DIY 在牆面，天花另需較穩固固定方法。

這樣挑就對了

1 注意表面紋路

好的吸音板表面為優美的自然捲曲木料紋路、均勻分佈

2 選購有品牌保證的產品

建議在選擇時，指明有品牌保障公司出品的美絲吸音板，並向購買商索取原廠出具產品證明書，才能確保產品的品質。

這樣施工才沒問題

1 在不同牆面固定美絲板需注意的原則

（1）若牆面為木質隔間、石膏板、矽酸鈣板等板材，可用風槍釘或俗稱蚊子釘直接固定。而在木質隔間施作時，需加上角材後再固定美絲板。

（2）若為磚牆或 RC 牆，可直接用鋼釘固定，不需再加上底板。

圖片提供＿華奕國際

▲ 六角吸音磚多有種色系可供選擇，能在牆面 DIY 貼覆，創造豐富牆面色彩。

2 用機器裁切較適合

若需裁切，建議使用高轉速機具。可用手工裁切，但邊緣會較不俐落。

3 施作前注意正反面

美絲板有正面、反面之分，正面紋路較為漂亮自然，板面會有微量的水泥沉澱。

監工驗收就要這樣做

1 板與板之間注意收邊

裁切板片後會有厚度的差別，屬於自然現象，板片與板片之間以離縫或導角處理收邊，並注意邊緣是否有完美接合、對齊。

2 以空氣風槍清除灰塵

由於板材表面為多孔隙，建議完工後以高壓空氣風槍於表面噴風，可清除附著於表面的施工灰塵。

達人單品推薦

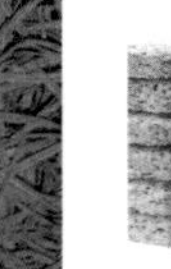

1 寬原木　**灰木**　**2 手作風六角吸音磚**

1 具有吸音、裝飾壁面的效果，原木吸音板的木質溫潤質感，為空間帶來寧靜舒適的氛圍，有多種顏色和纖維粗細可供選擇。（91×182×1.5cm，價格電洽，圖片提供＿華奕國際）

2 時尚的六角造型，具有防霉、防蟲蛀的特性，可使用水性漆噴漆上色，適合 DIY 施作。（直徑 19 cm，價格電洽，圖片提供＿華奕國際）

這樣保養才用得久

使用吸塵器除塵

由於表面孔洞多，若考慮灰塵附著問題，建議可用吸塵器吸附灰塵。

Chapter 08

創造空間色彩和氛圍

塗料

改變室內色彩最簡便的方法，就是運用各式各樣的塗料。除了千變萬化的顏色選擇外，塗料也可以利用各種塗刷工具，做出仿石材、布紋、清水模等材質觸感幾可亂真的仿飾效果。塗料不僅肩負著創造空間色彩與改變氛圍的重任，目前市面上推出許多機能性塗料，強調可以調整室內濕度、消除異味、防水、抗菌，讓居家空間更健康環保。

種類	水泥漆	乳膠漆	珪藻土	天然塗料	特殊裝飾塗料	特殊用途塗料
特色	為大眾化室內塗料，分為水性及油性 2 種	俗稱塑膠漆，均為水性，加水稀釋即可，品質好壞視添加的樹脂、石粉比例而定	·熱傳導低 ·具有多孔構造 ·高度不可燃性質	·成分取自於環境，自然又環保 ·不含揮發物，無臭無味	可厚塗的塗料，能呈現各種立體圖案或仿天然素材的漆面	多為水性塗料，不含有機溶劑，兼具裝飾、書寫、記事的效用
優點	價格經濟實惠，可塗刷面積較大	·漆膜較厚、漆面較細緻，質感佳 ·防霉抗菌，不易沾染灰塵	·隔熱、調濕、脫臭 ·可分解、去除活性氧化與化學物質	灰泥塗料能有效調節濕度，適用於地下室和浴室	圖案選擇眾多，能營造特殊情境	具有可書寫記事或是能吸附磁鐵的功用，方便人們使用，實用性十足
缺點	·粉刷後質感較差 ·不耐清洗，壽命僅 2 ~ 3 年	·價格較高 ·塗刷前置作業較費時費工	·易受氣候影響產生色斑、白華等現象 ·無彈性，下塗層作業施工不易	·易產生裂痕 ·價格較高	不易施作，由專業人士施工較好	早期多為油性塗料，含甲苯材質，對人體有害
價格	3 公升售價 NT.250 ~ 450 元	1 公升售價 NT.250 ~ 490 元	NT.600 元起／平方公尺	每坪約 NT.3000 ~ 6000 元（連工帶料）	每坪 NT.3000 ~ 5000 元（連工帶料）	NT.200 ~ 3,500 元／罐

設計師推薦 私房素材

馥閣設計 · 黃鈴芳 推薦

圖片提供＿馥閣設計

1 珪藻土 · 天然持久的綠建材：
珪藻土最大的優點在於能吸收空氣中多餘的水氣，調節室內濕度，具有除甲醛、除臭、防汙的功能。色澤選擇多，可使用特殊工法做成有手感凹凸的樣貌。平時不用費心保養，拿濕布清潔擦去髒污即可。且不需定期補刷，沒有使用年限的限制，是一個 CP 值頗高的素材。

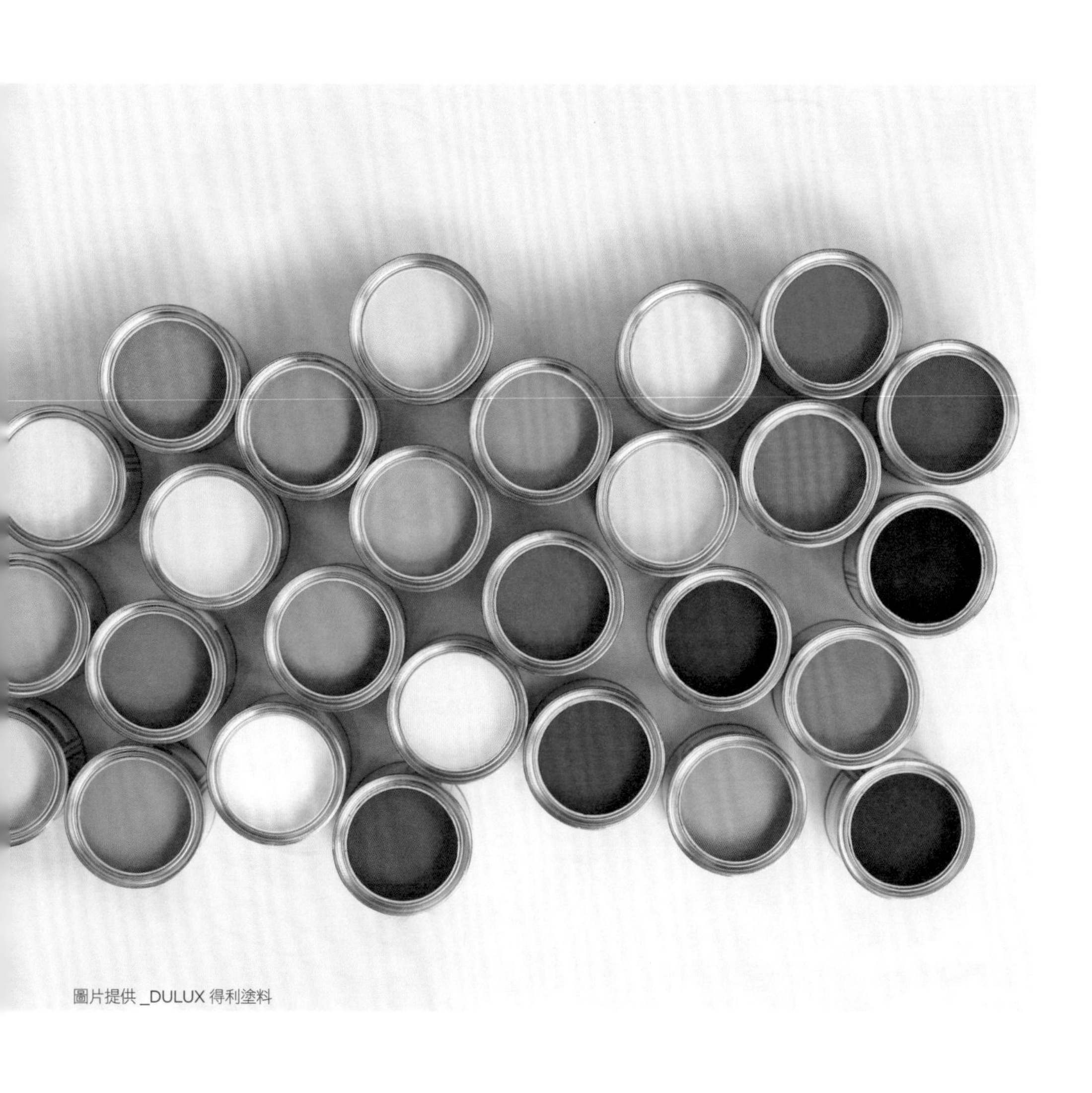

圖片提供 _DULUX 得利塗料

演拓室內設計 ・ 殷崇淵 推薦

2 乳膠漆 ・ 呈現細緻的絕佳質感： 乳膠漆的漆面細緻、質感佳，和水泥漆相比，漆面更平滑，若想呈現有溫潤質感的氣息，乳膠漆是個不錯的選擇。雖然價格稍高，遮蓋力差，工法程序需要塗上 3 至 4 道以上，但對於居家氛圍的營造有很大的幫助。

圖片提供 _ 演拓室內設計

水泥漆
省錢好施工變化多

30 秒認識建材

適用空間	客廳、餐廳、廚房、臥房、書房、衛浴、兒童房
適用風格	各種風格適用
計價方式	以罐計價(不含工錢)
價 格 帶	NT.250～450 元/3 公升、NT.500～600 元/加崙
塗刷面積	約可塗 3～4 坪/公升
產地來源	台灣
優　　點	經濟實惠、好塗刷、遮蔽率高
缺　　點	易卡灰塵不耐清洗，防潮性較差、色彩持久度不佳

Q 選這個真的沒問題嗎

1 每次刷水泥漆時都會有刺鼻的臭味，會不會影響家人的健康？ 解答見 P.158

2 水泥漆用不到幾年就開始落漆，平時要如何維護？ 解答見 P.160

3 牆面上的舊漆已經有點剝落了，重新上漆前要先刮乾淨嗎？ 解答見 P.159

水泥漆因為主要塗刷在室內外的水泥牆而得名，具有好塗刷、好遮蓋等基本塗刷性能，主要可分成油性漆及水性；水性水泥漆又分成平光、半平光及亮光三種。

油性水泥漆主要由耐候、耐鹼性優越的壓克力樹脂(Acrylic Resin)製成，所以具有良好的耐水性，而且對水泥面的附著力超強，幾乎各種材質牆面都可以塗刷，但大部分用在房屋外牆。水性水泥漆則以水性壓克力樹脂為主要原料，配合耐候顏料及添加劑調製而成，光澤度較高，室內外的水泥牆都可塗刷，但不建議塗刷在金屬、磁磚等表面光滑的材質上。

雖然水泥漆便宜又好用，不過水泥漆最讓人詬病的是揮發性有機化合物 VOC(Volatile Organic Compounds)的揮發問題，油性水泥漆在施作時須添加二甲苯加以稀釋，而水性水泥漆本身含有甲醛物質，在塗刷完後，無論是水性或油性水泥漆都會有讓人不舒服的化學味道，有些VOC甚至經年累月散發，無形中造成人體的傷害。

環保意識抬頭，油性水泥漆的使用機率已大幅降低，水性水泥漆方面，各家廠商也開發出低 VOC 的綠建材，強調水性環保配方、低 VOC，無添加甲醛及鉛、汞、鎘等重金屬，有的還符合歐盟 CHIP 安全規範與健康綠建材認證，在選購時最好認明符合國家標準之正字標記產品或是具環保標章、綠建材標章之產品，比較有保障。

圖片提供_Dulux 得利塗料

種類有哪些

1 水性水泥漆

（1）平光：塗刷在牆面上的效果具霧面質感，看起來比較柔和，讓人感覺較含蓄內斂，所以深受大多數台灣消費者的喜愛。

（2）半光：室內裝飾比較不會反光，塗刷的質感較清亮，表面光滑也較容易擦拭。

（3）亮光：粉刷後牆面看起來會相當亮，牆面凹痕等細節也看得較清楚。耐水洗，如果濕氣較重時，牆面也會變得很潮濕。

2 油性水泥漆

分為調和漆、木漆、鐵鏽漆等，適用於混凝土建築物、木材、金屬等材質，多用於門、窗、桌、椅等裝潢及木作表面。

這樣挑就對了

1 依適用空間選擇

經常風吹雨打太陽曬的外牆塗漆，可以選較擇經濟實惠、耐候、耐水、耐鹼性優越且附著力高的油性水泥漆。想要柔和的室內空間但預算不高，又要考慮健康因素，不妨選擇防霉抗菌、低 VOC 的綠建材水性水泥漆。

2 依用途選擇

（1）抗濕：在廚房、浴室或靠窗牆面，建議塗刷具有防霉抗菌功效的水性水泥漆。

（2）防塵：水泥漆易卡灰塵，現在有水性彈性防塵塗料供選擇，可彌補此一缺點。

這樣施工才沒問題

1 施工前宜先整理好牆面，並在傢具蓋上遮蔽物防止髒污

室內塗刷須把原有的牆面粉刷或壁紙刮除，壁面以平整為宜。塗刷前，傢具與地板要確實做好遮蔽，並拆下窗簾，牆面交界處、電源開關或插座、門框、窗戶使用遮蔽膠帶，讓收邊更完美。

2. 塗刷的工法順序

（1）水性水泥漆

Step 1：整理牆面，除去舊有的粉刷或壁紙。

Step 2：做適當的補土，凹凸處用砂紙磨平。

Step 3：先使用白色水泥漆當底漆。第一道漆面最好由高往低塗刷，從大面積開始再刷小面積。建議從牆壁接縫處先塗刷，再刷牆身。若有窗框，則先刷窗框，再來門框與踢腳板、線板。

Step 4：第一道漆乾燥後再開始上色，通常塗刷 2 次即可。至少要一底（底漆）兩面（面漆）。

（2）油性水泥漆

Step 1：先整理要塗刷的牆面，使其平整。

Step 2：手套、口罩、護目鏡等防護不能少。

Step 3：準備好稀釋的溶劑，調和油性水泥漆至所需的稠度。

Step 4：開始上色，通常塗刷 2 次即可。

3 若不慎沾到，應立即以濕布或松香水清除

水性漆在塗刷過程中若有漆沾到地面，立刻用濕布擦拭；若塗料已凝固，可用刮刀刮除。塗刷油性漆時最好穿著舊衣服操作，萬一在施作過程中沾到衣物或地面，可以用松香水等溶劑予以清除。

監工驗收就要這樣做

1 施工前確認顏色編號是否無誤

工班施作前，要確認顏色編號是否和當初挑選的一樣。

2 確實注意批土次數

避免偷工減料，或是次數不足而造成美觀的影響。

3 注意底漆的顏色層次

若有上底漆時，要注意避免在深色底漆上塗淺色面漆。

4 在晴朗的白天下驗收牆面是否平整

完工後選擇天氣晴朗的白天，確認漆面是否平整，牆面需沒有波浪狀、無毛孔且牆面轉角的水平垂直必須工整。

達人單品推薦

1 得利水泥漆－平／半光

2 得利電腦調色漆－外牆晴雨漆（剋裂專家）

3 健康家除醛抗菌水泥漆

1 除了塗刷性能優異，讓塗刷省時有效率外，這款系列水泥漆具水性環保配方、低 VOC，無添加甲醛及鉛、汞、鎘等重金屬，同時符合歐盟 CHIP 安全規範與健康綠建材認證，給予居家及環境安全雙重保障。
（NT. 550 ～ 590 元／加崙，圖片提供 _Dulux 得利塗料）

2 它具備抗紫外線、擋雨抗潮、防藻抗鹼等功能，非常適合台灣的天候特性，可以讓外牆保持亮麗如新。水性環保配方，符合國內 CNS 生產標準與歐盟 CHIP 等國際規範，同時電腦調色，可以創造與眾不同的色彩外觀。
（NT. 800 ～ 900 元／ 3 公升，圖片提供 _Dulux 得利塗料）

3 天然無毒的甲殼素除醛配方，可以分解甲醛、去除 VOC 有害物質，永久有效；還有奈米矽銀粒子，可以防霉抗菌兼除臭，非常適合塗刷在人體居住的室內空間。
（NT. 1,200 元／加崙，圖片提供 _ 健康家國際生物科技）

※以上為參考價格，實際價格將依市場而有所變動

這樣保養才用得久

1 保留色號，以便事後補塗
完工後建議可留下少量塗料或是保留色號，以便日後修補。

2 定期重新粉刷
無論水性或油性，一般可維持 3 年左右，建議可定期粉刷。

搭配加分秘技

圖片提供 _Dulux 得利塗料

利用不同材質配色，發揮創意玩出趣味
像補釘又像拼圖，善用多種顏色的水泥漆搭配不同建材，也能玩出空間的趣味。

圖片提供＿采荷室內設計

粉紅蘋果綠的繽紛樂園

主牆是甜美的粉紅色，表現出年輕與活力，靠窗的閱讀區設置了書桌與收納櫃，為了稀釋木作的深沉感，並提升明亮度，此一牆面則選用白色，並搭配透光良好的紗質窗簾，而左側的柱體則刷上象徵青澀年華的蘋果綠，同時還具有讓心緒平靜的效果。

乳膠漆
質感佳好清理

30 秒認識建材

適用空間	所有空間適用
適用風格	可依個人喜好調整顏色，刷出各種不同風格
計價方式	以罐計價（不含工錢）
價 格 帶	NT.250～450元／公升、NT.1,200～1,400元／加崙
塗刷面積	4～5坪／公升（刷1道）
產地來源	台灣、廣州、荷蘭
優　　點	防霉、抗菌、耐擦洗，漆面較細緻，色彩耐久度高
缺　　點	補土、批土及磨平工作非常耗時，施工價位也較高

Q 選這個真的沒問題嗎

1 新屋的裝潢要選用乳膠漆還是水泥漆？這兩種漆有什麼差別嗎？ 解答見 P.163

2 油漆師傅說乳膠漆上一道就好，這樣的施工方式是對的嗎？ 解答見 P.163

3 我家的牆面約有 5 坪要塗，要買幾罐才夠用？ 解答見 P.161

乳膠漆為乳化塑膠漆的簡稱，主要由水溶性壓克力樹脂與耐鹼顏料、添加劑調和而成，漆質平滑柔順，塗刷後的牆面質地相當細緻，且不容易沾染灰塵，又耐水擦洗，即使小孩子貼牆玩耍、塗鴉，也不用擔心清潔保養問題。它的附著力強，能覆蓋牆面上的小細紋及小髒污，同時不易發黃，所以色彩持久度較水泥漆幾乎強上一倍。

由於乳膠漆的樹脂很細，所以漆出來的質感遠比水泥漆細緻平滑，更適合在室內各種空間使用；但通常油漆師傅為了要呈現細緻的質感，會加水稀釋並塗刷比水泥漆較多的道數，相對施工成本也提高；但若自己使用，可不加水稀釋塗刷 2 道即可。乳膠漆同時具有多種功能，例如防霉抗菌、抗裂、耐擦洗，抗水性好，用水擦拭也不易有脫色問題，一般來說，水泥漆約可維持 2～3 年，好的乳膠漆可以維持 5 年再重新粉刷。

不同於過去的油性漆，現在的油漆幾乎都是水性比較安全，但因為原料及添加物的等級與來源不同，乳膠漆也會含有部分化學味及揮發性有機化合物（VOC），不過目前各廠商致力開發較環保健康的產品，並運用各種技術減少化學味及 VOC，有些塗料甚至可以分解甲醛。越來越多乳膠漆已通過健康綠建材認證，讓消費者可以安心塗刷在室內臥房、嬰兒房等空間。

圖片提供＿永記造漆

種類有哪些

因國人越來越重視無毒的居家環境，乳膠漆近年來發展出附帶多種清靜空氣的塗料，以打造健康的住家生活。

1 加入防霉抗菌的成分

在漆膜中形成獨特的毛孔結構，增加牆面透氣性，同時可以有效阻絕黴菌、大腸桿菌、肺炎桿菌及金黃色葡萄球菌等害菌在牆上滋生。

2 含有除去甲醛的特殊功能

最新的「分解甲醛」技術，可將甲醛分解成水分子，有效降低室內空氣中的甲醛含量。

3 利用光觸媒作用淨化空氣

以光能進行物理性反應催化劑，可以持續有效地釋放負離子，消除空氣中的臭味及致癌氣體。

種類	水泥漆	乳膠漆
特色	為大眾化室內塗料，分為水性及油性2種，後者使用時須添加甲苯稀釋，毒性較強	俗稱塑膠漆，均為水性，加水稀釋即可，品質好壞視添加的樹脂比例而定。
優點	·價格經濟實惠，可塗刷面積較大 ·施工過程省時省工	·漆膜較厚、漆面較細緻，質感佳 ·防霉抗菌，不易沾染灰塵
缺點	·粉刷後質感較差 ·不耐清洗，壽命僅2～3年	·價格較高 ·塗刷前置作業較費時費工
價格	3公升，NT.250元～450元	1公升，NT.250元～490元

這樣挑就對了

1 選購有信譽的品牌

選購有國際認證的品牌，或有健康綠建材認證才有保障。

2 一般選擇好的乳膠漆，可用下列方式分辨

（1）原漆性能：詳察外觀、粘度、密度、細度、遮蓋力。

（2）施工性能：了解施工性、塗刷量、乾燥時間。

（3）漆膜性能：這是乳膠漆最重要的性能，乾燥後看它的漆膜外觀、色差、耐水性、耐刷性、對牆體的附著力。

3 依照空間選擇

臥房的光線要柔和溫暖，建議可選擇平光型的塗料效果較佳，小孩及公共空間等較易弄髒的牆面，可選用柔光到半光樹脂含量較多的產品，較耐得住清理。

這樣施工才沒問題

1 塗刷至少需一底兩面

牆面經過批土、磨土的手續後，再上一層底漆，兩層面漆。由於乳膠漆的遮蓋力較差，必須搭配非常平整的牆面才能表現出乳膠漆細緻特性，並且至少要刷3道才會漂亮。

2 施工環境太冷太熱都不宜

溫度在攝氏5℃至35℃之間較適宜，因太冷可能導致漆結冰，太熱水分揮發過快恐影響成膜，以台灣天氣來說，夏季儘量避免在中午高溫時粉刷。另外，建議在濕度85%以下施工較好。

3 穿著簡便的舊衣物施工

乳膠漆施工容易，一般民眾都可以自行塗刷，最好穿著舊衣服當工作服，若不慎沾到，應立即用清水去除漆漬。

監工驗收就要這樣做

1 施工前壁面要平整

檢查牆壁是否已確實整平，水泥新牆要確定完全乾燥固化，要確認顏色編號是否和當初挑選的一樣。

2 施工中注意水分比例

避免偷工減料，小心水分比例，並注意氣候及濕度。

3 完工後小心掉粉裂開

完工候摸摸牆體是否平整，檢查有無掉粉或裂開現象。

達人單品推薦

1 得利清菌家全效乳膠漆

2 得利乳膠漆竹炭健康居

3 全效抗裂乳膠漆

4 易潔乳膠漆

5 星冠奈米光觸媒乳膠漆 NG77 系列

這樣保養才用得久

1 清潔

如果沾到衣物或地面，立即以清水清洗就可以把漆洗掉，但若是漆滴落地面沒有即時處理，等漆乾掉後用刮刀刮除即可。

2 去污

牆面若有髒污，平時可以濕布或海綿沾清水，以打圓圈方式輕輕擦拭髒污的地方即可輕鬆去污。

1 含天然茶樹精油，可有效防霉抗菌，且原料使用低化學味、低 VOC 的環保成分；同時具有抗裂功能，可以覆蓋牆面小裂紋。
（NT. 379 元／公升、NT. 1,050 元／ 3 公升，圖片提供 _Dulux 得利塗料）

2 榮獲綠建材認證、氣味清靜的環保塗料，採用業界創新的 250 奈米白竹炭等原料，有效淨除塗料中的化學味。
（NT. 420 元／公升、NT. 1,475 元／加崙，圖片提供 _Dulux 得利塗料）

3 不添加甲醛、鉛、汞等重金屬，且具有抗裂效果，居家環境更安全。優越的耐水性和耐刷性，壁面仍可不受損壞，有效維持牆面完整。
（NT.349 元／一立裝，圖片提供 _ 永記造漆）

4 塗料獨家添加杜邦 Teflon® 牆面保護科技，能使牆面漆模緊密形成細緻保護膜，阻隔意外髒汙的沾染附著。只需以抹布沾些許清潔劑，便能輕鬆除去污漬。
（NT.420 元／一立裝，圖片提供 _ 永記造漆）

5 利用高科技奈米技術將原料轉化，能持續有效地釋放負離子，並自動捕捉甲醛與苯類的揮發性有機化合物，達到淨化空氣的目的，以及防霉抗菌的效果。
（ NT. 7,200 元／ 5 加崙，圖片提供 _ 三羽企業）

※ 以上為參考價格，實際價格會因市場而有所變動

搭配加分秘技

圖片提供 _ 摩登雅舍

帶有 Tiffany 藍的甜蜜回憶

整間的 Tiffany 藍，是屋主夫妻定情的顏色。純淨的翠藍色帶有些許的碧綠，色彩亮麗又優雅，也能撫慰人心。

蒙德里安式幾何牆讓睡夢也繽紛

在床尾的櫃牆順應封板的線條，運用色盤意象，以幾何方式排列紅黃原色，再穿插黑與墨綠，藉由中性色及濁色來穩定高彩度的強烈跳躍。

圖片提供＿山木生空間設計

艷麗紅牆化為大型抽象畫

背牆刷上艷紅而成為空間的主角。考慮到居家用色不宜過度強烈，故在純度極高的紅加入些許的黑以降低明度、彩度，減少了大紅帶來的壓迫，並強化色彩的穩定性。在殷紅基底勾勒黑色線條與幾何色塊，緩衝了高因彩度所產生的視覺衝擊，也讓主牆猶如一幅巨型抽象畫。

圖片提供＿山木生空間設計

珪藻土
調節濕度保健康

30 秒認識建材

適用空間	客廳、餐廳、廚房、臥房、書房、兒童房
適用風格	各種風格適用
計價方式	以坪計價（連工帶料）、以容量、重量計價（不含施工）
價格帶	NT.4,000 ～ 6,000 元／坪（連工帶料）
塗刷面積	約 3 ～ 4 公斤／坪
產地來源	台灣、日本
優點	有效吸附甲醛等有害物質
缺點	單價較高

Q 選這個真的沒問題嗎

1 聽說珪藻土有調節濕度的功效，那可以用在浴室的壁面上嗎？ 解答見 P.167

2 我家牆面已經漆上一層水泥漆了，可以直接塗上珪藻土嗎？ 解答見 P.167

3 市面上珪藻土的產品很多，該怎麼挑選才不會買錯呢？ 解答見 P.167

珪藻土（Diatomaceous Earth，又稱為矽藻土），是由一種稱為「珪藻」的單細胞植物性浮游生物所演變而來的。珪藻和珊瑚一樣會行光合作用，在空氣層不斷的浮游過程中，一部分掉進水中或池裡不斷繁殖後，成為食物鏈的一環。珪藻死後的遺體堆積在海裡或湖裡，其中的有機物質經過長時間分解，只殘留無機物質，經開採後輾成粉末就變成珪藻土。

珪藻土為多孔質，孔數大約是木炭的五～六千倍，能夠吸收大量的水分，因此具有調濕機能，可防止結露、反潮，抑制發霉、蝨的發生。最大特性就是可針對甲醛、乙醛進行吸附與分解，可用於矯正現代建築因各種內裝物而造成的空氣品質不良問題、避免致病房屋症候群產生，讓居家環境更健康。可適用全室內的牆面及天花板，能改善室內空氣品質，但不可使用在浴室內，因為它遇水容易還原。

再加上珪藻土的熱傳導率亦低，具有優異的隔熱性，可提高冷、暖氣使用效果，創造冬暖夏涼、溫和舒適的空間；而其微細小孔更可將寵物、香菸、廁所等臭味與異味吸附，具有消臭與脫臭性，是一款適合現代家庭的天然健康塗料。

圖片提供 _ 益康珪藻土

種類有哪些

珪藻土可分為一般塗料及含有珪藻土的飾面材料。

1 一般塗料

功能性較強，並且可藉由圖紋、花樣的施工方式，增加壁面魅力。

2 含珪藻土的飾面材料

利用珪藻土可製成珪藻土吸水腳踏墊、珪藻土磁磚、調濕板等不同產品，提供更多用途使用，並且施工時無毒、無味，裝修完即可入住。

這樣挑就對了

1 挑選有綠建材標章的產品

部分塗料中添加的 VOC（揮發化合物），是危害家人健康的元兇，因此在選購時，要注意標示含量之餘，選擇有綠建材標章的認證產品，才能確保居家環境的安全和健康。

2 固化劑成分影響調濕能力

天然珪藻土磨成粉末後，需要與固化劑調和才能塗抹於牆面上，而市面上固化劑成分有黏土、消石灰、合成樹脂、水泥等，若固化劑成分為合成樹脂或水泥，則容易發生阻塞珪藻土孔隙，降低調濕能力等情況。

3 購買時鑑定調濕數據

消費時廠商多會提出自家產品的調濕數據（坊間常見為 25 ～ 200g ／㎡），建議消費者可以請商家提供珪藻土調濕實驗數據，或以現場噴水器向樣板噴水測試，若是吸水量快又多，則代表產品的孔質完好，如果吸水量很少，表示孔隙被堵塞，或是珪藻土的含量偏低。

4 要求耐火性需注意固化劑成分

珪藻土本身為不可燃材質，但耐火性需要注意搭配的固化劑等素材，建議購買前可以請廠商提供珪藻土耐火實驗數據，或是 以樣本點火示範，若是有冒出氣味嗆鼻的白煙，則可能是以合成樹脂作為珪藻土的固化劑，遇火災發生時，容易產生毒性氣體及煙霧阻礙逃生。

圖片提供＿樂活珪藻屋

▲ 全天然無樹脂添加的珪藻土，無毒無甲醛，沾附到皮膚也沒有危害，親子可一起同樂創作。

5 用手觸摸測試表面的堅固程度

購買時可以請商家提供珪藻土樣板，建議以手指輕觸試驗，如果有粉末沾附於手指上，表示產品的表面強度可能不夠堅固，日後使用上容易會有磨損等狀況產生。

6 固化劑為黏土材質，避免用在水氣潮濕處

屬於天然材質的黏土，成分溫和不易對人體健康造成傷害，適合用在室內客餐廳、房間等處，最好避免用在浴廁等容易遇水沖刷處，以免成分還原，容易造成表面脫落。

這樣施工才沒問題

1 不能將珪藻土直接倒入其他油漆混合

在施工時，珪藻土不能倒入其他油漆混合施工，如果原本牆面已有水泥漆或乳膠漆，則可直接塗抹在上面。

2 施工前先整理牆面

若有壁紙最好先刮除再施工。施作牆壁不得濕氣過重或有壁癌，不建議塗在玻璃磚等光滑表面底材上。

3 施工順序

Step 1：底材的施工面積處理，並做好清潔和施工區域的周圍防護。

Step 2：上封閉底漆兩層後等待乾燥（第一層乾了後才上第二層）。

Step 3：依各家廠商說明比例攪拌珪藻土與水後，靜置約 20 ～ 30 分鐘後，在攪拌約 1 分鐘。即可塗抹甚至隨興創作造型紋路工法（厚度至少 2 公釐以上，愈厚調溼效果愈好）。

Step 4：用鏝刀抹平後至少等 2 ～ 3 天讓它完全乾燥。

Step 5：施工期間避免粉塵，故建議在所有裝潢都退場後再施工，以免產生污染或碰撞。

4 若沾到衣物，可用水擦拭去除

在塗刷中沾到地面或手時，用海綿沾清水輕輕擦拭即可。

監工驗收就要這樣做

要確實覆蓋牆面

一般來說珪藻土的塗刷厚度約為 2 至 4mm，完工後檢查牆面是否有確實塗刷完成，尤其是牆面的邊角處。

達人單品推薦

1 益康 珪藻土塗料

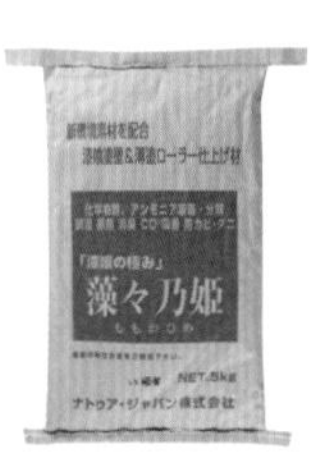

2 樂活珪藻屋 藻乃姬系列

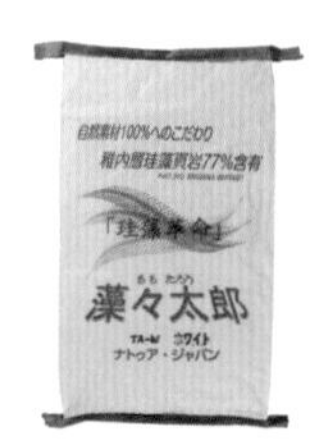

3 樂活珪藻屋 藻太郎系列

1 主原料來自歐美及日本，由台灣宏星公司及國立臺灣海洋大學共同研發生產，產品比照日本 JIS-A6909 建築用仕上塗材規範珪藻土類要求。珪藻土含量高，品質媲美或甚至超越進口，價格只有進口一半，更是全國唯一榮獲調濕類健康綠建材標章的珪藻土塗料。
（僅材料約 NT.2,000 元／坪，圖片提供 _ 益康珪藻土）

2 使用日本北海道稚內層珪藻頁岩珪藻土，更添加貝殼粉，強化了殺菌除臭效果，對於廁所異味、菸味、寵物體味的消除很有幫助。同時添加消石灰作為固化劑，表面堅硬但質感平整柔和。
（NT. 6,840 元／ 5 公斤（1 坪約 NT.1,900 元，不含施工），圖片提供 _ 樂活珪藻屋）

3 此款珪藻土含有率高達 77%，為業界最高級，吸放濕機能是一般珪藻土的 3 至 6 倍，適合高潮濕區域使用，在低溫施工時甚至可以抑制白華現象，被日本喻為「天然的空氣清淨機」，萬一發生火災也不會產生有毒物質。
（NT. 11,400 元／ 15 公斤（1 坪約 NT.3,800 元，不含施工），圖片提供 _ 樂活珪藻屋）

※ 以上為參考價格，實際價格會因市場而有所變動

這樣保養才用得久

1. 以撢子或濕布擦拭：牆面若有灰塵髒污時，用撢子輕輕刷落或以乾淨的濕布擦拭即可。

2. 用橡皮擦拭去泥垢、手油：手垢、泥垢及擦痕使用橡皮擦清除後，再用撢子輕輕刷落。

3. 水性可拭去的污點：使用水噴霧器，乾溼 2 ～ 3 個循環即可或以乾淨濕布擦拭。

4. 油性斑點用砂紙先去除表面再修補：分解時間較緩慢，一般採用砂紙或刀具將表面污漬輕輕去除後，再使用珪藻塗料塗抹修補。

搭配加分秘技

圖片提供＿益康珪藻土

時尚仿飾漆

運用灰色的珪藻土，再搭配特殊的鏝塗方式，使壁面呈現如馬來漆般的斑駁色彩，創造謎樣的朦朧美感。自然樸實的色底，搭配灰黑色系的燈具，整體呈現極簡寧靜的空間氛圍。

圖片提供＿采荷設計

加入調色，牆面更鮮豔

珪藻土不僅有淨化空氣的功效，還可加入色粉調色，讓牆面展現鮮豔活潑的色彩，成為空間的視覺焦點。

天然塗料
淨化居家室內空氣

30 秒認識建材

| 適用空間 | 客廳、餐廳、臥房、書房、兒童房
| 適用風格 | 各種風格適用
| 計價方式 | 以罐計價（不含工錢）
| 價 格 帶 | 每坪約NT.3,000～6,000元（連工帶料），5公升約NT.1,900～4,600元（不含工錢）
| 塗刷面積 | 約6～12坪
| 產地來源 | 德國、台灣
| 優　　點 | 可除臭淨化空氣
| 缺　　點 | 底材要求高，單價較高

選這個真的沒問題嗎

1 灰泥塗料和一般水泥漆有什麼不一樣？ 解答見 P.170

2 剩下的蛋白膠塗料還很多，可以直接倒掉嗎？ 解答見 P.171

天然塗料強調材料取自於自然環境、無毒又健康，深受日益重視環保的現代人喜愛，即使單價較高，但因為幾乎都是半永久性塗料，長遠來看仍然划算，大眾接受度也越來越高。

早在1萬多年前，人類就懂得拿石灰來做建築、塗刷的材料。也就是目前為眾人所知的灰泥塗料。灰泥塗料為熟石灰與水混合而成的泥狀物，其中氫氧化鈣會進行緩慢結晶反應，必須透過長時間儲藏才能達到細緻品質，儲放時間愈長品質愈好。對室內的空氣濕度調節有正面的幫助，它天然特性就是防濺水、防靜電、具高度的透氣性、防霉、抗菌、不含揮發性物質，同時具有相當高的光反射性，由細微的結晶結構造成了獨特的石灰光澤效果，自然而高雅，也成為受歡迎的環保塗料之一。

灰泥塗料的施工簡易，只要塗刷兩層就可完全遮蔽，而且透氣性佳，遇潮濕會呈鹼性，具抗菌、殺菌效果，適用於浴室和地下室，也非常適合古蹟或舊建築整修。且不含揮發物，無臭無味，適合過敏體質使用。未用完的灰泥，可作堆肥原料，非常環保。

另外，早在古埃及時代，人們就懂得以奶與土質顏料來調製塗料，歐洲文藝復興時期許多建築的乾式壁畫，也都是採用蛋白膠做為繪畫顏料的黏結劑，例

圖片提供＿孫辰

如西斯汀禮拜堂裡米開朗基羅所作的壁畫，都維持了好幾百年而不壞。稍晚以後，人類又利用牛奶或鮮奶酪來製作蛋白膠塗料。現代化的蛋白膠塗料都是利用植物性蛋白做成乾式的粉料。如此，即使不加任何防腐劑也可以保存好幾年不會變質。蛋白膠塗料具有高度的透氣性，能讓牆面自行呼吸，且不含無揮發性氣體，讓居家環境無毒又健康。

種類有哪些

1 灰泥塗料

可分為無顆粒狀和含顆粒狀兩種。

（1）無顆粒狀：質地光滑細緻，可以噴塗方式施工，清潔保養也較容易。

（2）含顆粒狀：多了大理石砂，塗層較厚，可填補底材的輕微差異，掩飾細微孔縫；表面具顆粒質感，適合做為牆面彩光技法的底層塗料。

2 蛋白膠塗料

依照漆面可分成細緻面和紋理面：

（1）細緻面：塗料顆粒較小，含有細緻的大理石粉，呈現平滑的漆面。

（2）紋理面：塗料顆粒較大，遮蓋力強，可填補壁面輕微的不平整。

這樣挑就對了

1 灰泥塗料

要挑濕泥狀包裝，沒有添加任何工業性樹脂及防腐劑的。

2 蛋白膠塗料

由於蛋白膠塗料為粉末狀的乾粉再加水調製，若遇水則會受潮變質，產生結塊的情形，因此選購時須注意袋裝是否有破損情形。

這樣施工才沒問題

1 灰泥塗料的施工注意事項

（1）室內專用塗料，不建議塗在室外。

（2）灰泥塗料為濕泥狀，不需再調製即可刷塗，開封的塗料最好當天使用完畢。

（3）塗刷兩層即有足夠的遮蓋力，施工簡易，使用方便。

（4）若是發生輕微的表面髒汙，可使用乾淨的乾布或是較細的砂紙（200 號），小心將髒汙部分局部磨除即可。

（5）沾到地面或手，用清水洗淨即可。

2 蛋白膠塗料的施工注意事項

（1）壁面要求度高，牆面需先刮除舊漆整理乾淨，若有壁紙需先清除。 在塑膠或金屬材質都不適宜施作。

（2）塗量要薄而均勻，塗層太厚可能會導致乾裂。建議需至少刷至 2 道，顏色才會均勻。

（3）調好的塗料建議當天使用完畢。完工後剩餘未調的塗料可當作堆肥的材料。

監工驗收就要這樣做

1 檢查是否有沾上髒污

完工後驗收先檢查邊邊角角的收邊有沒有做好？再檢查有沒有手印等髒污，尤其是靠近窗簾部分由於布料摩擦，往往會出現瑕疵。

2 施工中若沾到地面，以水擦拭即可

由於是有機、環保塗料，DIY 非常方便且不怕有害物質等問題，且大多以清水調和，相當簡便，即使沾到手或衣服、地面，都能輕鬆去污。

3 完工後放置一天乾燥

一般說來，塗完後最好等上一整天讓塗料完全乾燥。

種類	一般水性、油性漆	灰泥塗料	蛋白膠塗料
特質	石化產品所提煉，並混和溶劑、黏結劑等揮發性有機化學物質，容易造成顏料中的重金屬成分揮發	·黏土、石灰和石膏製成，70% 成分為土 ·具天然色澤	以牛奶奶酪製成，不含揮發性氣體
優點	·施工簡單，施工過程不須受限制於氣候條件 ·具有彈性，下塗層作業施工方便 ·表面均勻，外觀乾淨漂亮 ·顏色選擇廣	·可省掉油漆，減少資源消耗 ·可吸收過量濕氣，防止屋內受潮 ·防火效果良好 ·無臭無味，適合過敏體質	·透氣性佳，能讓牆面自行呼吸 ·遮蓋力強
缺點	·易產生各種不同的化學物質釋放 ·在潮濕氣候下易發霉 ·部分含有易燃物	易產生裂痕	不適合用於潮濕的空間

達人單品推薦

1 灰泥塗料

2 蛋白膠系列

1 白堊紀的灰泥塗料用途廣泛、附著性佳、可做出細緻到中等紋理的效果，可補平不平整底材的輕微差異，常用於舊建築整修；遇潮呈鹼性，故有防黴抗菌效果，特別適合用於潮濕的空間，如浴室、地下室等地。
（NT. 700 ～ 800 元／坪，均不含工錢，圖片提供 _ 自然材）

2 可適用於牆面與天花，其中所用的黏結劑是來自於純天然植物性蛋白，因為含有大理石粉的成分，所以呈現自然柔和的白色調，完全不含鈦白或漂白劑。
（NT. 500 ～ 800 元／坪，均不含工錢，圖片提供 _ 自然材）

※ 以上為參考價格，實際價格會因市場而有所變動

這樣保養才用得久

1 顏色不褪好清理
這類塗料幾乎都是半永久性，可以維持長時間顏色不褪。平時以清水擦拭即可。

2 小刮痕輕鬆修補
用較細的砂紙（200 號）輕輕摩去髒污或細微刮痕

3 剩餘塗料用很久
只要把剩下的塗料密封起來，勿使沾到濕氣或水，通常可以保存很久。

搭配加分秘技

利用光線展現石灰光澤
灰泥因為具有反射光線的作用，細微的結晶結構造成了獨特的石灰光澤效果，呈現出自然而高雅的風格。

圖片提供 _ 自然材

特殊裝飾塗料
以假擬真效果佳

30 秒認識建材

適用空間	所有空間適用
適用風格	各種風格適用
計價方式	以坪計價（連工帶料）、以罐計價（不含施工）
價 格 帶	NT.3,000～5,000元／坪（連工帶料）
塗刷面積	約 7.5 坪／5 公升
產地來源	德國、日本
優　　點	質感獨特，耐清洗，防水
缺　　點	價格偏高，DIY 難度高，最好由專業人員施工

Q 選這個真的沒問題嗎

1 立體的紋飾圖案看起來施工複雜，可以在家裡自己 DIY 做出來嗎？ 解答見 P.174

2 家裡沒有預算裝設大理石，改用仿石材的塗料是不是會比較省錢？ 解答見 P.173

3 這種裝飾塗料的材質成分為何？時間一久會不會褪色？ 解答見 P.173

特殊裝飾的塗料扭轉了人們對塗料顏色的印象，不僅有在色彩上多了仿木紋、仿石材的色調外，還出現了立體的紋飾塗料。讓居家空間更添趣味。

特殊裝飾的塗料屬於可厚塗的塗料，成分各有不同，通常可透過不同塗刷工具，呈現立體的砂紋、仿石紋、清水模等效果，或甚至做出仿木紋、布紋或紙紋的仿飾漆效果。

仿石材效果的特殊塗料產品，多為天然石粉、石英砂，經高溫窯燒（600℃至1800℃）而成之有色的磁器骨材，以專業的噴漆施工後會呈現仿花崗石、大理石的漆面效果，色澤自然柔和，不會色變或褪色。不僅可用於戶外壁面，也有很多人用於室內，營造特殊情境。

而塗料成分可分成水性或油性合成樹脂類、環氧樹脂類，有的還通過綠健材健康標章。非常耐候耐污又防水，使用在室外至少可以維持 10 年以上。若用於室內，少了日曬雨淋往往比戶外更持久。

另外，也有成分為無機的礦物特殊塗料，可以深入礦物底層，與石質建築物表面合為一體，塗刷之後可以做出類似石雕效果，非常經久耐用，而且無法燃燒，即使高溫也不會產生有毒氣體，同時具有「高透氣」、「高透濕」特性，能克服台灣高溫潮濕所引起的壁面油漆起泡、剝落，以及白華、長霉等問題。

圖片提供 _ 鼎磊塗裝

種類有哪些

1 天然素材紋路
有崗石、砂壁等仿天然石材的紋路圖案，還有越來越夯的仿清水模系列，創造自然質樸的清新感。

2 立體紋飾
可利用工具進行塗刷呈現特殊刷紋、讓牆面更富變化性。

這樣挑就對了

1 親看實景
因為此類塗料無法就漆本身判定好壞，最好找有信譽廠商，親自觀察他們做出來的實景，比較有保障。

2 選擇有信譽的廠商
良好的廠商會提供完善的售後服務，若漆面有小瑕疵可以立即修補。

這樣施工才沒問題

1 準備適當工具，可自行 DIY 塗漆
只要能運用適當的塗刷工具，例如鏝刀、抹刀以及特殊的爬梳工具，立體紋飾漆往往可以創造出非常獨特的藝術效果，有些廠商提供教學體驗，可學習塗抹技巧。而需要使用高壓噴塗工具的石頭漆，則不建議自行 DIY。

2 施作面積較大或戶外牆面的工程，建議交由專業工匠來進行
若想在室外塗刷天然素材紋路圖案，由於塗刷工程較複雜，DIY 難度高，建議選擇專業的施工團隊。若在想塗在室內，過程簡單 DIY 較容易，可在已上漆的牆面上施作，但若有壁癌問題須先處理。

監工驗收就要這樣做

1 施工前壁面需平整
須注意壁面平整度、乾燥度。

2 施工中濃稠度適中
需注意着料之濃厚度與材料垂流現象，還要留意成品顏色。

3 施工後注意細緻度
需注意成品表面細緻度，須有各層施工照片及與原先提送樣品做比對。

達人單品推薦

1 ITLIA DUE
多彩紋理漆

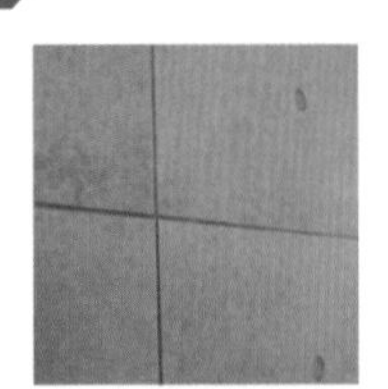
2 仿清水模系列

3 砂岩系列

4 凱恩
天然無毒塗料

5 ITLIA WOW
雪花質感裝飾塗料

1 塗料內添加珍珠微粒，無須使用特殊的刷具，只要在牆面刷上就能創造細微珠光的細緻色澤，為空間增添高貴雅致的氛圍。
（NT.1,780 元／一立裝，圖片提供 _ 永記造漆）

2 素顏的清水模風貌具原始明淨的質感，這款塗料是水性綠建材，不但不會散發有毒氣體，且防水耐清洗，原色色彩歷久不衰。
（約 NT. 5,000 元／坪、連工帶料，圖片提供 _ 鼎磊塗裝）

3 能展現出自然岩壁般的多面立體層次及色彩，質料輕又不易剝落。可以曲繞施工，使建築外觀呈現整體感。
（約 NT. 3,000 元／坪、連工帶料，圖片提供 _ 鼎磊塗裝）

4 特有的結晶性質，具有高度的透氣性。遮蓋性佳，修補或更新時可以直接塗刷，省時又省工。
（NT. 4,000 元／ 5 公升，圖片提供 _ 交泰興）

5 輕輕刷上就能展現如雲彩般的紋路，多層次的色彩讓牆面更豐富，呈現獨特迷人的視覺效果。
（NT.1,100 元／一立裝，圖片提供 _ 永記造漆）

※ 以上為參考價格，實際價格會因市場而有所變動

搭配加分秘技

這樣保養才用得久

若成分為礦物，則好清理保養
若為礦物成分、灰泥成分者，耐候性佳，不易因日曬雨淋而龜裂，因此比較沒有清潔維護上的問題。尤其有些廠商推出的礦物塗料，修補時只需直接塗刷而不需將舊漆刮除，維護更為便利。

圖片提供 _ 六相設計

以素材原始樣貌強調空間個性
藉由木材的自然紋路讓牆面表情變得豐富，而以清水模塗料處理過的牆面，呈現質樸的水泥質感，恰好呼應空間不造作、自然調性。

創造仿清水模的日式風格
自日本流傳到台灣的清水模帶給人沉穩的感覺，受到越來越多人的歡迎。牆面利用特殊裝飾塗料加工，不用花大錢就能擁有仿清水模的效果，既省時又省錢。

圖片提供 _ 鼎磊塗裝

特殊用途塗料 塗鴉記事超實用

30 秒認識建材

適用空間	客廳、餐廳
適用風格	各種風格適用
計價方式	以罐計價
價格帶	NT.200 ～ 3,500 元
塗刷面積	約 2 ～ 3 坪／公升
產地來源	台灣、丹麥等
優點	可在牆上書寫記事，實用性十足
缺點	早期多為油性塗料，含甲苯材質，對人體有害

Q 選這個真的沒問題嗎

1 **黑板漆的種類有哪些？要這麼選才對呢？** 解答見 P.177

2 **黑板漆只有綠色的看起來好單調，有沒有其他選擇呢？** 解答見 P.176

3 **可以自己塗刷黑板漆嗎？要怎麼施工才不會出錯呢？** 解答見 P.177

油漆除了可為空間上色，創造多彩繽紛的居家氛圍外，目前也發展不少具有特殊用途的塗料，像是可記事書寫的黑板漆和白板漆，或是可吸附磁鐵的磁性漆，可讓牆面不只可作為裝飾，也能具有多重使用功能。

早期常見的黑板漆、白板漆多為油性，成分包含特殊樹脂、耐磨性顏料、調薄劑等，由於油性塗料中含有甲苯，對人體有害，再加上環保意識抬頭，現今已有業者引進以水性為主的黑板漆和白板，成分具水性漆特性外，也擁有耐磨擦寫特性，重要的是還符合健康環保概念。

而磁性漆目前也使用水性低氣味樹脂配方，不添加有機溶劑沒有刺鼻味，高科技磁感性原料經過特殊處理不會生鏽，可讓牆面保持歷久不衰的磁性，就算是長期重複吸附效果依然不減退。而白板漆為半透明乳白色，乾燥後成為透明的表面，因此不會遮蔽的牆面的原有色彩。

黑板漆除了常見的黑色、墨綠色之外，現今已突破色系上的限制，也可依所選顏色進行調色。運用在居家空間中，多半是使用在牆面或木材表面上，例如櫃面、門片等，但使用的底材也有所限制，像是金屬與玻璃較無法完全吃色，建議盡量少使用於這兩種材質上。

圖片提供＿明樓室內裝修設計有限公司

種類有哪些

依照種類，可分成黑板漆、白板漆和磁性漆

1 黑板漆

早期多為油性黑板漆，添加了對人體有害的甲苯，而目前則改良為水性的環保塗料，穩定性和耐久度高，改善了油性漆的缺點。

2 白板漆

為水性材質的半透明塗料，可施作於各色的牆面。

3 磁性漆

多為無添加有機溶劑的水性塗料，搭配特殊磁感性原料，藉此創造可吸附的磁性。

這樣挑就對了

1 觀察外觀是否有明顯破損

拿到漆料時，要注意罐身是否有無破損或裂開。

2 注意成分標示

盡量選擇水性的漆料，無甲苯的成分，在使用上較為安全。

這樣施工才沒問題

1 可利用滾輪或噴塗方式施工

黑板漆的粉刷方式，一般而言，像是 DIY 族群或請油漆師傅施作，多使用滾輪或刷子來進行刷塗；另外一種則是較為專業的施作方式，稱之為噴塗施工，常見於粉刷學校黑板。

2 塗刷前牆面需整平或保持乾淨

塗刷時，記得在被塗面上的灰塵與粉筆灰等，必須先清除乾淨，否則會造成表面微微凹凸不平的情況。建議以滾輪塗刷較為理想，可讓塗料均勻分布之外，平整性也較佳。

3 建議塗刷兩道以上

不論是黑板漆、白板漆或是磁性漆，建議都要塗刷兩道以上才具有效力。磁性漆的磁性屬於加乘效果，漆膜厚度直接影響成效，因此施工越多道，磁鐵吸附性越佳。

4 塗刷時需給予乾燥時間

塗刷完磁性漆和黑板漆，需乾燥 4 小時以上，再進行第二道塗刷，且若氣候潮濕，等待的時間需要更久。而白板漆只需等待 2 小時，即可進行第二道。

5 黑板漆、磁性漆、白板漆的施作順序

若要有磁性和黑板的效果，先刷磁性漆，再上黑板漆。要注意的是，磁性漆完成後的表面會有些許不平，建議先以補土薄薄一層使其平整後，再塗刷黑板漆。若是要有磁性和白板的效果，則順序為磁性漆、乳膠漆、白板漆。

6 給予半天至一天的乾燥期

施塗後，被塗面必須等 12 ～ 24 小時乾透後才能使用。建議乾透後再讓它靜置 2 ～ 7 天後再使用，可讓整體效果、質感更加穩定。

監工驗收就要這樣做

1 表面需均勻平整

觀察漆料是否有均勻上色以及平整。

2 以磁鐵測試是否有磁性

在磁性漆乾燥後，可先用磁鐵測試吸附力，確認是否有達到需求。

這樣保養才用得久

1 避免尖銳物刮擦

黑板漆的特性與一般油漆相同，使用時盡量避免以尖銳物去刮它，清潔保養時用濕布擦拭，即可將字跡、圖畫給清除乾淨。

2 使用低粉塵的粉筆

在塗寫時，建議可使用低粉塵的粉筆，較不易有粉塵產生，在擦拭時也更好清理。

達人單品推薦

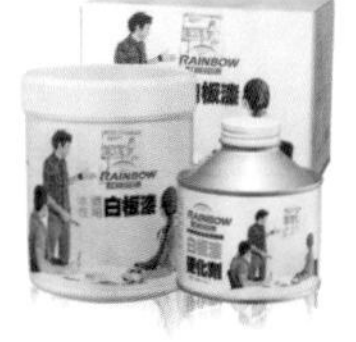

1 水性白板漆

2 水性磁性漆

3 Flügger Dekso5 水性多彩黑板漆－純白色

1 無有機溶劑的水性塗料，有效維持居家健康，塗刷在各式牆面上皆可搖身一變成白板牆面。
（NT.1,325 元／一立裝，圖片提供 _ 永記造漆）

2 搭配高科技的磁感性原料精製而成，不會生鏽以及磁性永久留存的特性，空間更具多重使用和便利。
（NT.1,199 元／一立裝，圖片提供 _ 永記造漆）

3 可依需求調色，是 FlüggerDekso5 水性多彩黑板漆的時色之一。
（3 公升，NT.3,000 元，產品提供 __Flügger，攝影 __ 葉勇宏）

※以上為參考價格，實際價格會因市場而有所變動

Chapter 09

在牆面展現風格和品味

壁紙

一般俗稱的「壁紙」的壁面裝飾材，是由面與底兩部分組成，若由面來區分，大致可分為壁布、壁紙兩大類，底部則有紙底材或不織布底材等。然而現代科技推陳出新，無論是表面材質的裝飾藝術愈益精湛，在健康、環保、安全、耐用性等實用價值上，亦不斷技術突破，滿足時代追求的視覺風格，與體貼人性化的產品性能設計為訴求。 現在的壁紙質料不一定是紙，可取材自大自然，如樹枝、草編、麻繩、木皮等，也可以是皮革、布料，或混搭石材壁磚，不同的材質花色互相搭配，可以讓空間更有質感更有變化。

受限於壁紙的大面積及制式，國外的居家設計流行起所謂的「壁貼」，簡單地說它其實是一張大型貼紙，高度大約100～200公分，只不過利用特殊膠水，做成能貼在牆面上但又不破壞牆面的藝術貼紙，來妝點局部牆面。

在居家的壁紙採購上，除了可以依照家中的使用特性，挑選較為容易清潔擦拭、耐刮磨、防水、阻燃、吸音等效果外，還能依照喜歡的空間氣氛，依照需求尺寸搭配出簡單素雅，或華麗高貴等空間情境。

種類	壁紙	壁布	壁貼
特色	可分為面材和底材，面材大多以印刷圖案為主。底材材質則分成PVC、純紙和不織布等。	面材以棉、麻等織品為主，底材材質則和壁紙相同。	材質為不透明的塑料，防水耐髒，本身就有黏性，無需另外上膠。
優點	樣式選擇多，可隨時更換，改變居家風格	具有織品布紋的質感	可發揮創意，自行隨意組合
缺點	不適用於浴室等潮濕地方	價格稍貴	複雜且細緻的高級壁貼須由專人施作
價格	NT.7,000～11,700／碼（進口壁紙）	NT.5,000～12,500元／碼（進口A級壁布）	NT.1,000元～15,000元／組

設計師推薦私房素材

摩登雅舍室內設計・王思文推薦

圖片提供＿摩登雅舍

1 壁布・質感佳且好清理：根據經驗來看，雖然價格上壁布比壁紙稍貴，但同色系的壁紙和壁布相比，壁布的質感更佳，且近幾年壁布的防潮和防污處理越來越好，平時用小毛刷清潔髒污處即可，相較於壁紙更好清理。

圖片提供＿雅緻室內設計配置

摩登雅舍室內設計・王思文推薦

2 壁貼・快速營造風格：一般如果要加強空間的風格氛圍，利用壁貼是最快的，而且壁貼的使用範圍廣泛，除了牆面，屏風、玻璃等材質都可使用壁貼營造特殊風格。價格也很平價大眾，不過建議由專人黏貼較佳，品質較有保障。

圖片提供＿摩登雅舍

壁紙
快速打造美麗牆面

30秒認識建材

適用空間	客廳、餐廳、書房、臥房、兒童房
適用風格	各種風格適用
計價方式	以捲計價或以碼計價
價格帶	NT.7,000～11,700元／碼（進口壁紙）
產地來源	歐洲、美國、日本、中國
優　點	樣式選擇多，可隨時更換，改變居家風格
缺　點	不適用於浴室等潮濕地方

Q 選這個真的沒問題嗎

1 **純紙壁紙和PVC壁紙有什麼不同嗎？哪種比較好貼又好撕？** 解答見P.181

2 **通常一捲壁紙可貼多大的面積？家裡總共3坪左右的牆壁要貼，買幾捲才夠呢？** 解答見P.180

3 **貼壁紙時，通常要注意什麼才能貼得漂亮？** 解答見P.181

壁紙的結構可分成表面與底材，底材又可3大類：PVC塑膠、純紙漿與不織布。自從1980年代塑膠工業興盛之後，PVC壁紙幾乎佔據80%的市場。不過，現今全球建材界正在刮起一股環保風，可回收、再生的純紙漿與不織布的品項明顯增多，消費者的選擇也跟著變豐富了。還有，自然纖維的話題仍持續發燒，廠商們甚至利用古老的技術，重新賦予時尚的面貌。

通常一捲或一支壁紙大約長10公尺、寬53公分，但由於對花的問題，尤其是間距較大的圖案（也就是大花），由於接縫處必須考慮到左右兩邊的圖案能否銜接，往往得裁切掉不少壁紙。至於小碎花的壁紙，就比較沒有這方面的問題，因此一捲或一支壁紙，通常可全部利用貼到將近1坪半左右。

圖片提供＿雅緻室內設計配置

種類有哪些

壁紙的底材材質可分為PVC塑膠、純紙和不織布。

1 PVC塑膠

PVC底材過去非常普遍，主要因為施作方便，耐久性強。但在環保意識高漲的現代，含有毒物質的PVC未來將逐漸被淘汰，在材質上也有新的變革，出現所謂環保塑料的產品，對環保較有幫助。

2 純紙

純紙是傳統壁紙的主要底材，對於貼附於特殊造型例如弧形等設計，使用紙質底材的服貼度較好，然而紙漿價格愈來愈昂貴且稀有，是目前最大的隱憂。施作時可直接在底材上漿再貼附於牆上。

3 不織布

用來取代純紙底材的不織布，孔隙較大，因此吸收漿糊的速度也較快。目前國內進口壁紙大都採用歐洲進口，因為歐盟規定，壁紙已不用油性油墨印刷，而採用水性油墨，孔隙較大的不織布底材，施作時改將漿糊上在牆上，再貼附，避免吸水滲透到面材上。在新舊壁布更換時，不織布背材的壁布可整片撕下，比純紙背材更換速度快且方便。

這樣挑就對了

1 大花圖案的壁紙，以素色飾材搭配調和

客廳裡只要一面主牆採用大型圖騰即可，其他牆面貼上小碎花、素面或條紋的壁紙，可突顯視覺焦點。

2 花色強烈的壁紙，建議搭配同色系的傢飾

若牆面貼了花色強烈的壁紙，建議該空間陳列的傢具、傢飾或藝術品，最好為同色系的素色品。還有，壁紙的花紋如果很顯眼，窗簾布就建議挑選素一點的花色。

這樣施工才沒問題

1 貼上前先處理好牆面漏水、壁癌等問題

所有的壁紙在貼上牆面之前，一定要先處理好牆壁的漏水，甚至是壁癌等問題，才不會因滲水導致壁紙損壞。

▲ 善用壁紙能營造溫暖鄉村風格，歐式鄉村多為花草藤蔓等植物圖案，英式風格則使用格紋或條紋圖案。

2 施工順序應排在最後

壁紙的施作通常是各項工種的最後一道手續，必須各工種都退場了才能施作，否則很可能因為木作碎屑，破壞壁紙的平整度，出現突起的瑕疵。

3 牆面需平整

貼純紙的壁紙，最重視壁面的平整度。由於牆面的縫隙、孔洞有很多是肉眼所無法辨識，所以要事先處理牆面的凹洞、裂縫，才能延長壁紙的壽命。若是自行DIY，刷上一層油漆（一般油漆即可）就能讓壁面更光滑；通常，貼壁紙的專業師傅也會幫你重新批過一次土。讓牆面更平整，成功機率會更高。

4 計算好壁紙數量

對外行人來說，難度較高的環節應該算是事前估算所需的壁紙數量了！計算時，必須考慮到接縫處是否要重疊、圖案的對花等問題。

監工驗收就要這樣做

1 目測壁紙是否平整、對花是否正確

從正面和側面觀察壁紙是否平整，有對花需求的壁紙，須切實對花。純紙壁紙會因上漿前後及厚薄，影響吸收水分的速度，造成不同程度的漲縮而影響對花的準確性，經驗不足的師傅，甚至可能因接縫處理不當而讓底牆露出。

2 檢查壁紙接縫是否出現毛邊

壁紙的接縫應位於不易察覺的地方，在施作時應處理得當。若光源從側面進入，會讓接縫變明顯，因此在貼壁紙前作好放樣，將燈光安裝好。此外，若接縫出現毛邊，很可能是施工時裁切不當，也須特別注意。

達人單品推薦

1 Lustre Tile（彩釉磚）

2 Ivy Leaf（常春藤葉）

3 Kantu

4 苔絲碧（TESPI）

5 Spark（火花）

1 製在金屬箔層且帶有數層半透明墨印上，表面呈現細微裂紋。經由不同的角度，會呈現不同的顏色，相當特殊，華麗中帶著脫俗氣質。
（尺寸店洽、NT.3,500～6,650元，圖片提供__雅緻室內設計配置）

2 靈感源自 18 世紀的灰塑。將濕潤的石膏漿塗抹在葉片上，創造出完美壓痕。經過鍍金、描繪，便產生了無可取代的設計。此款可呈現立體感，讓牆面更有層次。
（尺寸店洽、NT.3,500～6,650元，圖片提供__雅緻室內設計配置）

3 有著小銀杏葉圖騰，圖騰部分是類似金屬色上色，帶點淡淡的珍珠粉亮點，個性又有魅力。
（尺寸店洽、NT.2,500～3,250元，圖片提供__雅緻室內設計配置）

4 設計靈感來自米蘭古老的面料品牌Fortuny經常使用的橢圓形錦緞圖案，採用圓網印刷方法，油墨呈突起效果，華麗的天鵝絨表面呈現出金屬色澤。
（尺寸、價格電洽，圖片提供_雅緻室內設計配置）

5 源自20世紀90 年代早期檔案史料的Essex & Co.的設計，以金屬墨蹟、釉面裂紋、箔底等元素，呈現簡約的幾何設計。
（NT.3,500元起，圖片提供_雅緻室內設計配置）

※以上為參考價格，實際價格將依市場而有所變動

這樣保養才用得久

1 建議三天內不要開冷氣

一般而言，3天內就可看出貼的平整與否。由於冷氣較乾燥，容易導致壁紙背後的黏膠「乾裂」。所以，貼上純紙壁紙後最好3天內別開冷氣！讓剛刮好的批土與剛貼上去的壁紙在自然狀態下風乾，這樣就可讓壁紙的壽命更長久。

2 建議不可用力刮擦表面

壁紙表面黏貼的金屬沙或琉璃珠，牢固度其實很高，並不容易掉落。但這種壁紙會略帶厚度，施工時特別要注意千萬可別折到，否則易產生折痕。至於施工與後續的保養，與一般壁紙相同。平常也不用刻意去摳壁紙或用力地擦刮。

搭配加分秘技

運用兩種圖案界定使用空間

壁面分別使用條紋和點點的壁紙，空間變得更活潑，同時也界定出不同的空間領域。

圖片提供__IKEA

圖片提供_森林散步工作室

豐富牆面與生活感

過道以實木條作為儲藏空間，並貼上樹林壁紙注入清新，充滿自然的圖案增添了空間暖度。

壁紙加手繪圖案立體化

客廳主牆的花朵壁紙帶有水墨風格，卻不夠鮮豔，另以手繪畫上彩色花朵，讓圖案顯得更立體，卻又不衝突。

圖片提供_摩登雅舍

壁布
讓牆面有布料質感

30秒認識建材

| 適用空間 | 客廳、餐廳、書房、臥房、兒童房
| 適用風格 | 各種風格適用
| 計價方式 | 以捲計價或以碼計價
| 價 格 帶 | NT.5,000～12,500元／碼（進口A級壁布）
| 產地來源 | 歐洲、美國、日本、中國
| 優　　點 | 具有織品布紋的質感
| 缺　　點 | 價格稍貴

Q 選這個真的沒問題嗎

1 壁布和壁紙有什麼不一樣？想知道這兩種的差別為何？ 解答見P.184

2 壁布和壁紙的貼法都一樣嗎？有沒有特別需要注意的地方呢？ 解答見P.185

3 壁布的價錢比壁紙高，那質感看起來有差別嗎？ 解答見P.184

過去壁紙與壁布是壁壘分明的二分法，壁紙以紙漿製品為主，壁布的面材則為織品，但兩者都有背材可用漿糊與白膠黏貼於牆上，背材則分為PVC、純紙，以及用來取代紙質背材的不織布。

柔軟的布匹很難固定於牆上，壁布的產生，主要是為了方便將棉、麻、絲等織品的質感與觸感用於牆面裝飾，與壁紙最大的不同，就在於棉、麻、絲，甚至人造絲等織品所造成的視覺效果，可完整呈現布料的溫潤感。因為印刷限制，幅寬53公分以下的就是壁紙，大於53公分的就是壁布。

因為日新月異的技術與設計，許多過去不可能出現的材質例如羽毛、貝殼、樹皮等也被用於牆面裝飾，並且使用了和壁紙、壁布工法相近的施作手法，讓特殊壁材成為非常另類的時尚壁材。

圖片提供＿安得利采軒

種類有哪些

壁布和壁紙的底材材質相同，使用PVC、純紙和不織布。通常在面材的呈現上，以棉、麻、絲天然材質為多，有些甚至使用樹皮和植物毛氈等製作。

這樣挑就對了

1 依不同空間尺度選擇花色

大空間選用大型圖騰或花色，小空間適合較小的圖案；高度不足的空間，可用垂直線性圖案讓空間在視覺上向上延伸；寬度不足的空間，則可利用橫向延伸的圖案讓空間放大。

2 請設計師與廠商提供專業建議

挑選花色，與個人喜好有關，但一般人從壁布的樣張往往無法體會實際施作後的全貌。如果已找設計師規劃空間，可將花色的挑選委由設計師搭配，若要自行選擇，可找經驗豐富信譽良好的壁布廠商給予專業建議。

3 有特殊需求可詢問專業廠商

消費者對壁布材質了解不多，大部分以花色挑選為主。壁布的施作，通常也委由專業工匠處理，鮮少以DIY形式施作。挑選壁布時，可請廠商解說不同材質（包括面材與底材）在效果與施作、使用上的差異。

這樣施工才沒問題

牆面需乾淨平整

壁布通常比壁紙來得薄、軟，貼合時須注意壁面是否乾淨、平整，並需視貼合面的材質來調整底部處理方式。若要自行DIY，建議在施工之前先與壁布專業廠商請教。

監工驗收就要這樣做

目測壁布對花是否正確

有對花需求的壁布，必須切實對花。但部分圖案太過細碎的壁布，無法精準對花，如果無法接受這樣的狀況，挑選壁布時須特別注意。

這樣保養才用得久

注意空氣流通

若選用木片、竹片、絲等天然材質的壁布，雖然表面以施作防護措施，還是應多加注意室內空氣流通，延長使用期限。

達人單品推薦

1 Alina brown

2 Magnetism

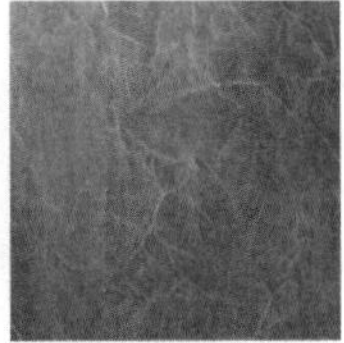

3 Denim

1 花朵一向是最受歡迎的圖案，精緻的布線完美展現花之美。
（90×90cm、NT.3,040元，圖片提供＿安得利采軒）

2 添加了金屬粉與乳膠製作的壁布，可用強力磁鐵吸附紙張與照片，既不會破壞牆面，又能達到隨手佈置空間的實用機能，非常適合用於玄關、兒童房與廚房。
（幅寬132cm、NT.8,600元／碼，圖片提供＿安得利采軒）

3 棉質牛仔布料，以石洗處理，讓壁布增添仿舊的時尚感，帶出年輕的活力。
（幅寬137cm、NT.6,900元／碼，圖片提供＿安得利采軒）

※以上為參考價格，實際價格將依市場而有所變動

搭配加分秘技

相同系列，不同圖案的創意拼貼
同一系列的壁布，往往會推出素色及不同圖案、花色的壁布，透過有計畫的創意拼貼，能夠創造出與眾不同的視覺效果。

圖片提供＿成億

不只貼在牆上，還能修飾結構樑
把單色、花卉、條紋等不同的紋理，用於不同的牆面上，甚至連結構樑都貼上壁布，達到空間修飾與美化的效果。

圖片提供＿成億

壁貼
局部妝點活潑牆面

30秒認識建材

適用空間	客廳、餐廳、書房、臥房、兒童房
適用風格	各種風格適用
計價方式	以組計價
價格帶	NT.1,000元～15,000元／組
產地來源	歐洲、韓國、中國
優點	可發揮創意，自行隨意組合
缺點	複雜且細緻的高級壁貼須由專人施作

Q 選這個真的沒問題嗎

1 在家自行貼壁貼時有什麼需要注意的地方嗎？ 解答見P.188

2 更換壁貼時，牆上的漆也會一起掉落，要怎麼做才不會破壞壁面呢？ 解答見P.187

壁貼的緣起，是英國設計師把廢棄不用的壁紙材切成小塊圖案而發展出來的，之後的材質主要以高級不透明的塑料材質為主，防水耐髒，本身就有黏性，無需另外上膠。

很多人對壁貼的使用有誤解，認為可反覆貼在不同地方，實際上壁貼的膠在剛貼上時，若貼錯位置，且貼在平滑的玻璃、磁磚上，的確可撕下換貼在別處，但當膠定著後，若從牆上撕下，就會把日久且已粉化的漆一併撕下來。壁貼貼好後通常必須把表面透明層撕掉，重複貼就無法確保其平整度。

若想更換壁貼，可用吹風機把壁貼吹熱，背膠吹融就不容易留下殘膠，年代久遠的殘膠，則可選購專用的去膠產品去除。

自從法國Domestic開始生產壁貼後，可動手DIY布置的造型壁貼，立刻引起注意。對於想要時常更換住家布置以及喜歡創造獨一無二空間的年輕族群，價格實惠、施工容易的壁貼已成熱銷商品，甚至大賣場、路邊攤都可買到壁貼。然而細緻而繁複的高級壁貼，建議還是由專業師傅施作，否則效果會大打折扣，甚至失敗。

圖片提供__ligne roset

種類有哪些

依照表現手法來看，從平面印刷到現在可塗色的石膏壁貼、以羊毛氈做成的立體壁飾，壁飾的發展越來越多元，都讓空間更增添變化。

1 石膏壁貼

石膏壁貼是劃時代的創新產品，完全素白的石膏表面，帶有伯利恆星等大小造型，圖案間距最大的為17.5公分，可任你自由塗出屬於自己的花色。

2 羊毛氈壁飾

可自由組合的羊毛氈Clouds壁飾，凹凸的摺疊帶有光影變化，可掛在牆壁也可充當隔間牆。

這樣挑就對了

依照喜好挑選

壁貼的用途是最廣泛的！凡是光滑的表面，都可以貼上壁貼。像是廚房牆面上的磁磚、客廳落地窗的玻璃、浴室的浴缸、小孩房雙層床鋪的床版，甚至汽車的擋風玻璃、機車的車身全都可以讓你自由地應用。

這樣施工才沒問題

1 貼合面要乾淨

貼上壁貼時，必須要讓貼合面乾淨、平整，建議用濕布擦乾淨要貼合的地方，待乾燥後，再將壁貼貼上去。若不小心貼歪了，大部分的壁貼底膠可容許重複撕除、貼覆，毋須擔憂。

2 石膏壁貼的施作方法

這種壁貼的底材為環保紙張，基本上，施工方式與一般的純紙壁貼相同。然而，由於表面的石膏層還帶有立體凹凸，較有厚度，除了黏膠比例要調整正確，讓壁貼貼合度夠穩固，施工時也要注意別折到、刮到。若有髒污，拿乾淨的濕布擦拭，否則，容易吸收液體與顏色的石膏表面，可是會照實地留下污漬喔！多半的圖案需要對花，拼接時最好注意對花的問題。至於DIY塗色，只要是石膏能吸收的塗料都可以使用，就連一般的水彩顏料也OK！

圖片提供__安得利采軒

▲ 表面為石膏的的壁貼，可自由上色。

監工驗收就要這樣做

注意表面是否平整

若有浮起或凹凸的感覺，會影響整體美觀，可再撕下來重貼。

這樣保養才用得久

1 石膏壁貼的維護

由於石膏已經塗上各種顏料，不建議再用濕布擦拭；若要維持壁紙的清潔與潔白質地，建議用吸塵器清除凹縫中的灰塵即可。

2 以清水擦拭即可

壁貼和一般壁紙的清潔方式相同，若有髒污，以擰乾的溼布擦拭，即可去除髒污。

達人單品推薦

1 Harlequin
方塊壁貼

2 HOME
COLLECTIONS
RS5413907391839

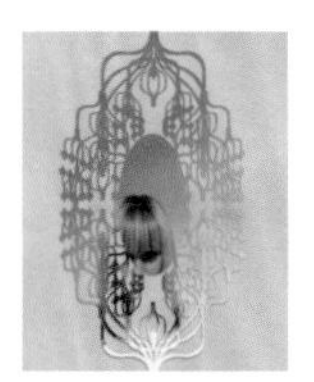
3 Domestic-
NARCISSE自戀-
鏡面系列

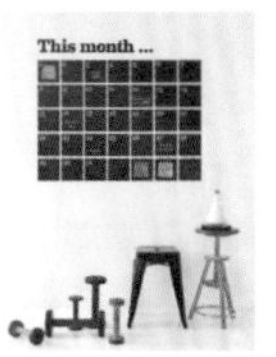

4 Calendar
月曆

5 Creative
Stickets for kids

1 輕易撕黏的方塊壁貼，可依喜好排列組合位置，創造個人專屬的牆面表情，方便輕鬆變化的特色，則能隨時維持空間的新鮮感。
（NT. 2,480元，圖片提供_Design Butik集品文創）

2 相框式的壁貼可隨意填入喜愛的照片，看起來就像是真的相框一樣，成為充滿趣味的牆面。
（尺寸、價格店洽，圖片提供__成億）

3 將鏡子從傳統的框架中釋放，用高透明度的壓克力雷射切割重塑成嶄新的鏡面，藉由交錯的倒影激發出各種想像的可能。
（100×50cm、價格店洽，圖片提供__成億）

4 月曆造型的壁貼，不僅具有裝飾作用，也能作為記事，實用和功能兼具。
（價格電洽，圖片提供_Design Butik集品文創）

5 各種大小和色彩繽紛的蝴蝶圖案，能創造出浪漫紛飛的春天氛圍。
（尺寸、價格店洽，圖片提供__阪多）

搭配加分秘技

連續性的壁貼，串連出充滿童趣的畫面
在小孩房的牆面貼上一系列的造型壁貼，串出小狗相互追逐的畫面，令人忍不住會心一笑，空間充滿了童稚的趣味。

圖片提供__摩登雅舍

Chapter 10

透光具放大效果的必備建材

玻璃

具有透光、清亮特性的玻璃建材，有綿延視線、引光入室、降低壓迫感等效果，可以說是「放大」和「區隔」空間必備的素材之一；結合玻璃的透光性和藝術性設計，更讓它成為室內裝飾、輕隔間愛用的重要建材。

玻璃分為全透視性和半透視性兩種，能夠有效地解除空間的沉重感，讓住家輕盈起來，最運用在空間設計的有：清玻璃、霧面玻璃、夾紗玻璃、噴砂玻璃、鏡面等，透過設計手法能有放大空間感、活絡空間表情等效果；此外還有結合立體紋路設計的雷射切割玻璃、彩色玻璃等。

烤漆玻璃除了用於壁面裝飾外，其耐油汙易擦洗的特性，成為廚房壁面、廚具面材的首選之一。

種類	玻璃	烤漆玻璃
特色	包含清玻璃、噴紗玻璃、雷射切割玻璃、彩色玻璃、鏡面等。清透的材質特性，是製作輕隔間常用的建材	烤漆玻璃同時具有清玻璃光滑與耐高溫的特性，適合用在廚房壁面與爐台壁面
優點	·透光效果高，具放大空間功能 ·無特殊設計者價格便宜	·增加空間質感 ·便於清潔
缺點	沾水易留下水垢，要時常清理	裝設空間過於潮濕可能會掉漆
價格	NT. 50～4000元／才	NT. 200～400元／才

設計師推薦私房素材

權釋國際設計・洪韡華

圖片提供＿權釋國際設計

1 玻璃・百搭萬用的元素：加入玻璃元素之原件，可以讓空間有拉長放大的效果，同時在許多地方，玻璃或鏡子都是很好搭配的素材，例如在造型屏風使用夾紗玻璃 可以遮擋視覺但又不會完全遮蔽光線。造型牆面貼菱形茶鏡，讓空間藉由鏡面反射有放大且華麗的效果。

提供__相即設計

圖片提供__森境&王俊宏室內設計

森境&王俊宏室內設計・王俊宏

2 玻璃・放大小空間的利器：玻璃的種類繁多，不同的玻璃會有不同的使用方法，應依照空間和設計來做搭配。像是具有穿透感的清玻璃，價格低廉，具有放大空間感的功效，適合小坪數的居家使用；茶色玻璃或灰色玻璃可根據整體空間的色調營造氛圍。而玻璃在清潔上也相當容易，以市售的清潔劑擦拭即可。

玻璃
放大空間隔間材

30秒認識建材

| 適用空間 | 客廳、餐廳、書房、臥房、兒童房
| 適用風格 | 各種風格適用
| 計價方式 | 以才計價
| 價 格 帶 | NT. 50～4,000元
| 產地來源 | 台灣
| 優　　點 | 樣式選擇多，可依照喜愛的風格挑選
| 缺　　點 | 沾水易有水漬，要時常清理

Q 選這個真的沒問題嗎

1 我想用強化玻璃做隔間，厚度要多少才安全無虞呢？ 解答見P.192

2 噴紗玻璃表面不光滑容易卡灰塵，有沒有簡單的清理方法？ 解答見P.194

住宅空間的採光是否足夠，是規劃設計時重要的課題，而玻璃建材絕佳的透光性，在做隔間規劃時，能更有彈性地處理格局，援引其他空間的採光，避免暗房產生，讓它成為空間設計中相當重要的一種建材。

若欲以玻璃取代牆面隔間，一般製作玻璃輕隔間需使用5公分厚的強化玻璃。具有隔熱及吸熱效果的深色玻璃為許多高級住宅所採用，在兩片玻璃間夾入一強韌的PVB中間膜製成的膠合玻璃，具有隔熱及防紫外線的功能，還可以依不同的需求配合建築物的外觀，選擇多樣的中間膜顏色搭配。

運用在裝飾設計上，玻璃還可利用雷射切割手法創造藝術效果，或是選用亮面鍍膜的鏡面效果放大視覺上的空間，而豐富多元的彩色玻璃，也是營造風格的利器。

圖片提供＿博森設計工程

種類有哪些

1 清玻璃

清玻璃是玻璃類建材最普及、經濟效益最高的基本產品，每才約NT.50～NT.150元。透視性百分之百的，讓人的視覺可以毫無受阻地穿透。大量被使用在室外與室內的門、窗、桌面、壁面等。但隔熱效果差，外層需再貼覆隔熱膜。若使用清玻璃製作輕隔間，建議使用強化玻璃，厚度最好超過5公分以上。

2 膠合玻璃

利用高溫高壓在兩片玻璃間夾入樹脂中間膜（PVB），並再加上紗、鐵紗、宣紙、布料等中間材，若夾入一片紗狀物質就稱為「夾紗玻璃」。

由於內部的膠膜具黏著力，玻璃破損後碎片能不飛散，因此安全性增加。而三明治式的膠合玻璃亦具隔音隔熱效果，常被運用在受光受風面。

相較其他玻璃製品，膠合玻璃的價位較高，標準品每才約NT.200元，若使用特殊膠模與中間材，價位還會更高。

3 噴砂玻璃

可分為兩種形式，一種是將整片清玻璃噴砂，呈現出霧面質感，也就是俗稱的霧面玻璃。另一種則是先在清玻璃上，以卡典西德自黏貼紙貼好圖案後再噴砂，呈現出花紋造型。

同時具備透光性又有視覺隱密效果，因此可作為空間屏障、創造霧面神祕的視覺感受，又能保持透光寬廣感。但噴砂玻璃的噴砂面容易殘留灰塵，用乾布擦拭亦可能留下毛屑。因此在挑選噴砂玻璃時，可以選擇防汙或無手印處理產品，降低清潔的難度與時間。好的噴砂玻璃每才價格約在NT.200元。

4 雷射切割玻璃

也就是雕刻玻璃，透過雷射將設計好的構圖切割出圖框，使玻璃能表現凹凸立體與畫面感，創造出藝術畫作般的效果，常用在玄關端景、隔間處理、壁面與門之物件裝飾等。

驗收雕刻玻璃成品時，需特別注意成品的完整性，雷射切割雕刻的部分是否平滑細緻，圖案是否有缺損。價位帶每才約為NT.150元～300元不等。

5 彩色玻璃

並非常見的平板玻璃型態，而是結合一些玻璃創作加工，改變玻璃型態，使得平板玻璃加工出各種凹凸有致、色彩各異的藝術效果，運用特殊的製作方法將玻璃上色。多運用在壁面、門片、櫃面、桌面，加工之後也能成為燈飾、門把等，運用範圍相當廣泛。一般常見厚度為8～10mm。

彩色玻璃隨各家廠商玻璃材料、技術工法、製作時間長度的不同，價格也有所不同，每一才約NT.1,000～4,000元不等，由於價差較大，建議施作前可多詢問比價。

▲門把以彩色玻璃製作，讓原本單調的門把更有趣味。

6 鏡面

將含有銀微粒或是鋁微粒的亮面鍍膜，使用在茶色玻璃上就成為「茶鏡」，用於黑色玻璃上就稱為「墨鏡」。鏡面玻璃有放大、增加視覺空間的效果，與單色烤漆玻璃不同，是鏡面玻璃有鏡子的倒影效果，因此可以創造視覺假象，感覺空間更大。隨著玻璃產品製作工藝的進步，鏡面玻璃有走向立體化的趨勢，以更複雜的切割工藝，將玻璃切割成類似立體鑽石般的成品。普通鏡面玻璃每才價格約在NT.150元～250元左右，特殊鏡面玻璃如鈦鏡、鑽石鏡面每才價格分別為NT.350元、NT.600元左右。

這樣挑就對了

1 當隔間或層板時注意載重度

做隔間或置物層板用的清玻璃，最好的厚度為10mm，承載力與隔音較果較佳。10mm以下適合做為櫃體門片裝飾用。

2 膠合玻璃選購耐用的PVB材質

膠合玻璃的PVB材質是選購重點，需詢問廠商膠材的耐用性，以防使用不久後膠性喪失。

這樣施工才沒問題

注意厚度

若局部牆面以玻璃做為裝飾，因玻璃與磁磚的厚度不同，在拼貼時必須留意是否平整，完工後整體才會美觀。有經驗的師傅在泥作打底時，會先判斷兩種材質的厚度再予以施作。

監工驗收就要這樣做

1 確實確認尺寸

玻璃的特性在於只能切小、無法變大（除非拼貼），因此玻璃建材運抵現場，首先一定要確認尺寸是否正確。尺寸若有差異，要立即要求廠商協助更換。

2 注意壁面維持水平

建議監工時拿把水平儀測量水平狀況，同時注意施工時壁面一定要夠平、夠硬，才能支撐玻璃並且確保安全性。

3 注意整體與邊角完整性

玻璃裝潢驗收第一要點是檢查有無破損，因此先從中距離看整體完整性，接下來近距離看四周邊角的完整，要做到沒有破損、黏貼牢固平整才行。

達人單品推薦

1 仿古雲霞系列

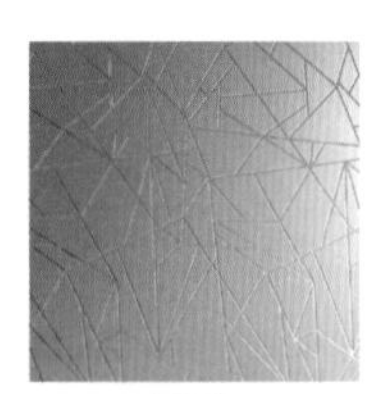

2 雲雕—三度空間系列

3 鑽石鏡面

4 鈦鏡

1 運用特殊的黏合技術表現膠合玻璃的多樣性，使表面展現有如霞光雲彩般不斷閃耀，令人讚嘆。
（30×30cm，NT.350元／才，圖片提供__安格士）

2 有雲雕透明板、雲雕鏡版可供選擇，提供客戶自行設計圖案的服務，質感更高雅容易清潔。
（30×30cm、NT. 200～300元／才，圖片提供__安格士）

3 以精準切割及研磨加工技術製造的鑽石鏡面玻璃，其鑽石邊的特色將可組合成極具立體效果，完全不同於傳統平面產品，並且施工容易。
（15×15cm．NT. 600元／才，圖片提供__安格士）

4 以鈦金屬鍍金方式在玻璃表面上加工，呈現奢華風格。
（180×240cm、NT. 350元／才，圖片提供__安格士）

※以上為參考價格，實際價格將依市場而有所變動

這樣保養才用得久

1 遇水即立即擦拭避免水漬殘留

廚房爐灶面板或浴室隔間若是考慮使用玻璃面板，要先有清潔保養上的認知，由於玻璃表面容易留下水漬，建議要保持乾爽、用完即擦，較容易保持表面的清透感。預算足夠或可選用單價較高的防潑材質。

2 避免尖銳物品刮擦

尖銳物、硬物容易在玻璃上劃出刻痕，應避免玻璃被尖銳物品刮傷破壞。

3 以濕布和中性清潔劑清理

平時以乾布、濕布或中性清潔液擦洗即可。若像噴砂玻璃、雷射雕刻玻璃、彩色玻璃等表面凹凸不平，較容易沾灰塵，平常要以軟毛刷輕刷除去灰塵。

搭配加分秘技

葉脈紋路玻璃扶手，為空間加入森林元素
想要展現整體空間的清透感，二樓以玻璃取代欄杆扶手，並以葉脈紋路呈現，保有半穿透性而且更有安全感；而半透的葉脈紋路隱喻生生不息的自然循環。

圖片提供__明代設計

圖片提供__演拓空間室內設計

天花裝上鏡面，放大空間感
一般天花都是加上層板即完成裝修，但如果加裝鏡面，不僅能放大空間感，還增添淡淡的華麗氣息。在餐廳的主牆面使用茶鏡材質，天花板層板也同樣使用茶鏡來包覆，利用鏡面反射特性，達到擴張視覺的效果。

以黑鏡隱藏收納，視覺不雜亂
玄關旁的鞋櫃或餐廳的收納櫃，以鏡子當作拉門，使整體空間一致，降低視覺的雜亂，維持一室的寬闊。

圖片提供__演拓空間室內設計

烤漆玻璃
耐髒耐油汙易擦洗

30秒認識建材

適用空間	客廳、餐廳、書房、臥房、兒童房
適用風格	各種風格適用
計價方式	以才計價
價格帶	NT.200～400元
產地來源	台灣
優點	可發揮創意，自行隨意組合
缺點	若漆料附著性較差，則遇潮易脫漆

Q 選這個真的沒問題嗎

1 **在廚房壁面上適合安裝烤漆玻璃嗎？會不會過熱導致玻璃爆裂？** 解答見P.196

2 **我想在廚房的烤漆玻璃上安裝掛勾，可以直接鑽洞嗎？還是要敲掉重做？** 解答見P.197

3 **我安裝的是白色烤漆玻璃，為什麼開燈後看會有點綠綠的，是不是拿到瑕疵品？** 解答見P.197

將普通清玻璃經強化處理後再烤漆定色的玻璃成品，就是烤漆玻璃，因此烤漆玻璃比一般玻璃強度高、不透光、色彩選擇多、表面光滑易清理的特性。在室內設計上，多使用於廚房壁面、浴室壁面或門櫃門片上，也可當作輕隔間與桌面的素材。

由於烤漆玻璃具有多種色彩，又經強化處理，同時具有清玻璃光滑與耐高溫的特性，所以很適合用在廚房壁面與爐台壁面，既能搭配收納廚櫃的顏色，創造夢幻廚房的色彩性，又能輕鬆清理油煙、油漬、水漬等髒汙。

要特別注意玻璃平坦光滑的特性，可以達成無接縫的拼貼效果，但在施工前必須計算且預留插座、水管或掛件等開孔位置，完成後若需新增掛件，只能用黏貼的方式，若要重拉管線或開孔就得敲掉重做。

攝影＿Yvonne

種類有哪些

1 單色烤漆玻璃

以單一顏色表現，是烤漆玻璃基本款，大面積利用可以創造整片通透的感覺。。

2 金蔥或銀蔥烤漆玻璃

除單一顏色之外還加上金或銀色的蔥粉，不同的蔥粉可以創造出不同的光澤感。

3 不規則或規則圖樣烤漆玻璃

在玻璃的背面先印刷出規則或不規則的圖案後再烤漆上色。比單色烤漆玻璃的設計感強、也更花俏，搭配時要能駕馭圖樣，才能讓圖樣烤漆玻璃具備吸睛而不顯雜亂的效果。

4 矽礦石烤漆玻璃（耐候玻璃）

漆料的附著性高，適用於潮濕環境，不會脫漆、落漆，耐用度更好。

這樣挑就對了

1 注意玻璃和背漆的配色，避免色差

透明或白色的烤漆玻璃並非完全是純色或透明，而是帶有些許綠光，所以要注意玻璃和背後漆底所合起來的顏色，才能避免色差的產生。

2 首選高附著性漆料

使用在廚房、浴室壁面的烤漆玻璃，要特別注意漆料附著強度，因為潮濕的環境會使烤漆玻璃出現脫漆、落漆，而使烤漆玻璃斑駁老舊，挑選漆料附著性高的產品，才能確保美觀與使用年限。

攝影＿王正毅

▲ 烤漆玻璃可依空間實際需求調配出不同顏色，又有獨特光澤感，用於牆面或空間中心，可有畫龍點睛的效果。

這樣施工才沒問題

1 事先丈量預留螺絲孔、插座孔位置

壁面烤漆玻璃安裝完成後是無法再鑽洞開孔的，因此必須丈量插座孔、螺絲孔位置，開孔完成後再整片安裝。

2 安裝順序需考慮

安裝廚房烤漆玻璃壁面時，若壁面上已有烘碗機、抽油煙機時，必須先拆除才能安裝。因此要考慮安裝順序，先裝壁櫃、烤漆玻璃，再裝上烘碗機、油煙機與水龍頭。

3 注意黏貼面的乾燥清潔

黏貼櫃面、門片烤漆玻璃時要保持表面乾燥與清潔，先以甲苯等溶劑清洗乾燥後，填貼才會更平整。

監工驗收就要這樣做

檢查面材平整無刮傷、邊角無碰撞

玻璃製品面材抵達與安裝完成後，都需檢查玻璃表面是否平整無刮傷、邊角無碰撞。注意施工人員的仔細度，確保填貼牢固且收邊完整。

這樣保養才用得久

1 隨手勤擦拭

近些年廚房壁面流行以烤漆玻璃作為面材，除了可以創造整片通透感外，方便清潔也是首要考量。以往的磁磚裝潢油煙油漬容易卡在拼貼縫隙間清潔不易，烤漆玻璃因為面積大片且無縫，清理起來就更加方便簡易。

2 乾擦、清水都可以

平時使用清水或者乾擦即可，更講究一點可用玻璃清潔劑清潔，常擦就不容易留下水漬或手印痕跡。

達人單品推薦

1 多彩烤漆玻璃

2 金蔥烤漆玻璃

3 不規則圖樣烤漆玻璃

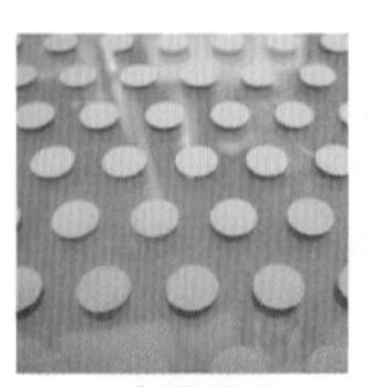

4 止滑效果烤漆玻璃

5 矽礦石烤漆玻璃

1 單色烤漆玻璃為最受顧客喜愛的製作方式，烤漆玻璃與牆面或是廚櫃顏色搭配，容易表現整體感，多用於系統廚具廚房、檯面。大面積的單色烤漆玻璃，整體大方簡潔，亦是最實惠的烤漆玻璃選擇。
（尺寸、價格店洽，圖片提供__安格士）

2 提供五彩／銀光／珍珠三種不同的蔥粉，搭配單色烤漆玻璃。具有單色烤漆玻璃的好搭配的優點，又可創造出亮眼的效果，能創造低調奢華效果。
（尺寸店洽、NT. 250～ 300元／才，圖片提供__泰隆玻璃）

3 不規則圖樣烤漆玻璃，可依據設計師設計之圖樣特別訂製，搭配不同的圖樣與顏色，創造獨特的風格，多用於室內牆面、隔間設計。
（尺寸店洽、NT. 450～600元／才，圖片提供__泰隆玻璃）

4 將烤漆玻璃做為地板使用，表面以以特殊石英釉漆印刷，使玻璃具備止滑效果，兼具美觀設計與功能性。
（尺寸、價格店洽，圖片提供__泰隆玻璃）

5 以無機水性塗料噴塗於玻璃基材，經高溫烘烤硬化。圖案將呈現花崗石的立體紋路，質感佳耐濕耐候，十分適合台灣潮濕的氣候使用。
（尺寸店洽、NT. 350元／才，圖片提供__安格士）

※以上為參考價格，實際價格將依市場而有所變動

搭配加分秘技

小朋友盡情塗鴉的快樂天地
與客廳相鄰的遊戲區以架高地坪界定區域，烤漆玻璃打造的塗鴉牆，能滿足學齡前小孩的創意發揮，門片拉開之後規劃為玩具收納櫃。

圖片提供_明代設計

圖片提供＿相即設計

極簡現代設計廚房
廚房以黑色櫃面鋪陳，流理台壁面也呼應相同色系，選擇黑色烤漆玻璃，呈現極簡現代的冷硬風格。同時在地面架設 L 型嵌燈、天花板上加入長條燈帶，營造設計感十足的氛圍。

現代時尚的飯店式Lounge Bar
用烤漆玻璃與玻璃材質在廚房區增設吧檯，並且搭配藍色的燈光設計，到了晚上就成為飯店式的Lounge Bar。

圖片提供＿摩登雅舍

Chapter 11

室內防護的小幫手

收邊保養材

俗話說，「魔鬼藏在細節裡」。像是矽利康、收邊條、填縫劑等這些材質隱身在不起眼的地方，卻是打造居家美觀的重要環節之一。

許多人都知道該如何挑磁磚，卻不知道磁磚的填縫劑如果選用和磁磚同色，就能營造無縫光潔的視覺美感；收邊條用得好，就能和磁磚的風格調性更match；連最簡單便宜的矽利康都有一些眉眉角角，有些矽利康會散發揮發性氣體，再加上若不具防霉功能，則容易滋生霉菌，長期接觸會引發過敏或呼吸道疾病。因此在挑選材質時，要顧及全面才能打造優質又美觀的居家環境！

種類	木器漆	護木油	除甲醛塗料	防霉矽利康	收邊條	填縫劑
特性	又稱護木漆，能在木質表面形成一道漆膜。主成分為樹酯與顏料，可用於原木或木皮	以植物油提煉而成，可加強了木質的防水及防污能力	除甲醛塗料為純水性、無有機揮發物，原料為蝦、蟹等的甲殼，可消除逸散至空氣中的甲醛、TVOC等有害物質	添加防霉劑，加強防黴抗菌的功能	為磁磚轉角的收邊材，室內外皆適用。可修飾美化邊緣	修飾磁磚縫隙，可維持磁磚的穩定度，防止縫隙積累灰塵髒污
優點	保護實木傢具或木作	保留木質特性又能進行保護與修飾	可去除甲醛異味，淨化空氣	使黏著介面獲得高度的防水與氣密性	施工快速、加強收邊安全與精緻度	修飾鋪面、增強磁磚的基底內應力而使鋪面更耐久
缺點	有些塗料具揮發性，造成有害物質散播	無法遮覆木質原有顏色或缺陷	價格稍高	長期受潮會出現霉變	花色未必能完全符合磁磚	日久可能會顏色不均
價格	NT.300元至上千元／公斤；NT.400～7,000元／公升	NT.200～2,500元／公升	NT499～16,800元	NT.50～500元，特殊顏色另計	NT.20～6,000元	NT.100～500元

設計師推薦 私房素材

圖片提供__演拓室內設計

演拓室內設計．殷崇淵推薦

1 矽利康．便宜好用的居家常備品：一般若要選用填補建材邊緣的縫隙，使用矽利康是最快速方便的。矽利康的施工快速、價格便宜，且具有防霉功效，自行修補也很容易，是居家最常使用的建材之一。雖然以往的矽利康顏色單一，但近年來人們對於細微的美感要求越來越高，為了搭配不同的建材，矽利康的顏色也日趨豐富多元。

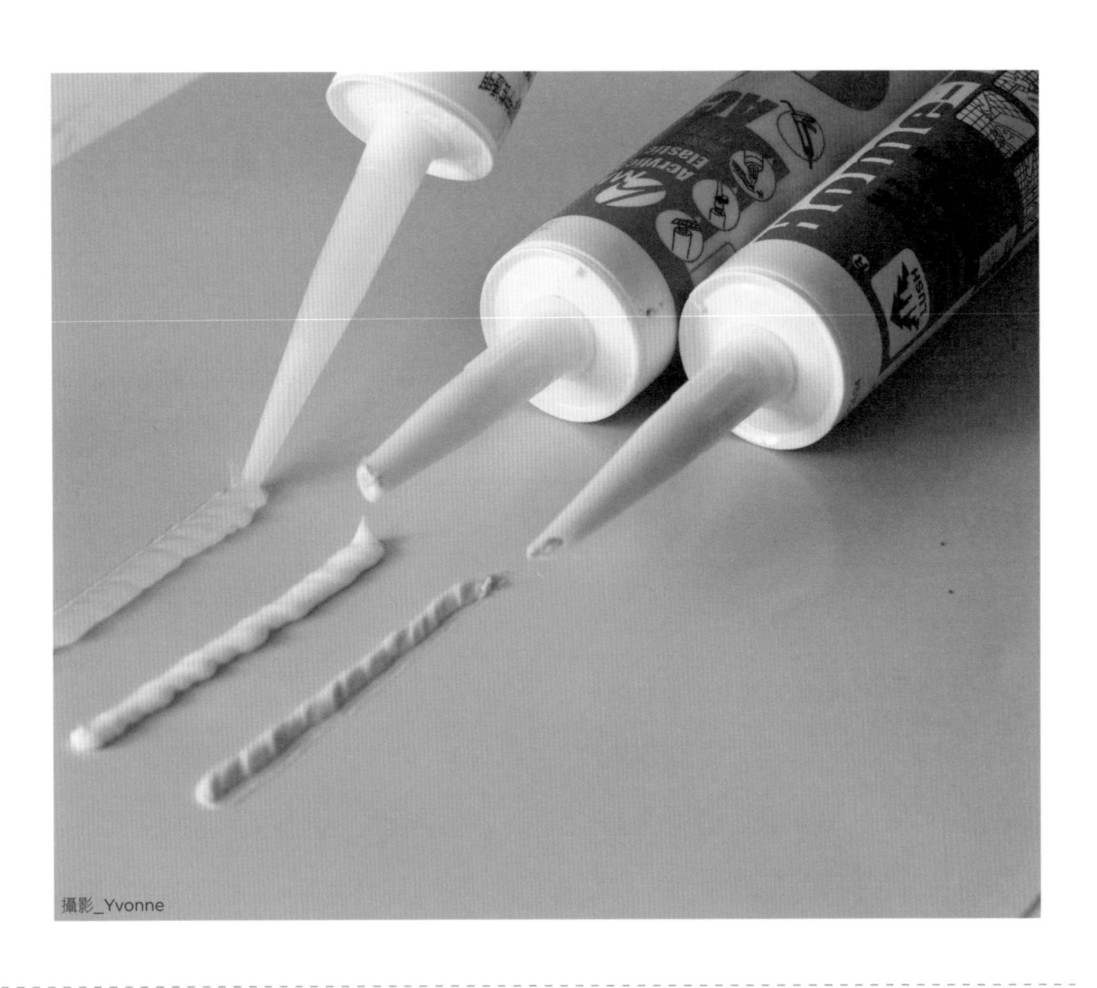
攝影_Yvonne

權釋國際設計．洪韡華推薦

2 收邊條．建材的最佳修飾：收邊條通常會使用在兩種材質交界處，讓兩種材質的轉換不會太牽強跟生硬，這是美觀上的考量，另外在安全考量上也會用到收邊材，例如在浴室轉角牆面使用，能圓飾磁磚角度，為安全防護建材。

圖片提供＿權釋國際設計

木器漆
讓木頭防水又防腐

30秒認識建材

| 適用空間 | 客廳、餐廳、書房、臥房
| 適用風格 | 各種風格適用
| 計價方式 | 以公斤或容量計價
| 價 格 帶 | NT.300元至上千元／公斤；NT.400～7,000元／公升
| 產地來源 | 台灣、歐洲進口（以德國為主）
| 優　　點 | 保護實木傢具或木作
| 缺　　點 | 有些塗料具揮發性，造成有害物質散播

Q 選這個真的沒問題嗎

1 塗上木器漆後聞到類似裝潢後的味道，這是正常的嗎？ 解答見P.203

2 家裡的木門塗上木器漆之前，表面需要重新打磨過嗎？ 解答見P.203

木器漆，又稱護木漆，能在木質表面形成一道漆膜，達到防護與修飾的目的。主成分為樹酯與顏料，可用於原木或木皮。依照溶劑種類，又可分成油性（溶劑型）與水性的產品。前者形成完全不透氣的漆膜，遮住木質香氣；後者的透氣性較高，但無法像護木油一樣地高度保留木紋與香氣。現在亦有用天然臘來取代樹脂的蠟漆，性質介於木器漆與護木油之間；除可用於木質表面，還可塗佈於金屬面或人造貼皮。

不同配方的木器漆，特性不同。有些能構成極堅固防護層，有的則能高度留住原木肌理；有些顏色為透明無色或帶有木頭顏色的透明漆料，有些則是能100%遮覆的不透明塗料。通常，我們會先塗上分子較細小的底漆，藉由滲透入木頭的漆料來修飾，再刷上面漆來構成堅固的表面。面漆可展現消光、平光或亮光等質感。二合一的產品，則同時兼有底漆與面漆的作用，可一次塗刷完成。無論哪種漆，要等漆膜完全乾燥之後才會展現各項特質。漆膜通常約需3至7天才會完全乾燥。越堅固的漆膜，防護效果越好。用於木傢具或室內裝修的木器漆，漆膜硬度介於HB至1H之間，少數產品則可達到2H。

圖片提供_文[illegible]興

種類有哪些

1 油性木器漆

為溶劑型的木器漆，成分是石化原料合成，通常含有甲醛、二甲苯等有機溶劑。在施作時，會散發揮發性氣體，如聚氨酯木器漆在成膜時，有50%揮發至空氣中，而硝基類木器漆則有80%的揮發性，在在都對居家健康造成危害。而油性木器漆塗上木頭表面時，會形成一層薄膜，覆蓋住木頭的毛細孔，使木料的原始香氣無法散發出來。

2 水性木器漆

以水做為稀釋劑，不含有機溶劑的成分，不會發出刺鼻的氣味。塗上木料後，同樣會在表面形成一道薄膜，透氣性佳，穩定度也較持久。

這樣挑就對了

1 分辨成分

蠟漆多半使用蜂蠟、棕櫚蠟等天然臘，與各種植物油。至於以樹酯為基材的木器漆，水性產品採用水性樹脂，油性漆則分成兩種，各帶有硝基類或聚氨酯的成分。大部分漆料使用化學合成的顏料；至於訴求環保、健康的產品則使用來自礦物或貝殼的天然色料。早期的木器漆全為油性配方，約有一半比例為俗稱「松香水」或「香蕉水」的有機溶劑，因而含有甲醛、苯、芳香烴等毒性揮發物質；後來面世的水性木器，則以水分來取代有機溶劑。

2 辨別有無綠建材認證

符合環保綠建材的木器漆，應不含苯、甲苯、二甲苯等有機溶劑以及八大重金屬。常見的認證有國內由內政部發給的「綠建材標章」與歐盟生態環保標章「Eco-Label」、「TUV認證」等。此外，用於戶外的產品，應通過抗紫外線、耐候測試（從480小時到1,200小時不等），以免用久會出現白化、褪色等問題。此外，SGS（台灣檢驗科技）等公信單位的檢測亦可當作參考。

這樣施工才沒問題

1 表面乾淨，不宜有灰塵附著

施工區域的表面不宜待有灰塵與油漬，否則，漆層可能因為附著不夠緊密而導致脱落。至於原有漆膜則未必要除去。即使是水性漆，仍可直接覆蓋在原有的油性漆面之上。只不過，若能經過打磨，就可確保原有漆磨的表面變得平整，施作品質會更好。

2 徹底乾燥

進行塗刷之前，木材或先前塗刷的漆膜，必須充分乾燥才能上漆，否則，木材內含的水分可能會導致漆膜發白、出現氣泡甚或龜裂；原有漆膜的水分也會破壞新漆膜的形成。塗刷後，在漆膜徹底乾透之前也應避免沾到水，以免影響牢靠度。

3 塗刷至少需一底一面

木器漆通常得經過多次塗刷，才能達到預期效果。底漆與面漆各刷一次，是最基本的要求；有時，底漆與面漆甚至會各刷上兩、三次。每次塗刷之前，必須確定前次刷塗的漆膜已經乾燥且平整。

▲ 運用木器漆時，建議選用沒有添加甲苯等有機溶劑的漆料，避免危害居家環境。

種類	溶劑型木器漆	水性木器漆
特性	有機溶劑40～60%	20～40%為水，不含八大重金屬、甲醛、苯類溶劑
優點	1 乾燥時間較短 2 施工成本低	1 適噴塗施工中無臭、無毒、無味 2 透明性佳且能保持木紋的天然美感 3 穩定性及密著性佳
缺點	1 含有極高的揮發性有毒氣體，具有強烈的刺鼻氣味 2 燃點極低，容易引起火災	乾燥時間較長，施工期較長，因此施工成本也較高
價格	較低	較高

監工驗收就要這樣做

1 確定表面乾燥

漆料的乾燥速度與環境的溫濕度、成分配方有關。再次進行塗刷時，應以手指觸摸先前的漆面，若不會沾黏，就代表原有漆面已經乾燥到一定程度，可以進行新漆面的刷塗了。此時為表面乾燥，並非整個漆膜都已徹底乾燥。因此，切忌塗刷過厚，以免內外層乾燥不均。

2 確定表面平整

利用砂紙打磨，不僅可讓漆面變得更為光滑、平整，還可藉此來除去木料上的油脂，或是漆面沾染的灰塵。

達人單品推薦

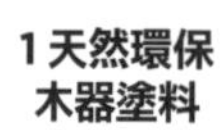

1 天然環保木器塗料

2 傢具保養亮光蠟

3 天然蠟漆

1　以亞麻仁油、天然樹脂、天然蠟與礦物色料等天然素材，取代合成樹脂等石化副產品，維護木作傢具同時，也不會阻絕芬多精的散發。
（尺寸、價格店洽，圖片提供__交泰興）

2　由德國蜂蠟、西棕櫚蠟等天然成分，搭配新型亮光劑組成的水性配方，不會傷害漆面。能增強傢具表面亮光質感，提供傢俱基礎清潔與亮麗外觀。效果明顯持久，使用後表面不油膩。水霧式噴劑，使用便利。
（250 ml、NT.250元，圖片提供__山仁實業）

3　由植物油、蜂蠟與植物蠟組成的配方，一次施作即可達到上色與防護的雙重效果。蠟油成分能深入木材，在保有透氣性之餘，還能達到優於護木油的防水、抗汙等防護作用。局部修復時，無須去漆、打磨，直接刷塗即可。也可當成木器的保養清潔品。
（100 ml、300 ml、700 ml，NT.250～1,200元，圖片提供__山仁實業）

※以上為參考價格，實際價格將依市場而有所變動

這樣保養才用得久

化學漆的壽命平均為十幾年，天然漆的壽命則長很多。不過，萬一漆面遭到破壞，仍可能折損壽命。

1 使用天然蠟製品來養護

不建議帶有溶劑成分的亮光產品，因為溶劑會傷害木頭也會傷害原有漆面。建議使用天然的蠟質產品，用乾淨抹布沾一點，均勻地抹上，就能加強漆面的防護或修補細小的破損。

2 盡量避免陽光與水氣的傷害

室內用的木器漆可能無法抵抗紫外線的侵襲。因此，除了一開始就不該拿一般木器漆用於戶外空間，屋內傢具也應盡量避免長時間地暴露在陽光下，以免褪色、表面變白（白化）或粉化。大部分木器漆也無法忍受高溫，因此，裝盛熱湯、熱飲的容器別直接擺在傢具或木作之上。另外，木器漆雖能讓木材增強防水性，但若長時間遭受水氣侵蝕，漆膜也可能因此變質而折損壽命。

護木油
護木護色最天然

30秒認識建材

適用空間	客廳、餐廳、書房、臥房
適用風格	各種風格適用
計價方式	以容量計價
價格帶	NT.200～2,500元／公升
產地來源	台灣、歐洲進口（以德國為主）
優點	保留木質特性又能進行保護與修飾
缺點	無法遮覆木質原有顏色或缺陷

Q 選這個真的沒問題嗎

1 **護木油和木器漆的差別在哪裡？兩種都能有效保護木頭嗎？** 解答見P.205

2 **實木傢具需要定期上護木油保養嗎？上一次油大概可以維持多久？** 解答見P.206

相較於附著在木材表面的木器漆，藉由漆膜來阻絕外來的侵害；護木油則是藉由滲入木材的毛細孔，從內而外地加強了木質的防水及防污能力，來防止木材收縮、變形或龜裂。因此，使用護木油來塗敷木頭，完成後的觸感自然又柔和，既不會出現漆面的反光，也不會蓋住木材的紋理與木色；更無需擔心漆膜會變白、粉化、龜裂、翹起或脱落，因此耐候性更佳。此外，木料還保有透氣性，因而得以繼續釋放出天然芳香（芬多精）。

依照適用的空間，護木油也可分為室內用與戶外用的產品。此外，由於硬木多半含有豐富油脂，導致一般的護木油無法滲入，因此，也有廠商推出硬木專用的護木油產品。目前，護木油的成分多為蓖麻油、亞麻仁油等植物性油脂，與木頭的親和力極強。有些配方還會添加天然樹脂或天然蠟，以增進防護能力。訴求健康、環保的產品，更是連顏料也完全取自礦物等天然成分，甚至拒絕添加人工殺菌劑，徹底地避免有機溶劑與石化產品的毒害。

圖片提供＿交泰興

種類有哪些

1 單一成分的植物油

為歷史最久的木器塗料，最典型的範例即為桐油。生桐油的韌性與光澤皆差，適用於食器；熟桐油則廣泛用於各種木傢具或油紙傘等工藝品。此外，還有核桃油等塗料用油。但遇水或汙漬後易留下汙漬斑，亦怕高熱。

2 以植物油為主的配方

為現今護木油類產品的主流。同一支護木油裡面可能混有多種植物油，常見的成分有：亞麻（仁）油、蓖麻油、荷荷巴油、葵花油（向日葵油）。這些植物油都能與木料高度結合，因此完整保留原有木質的觸感與紋理，並可藉此進行染色。護木油可直接使用，亦可用油漆溶劑（松香水）稀釋之後使用。

3 添加臘質的木蠟油

以天然的蠟與植物性油脂為基料，無須添加有機溶劑，靠著水、蠟與油的比例來調解軟硬度。常見的蠟質成分有蜂蠟、棕櫚蠟、小燭樹蠟。木蠟油結合護木油與蠟質這兩種成分的優點，能滲透進木材毛細孔，從內而外地提供透氣的防護力，並增強木頭表面的硬度。半固態的木蠟油，能在表面形成透氣的保護膜，因此，防護力遠優於護木油。此外，它的防水效果也比水性木器漆更佳。

這樣挑就對了

1 選用最適合的配方

雖說護木油的耐候性不錯，仍建議使用戶外專用的產品，以免防護效果打折扣。還有，護木油目前仍以德國出產的品質最高，但仍得考慮台灣氣候對木質帶來的影響，來選用適合本土環境的配方。

2 確定為優質的天然成分

礦物油也能塗在木頭表面，但滲透力遠不如天然的植物油。真正的蠟製品，在需經過推抹的過程才會逐步顯現天然的光澤，且效力持久。若是油性亮光劑，塗佈當下則是立即就油光閃閃，在未乾燥前較容易因為油膩而吸附灰塵。此外，天然蠟品質也有高下之分。

3 硬木要選用專屬配方

一般的護木油，塗在很硬的木頭時，經常會出現表面很油膩的情形。這是因為硬木多半飽含油脂，以致於護木油成分無法滲入木材裡面所致。此時，應該改用硬木專用的護木油，才能達到塗料的目的。

這樣施工才沒問題

1 確定表面乾淨

施工之前，除了必須確定表面是否夠乾燥，也應以砂紙磨去塵埃與油脂。若先前已經塗過漆了，也應用去漆劑來去除乾淨，再塗上護木油。

2 勿擅自混入其他成分

護木油不可混合木器漆的產品， 以免造成白化或粉化。若欲調色，請搭配專用的著色劑，以免褪色。無論是護木油或蠟油，皆為油性的成分。如要進行稀釋，可使用油漆常用的松香水，或採用無毒成分的環保型溶劑。

監工驗收就要這樣做

1 再次塗刷之前要等待乾燥

若能重複塗刷兩、三次，效果會更佳。每次塗刷時，須等待木材變乾燥（前一道木蠟油乾燥）後再進行，至少等待八小時以上，最好能隔天再進行塗刷。

2 再次塗刷之前得先打磨

塗刷前，必須用砂紙磨去掉表面沾附的灰塵或多餘油脂。至於應該使用幾號的砂紙，則依產品特性而不同，可參見商品的使用說明。

3 徹底乾燥後才能測試物性

無論是木器漆、護木油或木蠟油，其觸感、亮度或防水、抗汙等物性，都得等到徹底乾燥之後才會一一展現。以木蠟油來說，通常約需三天才能形成保護層；若需測試物性，建議七天之後再進行。

種類	護木油	木器漆
特性	又稱護木漆，能在木質表面形成一道漆膜，從而達到防護與修飾的目的。主成分為樹酯與顏料，可用於原木或木皮	以植物油提煉而成，藉由滲入木材的毛細孔，從內而外地加強了木質的防水及防污能力，來防止木材收縮、變形或龜裂
優點	保護實木傢具或木作	保留木質特性又能進行保護與修飾
缺點	有些塗料具揮發性，造成有害物質散播	無法遮覆木質原有顏色或缺陷
價格	NT.300元至上千元／公斤；NT.400～7,000元／公升	NT.200～2,500元／公升

達人單品推薦

1 天然室內護木油

2 白堊紀基礎護木油

3 油性護木油

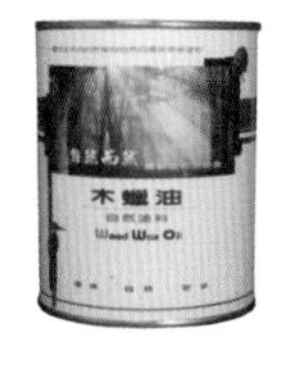

4 天然木蠟油

5 木器保養蠟

1 以亞麻仁油、天然樹脂、天然蠟與礦物色料等天然素材製成，成分環保又無毒。運用先進技術將分子予以微細化，能深層滲入並與木材纖維緊密結合；防止水分滲入卻不會封堵木材毛細孔，施作簡單，保護與染色一次OK。
（0.75公升、2.5公升、NT.2,500～6,000元，圖片提供＿交泰興）

2 選用天然的亞麻仁油製成，亞麻仁油能滲透到木材的深層，填滿表面的毛細孔。與木材表面下的纖維充分結合，乾燥後形成具有保護功能的油膜。
（尺寸、價格店洽，圖片提供＿自然材）

3 通過耐候與冷熱循環等測試，耐水、抗紫外線，且耐候性極佳，日久不會出現白化、粉化、褪色等現象，適用於木屋、陽台等戶外場合。成分安全、無毒，符合美國的FDA與玩具標準檢驗（ASTM）等規範。顏色有透明色與多種原木色。
（1加侖、NT.850元，圖片提供＿顏昌興業）

4 以多種天然蠟及植物油製成，無毒又環保。經台灣SGS檢驗證明不含甲醛、八大重金屬等物質，符合綠建材TVOC逸散標準。顏色多樣，分成室內與戶外兩大系列，可用於傢俱、木地板與木屋外牆，並有硬木專用配方。
（1公升、NT.1,500元，圖片提供＿顏昌興業）

5 以蜂蠟及植物蠟調製的傳統配方，具有優異的性價比。乾燥快速，亮度自然、柔和，能展現原木特有的質地。可直接使用，亦可用於已上漆的木質表面。適合實木傢具的初次塗裝或定期養護，亦可用來保護室內的木質地板與牆板。
（1,500ml、1,000ml、NT.600～1,050元，圖片提供＿山仁實業）

※以上為參考價格，實際價格將依市場而有所變動

這樣保養才用得久

1 定期養護可延長壽命

木屋外牆或木棧道，由於日曬雨淋的破壞，每隔三、五年宜重新塗刷護木油，以免木材受損。住宅內的木地板也由於天天踩踏甚至重物拖磨而損傷木料。視使用頻率而定，隔幾年重新塗上護木油，可延長木材壽命。

2 去除表面膜再塗上油

由於蠟質成分或木器漆都會在表面形成保護膜，因此，若要使用護木油，曾經塗刷過木器漆與木蠟油的木材，都得先去除表面的漆膜或保護膜。否則，油脂成分可能無法滲入木料內。已經塗過護木油的成分，只要是不含過多水分，仍可再塗上木器漆或木蠟油。

除甲醛塗料
無毒健康好安心

30秒認識建材

適用空間	各種空間適用
適用風格	各種風格適用
計價方式	以罐計價
價格帶	NT.499～16,800元
產地來源	台灣
優點	可去除甲醛異味
缺點	價格稍高

選這個真的沒問題嗎

1 聽說有種可以除甲醛的產品，成分是什麼呢？ 解答見P.208

2 已經裝潢完的房子也可以塗除甲醛的產品嗎？這樣會有效嗎？ 解答見P.209

在裝潢後，最多人感到困擾的問題是刺鼻的甲醛味就久久消散不去，這是由於裝潢木作的合板建材在製作過程中都會添加膠合劑，這些膠合劑就是甲醛的來源，因此為了改善這個問題，最好在裝潢一開始就選用低甲醛的板材，或是以除甲醛塗料去除甲醛。

除甲醛塗料為純水性、無有機揮發物，在製作過程中將蝦、蟹等的甲殼加工，混合在特定的乳膠、樹脂或水性溶劑中，可與許多氣態的有害物質進行化學反應，因此對於逸散至空氣中的甲醛、TVOC等有害物質都能主動捕捉並消除，達到淨化空氣之目的，而且永久有效，成為環保新武器。

一般會建議在裝潢前，就在未上漆的板材先塗刷，效果會比較好。由於已上漆和貼皮的傢具，會阻礙塗料的吸收，效果不如直接塗刷的快速。而其水性的材質，透明無色，不會覆蓋原有板材的顏色，施工方便，約等待1～2小時候就可進行後續的加工處理。

圖片提供＿無醛屋

圖片提供＿無醛屋

▲在未貼皮的木板上塗上甲殼素塗料，可分解空氣中的甲醛物質。

種類有哪些

可分為蠟性和水性的產品。

1 水性

可用於木作前的板材處理，或是完工後再施作。

2 蠟性

主要用在現成傢具，蠟性產品較能有效滲入已貼皮或上漆的表層，同時也具有清潔保養的效果。

這樣挑就對了

1 通過綠建材標章的產品為佳

市面上有很多類似的除甲醛產品，但功能日新月異，可挑選通過綠建材健康標章及獲得發明專利的廠商產品，功能性較強。

2 依照被塗面的材質挑選

由於已上漆的現成傢具，表面都有一層覆蓋住板材，因此在逸散的效果不比直接塗抹在原始板材上來得好，因此需使用特定產品才能有效去除。建議需依照被塗面的材質去選購較佳。

這樣施工才沒問題

1 全面塗刷效果佳

針對甲醛溢散的木板材，在未上漆、未貼皮的板材塗刷後再進行木作施工。建議全面塗刷，效果較佳。

2 可與其他漆料混合施作

施作的壁面不限，除甲醛塗料亦可與水泥漆、乳膠漆等塗料混合後施作於牆面。

3 若有沾染，以水清洗即可

因除甲醛塗料只有薄薄一層，沒有髒污疑慮，沾到地面也無妨，沾到手或地面以水洗淨即可。

4 現成傢具需針對接合處加強處理

現成傢具的表面都已貼皮或上漆，除了在表面塗抹之外，建議可在接合處加強。塗抹的時間建議在第一個月，每兩個禮拜施塗一次，接著每個月再重新塗刷一次，持續一年後約可有效降低傢具的甲醛含量。

監工驗收就要這樣做

需等待1～2小時乾燥

若是在未上漆前塗刷，建議需等待1～2小時之後，再進行後續加工。但若是已有貼皮或上漆的傢具表面，建議選用蠟性的產品，可不需等待，塗上一層後隨即乾燥。

達人單品推薦

1 甲殼素雙全效除醛塗料

2 除甲醛健康塗料（裝潢前》施工用）
除甲醛健康噴腊（傢具用》DIY 除醛）
DIY 快速除甲醛劑（傢具用》DIY 除醛）

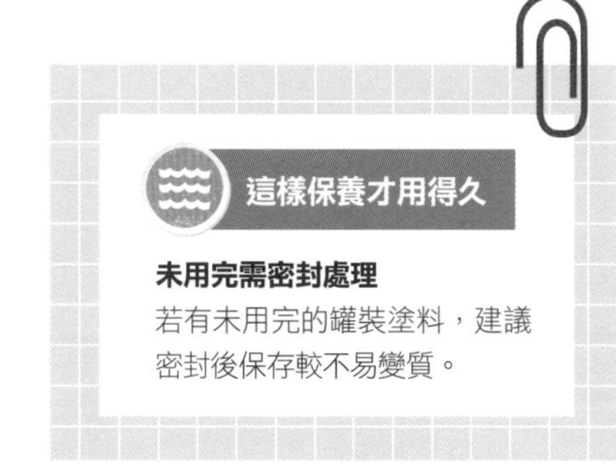

這樣保養才用得久

未用完需密封處理

若有未用完的罐裝塗料，建議密封後保存較不易變質。

1 有效且永久性地分解甲醛、去除 VOC，還有抗菌除臭功能，擁有發明專利也通過綠建材健康標章，不會破壞原裝潢的傢具顏色或本體。
（NT. 4,000 元／ 4 公升，圖片提供＿健康家國際生物科技）

2 天然環保甲殼素水性配方，通過「健康綠建材認證標章」，經 SGS 權威機構檢測認證，瞬間 60 分鐘強效去醛率達 100%，持續有效吸附並分解甲醛，專業除甲醛系列有效除醛，分為裝潢前》施工用、傢具用》DIY 除醛，防霉、抗菌並不破壞表面與結構，不影響上色。
（400ml ～ 18 公升，NT.499 ～ 16,800 元，圖片提供＿無醛屋）

※以上為參考價格，實際價格將依市場而有所變動

防霉矽利康 防水修邊最好用

30秒認識建材

| 適用空間 | 客廳、餐廳、書房、臥房、兒童房
| 適用風格 | 各種風格適用
| 計價方式 | 以公克或公升計價
| 價 格 帶 | NT.50～500元，特殊顏色另計
| 產地來源 | 台灣、日本、德國
| 優 點 | 使黏著介面獲得高度的防水與氣密性
| 缺 點 | 長期受潮會出現霉變

Q 選這個真的沒問題嗎

1 **矽利康分成中性、酸性和水性，這三種有什麼不一樣？** 解答見P.210

2 **廚房水槽邊的矽利康很容易長霉斑，有沒有辦法可以解決？** 解答見P.212

矽利康又稱矽膠，與空氣接觸後會固化成具彈性的膠體，密封度極佳，甚至能因應高達30%的位移，且無傳統黏膠的刺激氣味。室內用產品可接合各種建材、修飾填縫或修補建築縫隙，也能修補各種日常用品的裂縫。

依酸鹼值可分為中性、酸性及水性。裝潢時，要黏著金屬或玻璃等建材，多半使用酸性矽利康；若建築體或建材出現裂縫，則施打水性矽利康來填補，事後再刷上批土或油漆。至於中性矽利康，可說是通用型，應用範圍最廣；窗框漏水、阻絕螞蟻穴的出口，以及水槽或浴缸周遭的防水，都少不了它。

矽利康硬化後的膠體，壽命約五年，之後就會因為老化而失去作用而必須更新。

此外，矽利康雖可防水，也會因為吸收水氣而被黴菌侵入。發霉的膠體會變黑（霉斑），甚至成為黴菌溫床，而引發過敏等健康問題。潮濕環境可選用防黴抗菌的產品，可保證膠體兩、三年不會出現霉變。防霉效力視防霉劑的比例而定，含量越高，效力越佳，售價也越高。

攝影_Yvonne

種類有哪些

應用最廣的中性矽利康填縫劑，還可進一步分成防霉與否的產品。

1　一般的矽利康填縫劑

應用範圍很廣，從建材黏合到器物縫隙的修補，都可使用此材料。若用來黏著飲用水或食物容器，產品應通過美國食品藥物管理局（FDA）的標準。

2　防霉矽力康

添加防霉劑的產品能預防矽膠霉變，其效力依防霉劑比例，從一年到十年不等；效力越高，價格越貴。

以上兩大類產品多為白色或透明色。目前亦有加入色料的彩色產品，有的品牌甚至可指定顏色及少量訂製。

這樣挑就對了

1　製造日期越晚者越佳

矽利康填縫劑一與空氣接觸就開始固化，開封後再蓋妥，成分也會在一段時間內就無法使用。即使未開封，產品在包裝內也會逐步硬化；因此，應視使用量來選購適當產品，且製造日期愈晚的越好施作。

2　基材品質反應耐用度

優質的矽利康，品質可靠。不會滲出油質（俗稱「吐油」或「透油」），沒有異味，耐水性佳，且承受溫差與酸鹼度的能力更優越。硬化後所形成的膠體，也不會收縮而導致龜裂。

這樣施工才沒問題

1　膠嘴口徑應比填縫寬度小

矽利康膠嘴的口徑，應對應填補的縫隙大小。以填補磁磚溝縫來説，口徑建議為縫寬的1/3～1/4，以避免膠體溢出過多。

2　徹底清潔後再封填

不管是初次封填或更新，都需先清理施工處的雜質、原有膠體與水氣；否則，成品易脱落或出現漏洞。

3　寬縫宜用專用抹刀

若填補的勾縫較寬，宜搭配矽利康填縫劑專用的塑膠抹刀來修飾，以免表面凹凸不平。

攝影__王正毅

▲　選購市面上較便宜的矽利康，可能用不了多久就會出油，甚至會釋放有機溶劑等物。為求居家健康，應選用VOC含量在250g/L以下的產品。若要用於會接觸食物或飲水的地方，產品也應通過美國食品藥物管理局（FAD）或日本食品化驗中心（JIS）等可信單位的相關檢驗。

種類	防霉矽利康
特性	1　低釋氣性（Low-VOC） 2　完全無味道 3　沒有溶劑成分，硬化後不會收縮，使伸縮縫有緊密的氣密及水密性
優點	1　防止霉斑產生，讓室內美觀度好 2　不需要經常將發霉的矽利康割除換新，節省資源更環保 3　降低過敏源，減少因過敏所引起的疾病，且空氣品質更健康
缺點	1　價格較一般矽利康貴 2　知名度小，經銷點少，消費者要購買較不易
價格	約在NT.110～400元之間。

監工驗收就要這樣做

1　及時拆除防護紙膠帶

磁磚鋪面的填縫，為避免膠體溢出，最好在施工前先在勾縫兩側貼上紙膠帶。封填好矽利膠並修飾表面之後，應趁著膠體稍硬卻未徹底硬化之前（封填後五分鐘即可動手），拆掉兩側的膠帶。若膠帶已跟硬化的矽膠黏合，就得用美工刀來割除。

2　徹底固化後才能碰水

矽利康硬化快慢與否，會隨著配方、膠體厚度與溫濕度而定。建議留個一天的時間等待膠體乾燥，可吹電風扇來加強固化的速度。

達人單品推薦

1 道康寧NP中性矽利康

2 矽膠污垢清潔劑

3 道康寧廚衛矽膠

4 道康寧玻璃與金屬填縫劑

1 適用於窗框等接縫，中性固化的特質不會腐蝕混凝土、磚石和金屬，抗老化、抗紫外線照射且抗潮濕。具有超透明的效果，施作於透明玻璃時幾近同色。不建議使用到會直接接觸到食品或飲用水的表面，同時大理石等多孔性石材也不適用，可能會影響石材的表面。
（300ml／支，NT.119元，攝影_Amily，產品提供_泰聯企業）

2 成分為次氯酸鹽溶液、氫氧化鈉、陰離子活性介面劑、Sodium Phosphate、Tribasic等，可滲透於矽利康內部，有效清除發霉變黑。建議在使用時穿戴手套並避免沾染到肌膚。
（尺寸、價格電洽，攝影_Amily，產品提供_泰聯企業）

3 卓越的黏著效果，可用於大部分建材(磁磚、玻璃、人造石、花崗石、鋁、鋼鐵等)，長時間黏合而不會脫落。多用途的專業填縫劑，含防霉成分的配方，通過防黴測試ASTMG2196，可預防在高度潮濕與高溫下孳生的黴菌，特別適合廚房、浴室、洗衣間等潮濕空間。顏色有透明、白色與象牙白。
（300ml／支，NT.120元，圖片提供__泰聯企業）

4 中性的矽膠填縫劑，不具腐蝕性。可有效地黏合玻璃、鏡面、鋁門窗等金屬材質，以及大部分建材；並適用於漆面與不吐油的木材。具有符合CNS8904和ASTMC920的綠建材測試報告，耐酸鹼、抗紫外線、不易老化；對一般溶劑與清潔劑亦有優異的抵抗力。顏色有透明、黑、白、銀灰與各種顏色，亦接受指定配色。
（300ml／支，NT.110元，圖片提供__泰聯企業）

※以上為參考價格，實際價格將依市場而有所變動

這樣保養才用得久

1 聰明去除霉斑的方法

可覆蓋一層浸透漂白劑的紙巾或抹布，約莫半天就能消除。如果擔心氯氣有毒或因施工位置而不便貼覆，建議購買矽膠專用的清潔劑，塗上約半小時到數小時，就能有效去除霉斑且不傷矽膠。若發霉情況嚴重，建議更新為妥。

2 徹底去除舊膠的訣竅

若要更新已發霉的矽利膠，可用美工刀來刮除；殘餘膠體可用鐵毛刷來清除。若還無法徹底去除舊膠，不妨藉助矽膠去除劑。還有，要更新就得全面更新，只局部更新，會導致新舊膠體無法接合而有漏縫。

填縫劑
讓鋪面美觀更耐用

30秒認識建材

適用空間	各種空間適用
適用風格	各種風格適用
計價方式	以公斤計價
價 格 帶	NT.100～500元
產地來源	美國、日本、台灣
優　　點	修飾鋪面、增強磁磚的基底內應力而使鋪面更耐久
缺　　點	日久可能會顏色不均

Q 選這個真的沒問題嗎

1 **填縫劑究竟是什麼東西？用途是什麼？** 解答見P.213

2 **如果自己買填縫劑填補磁磚的縫隙，該如何施工比較好？** 解答見P.214

填縫劑主要用來修飾磁磚之間的縫隙。留縫的鋪面，磁磚特別容易脱落，就是因為少了填縫劑的制衡。傳統的填縫劑因為沒有添加防水樹脂，因此可能會出現混凝土常見的白華（吐白）而導致顏色不均。100%水泥的填縫劑，若少了矽砂來緩衝膨脹收縮，很容易龜裂；若添加高比例的矽砂，完成面則會顯得粗糙。基材的粗細，決定它適合填補多寬的溝縫。

此外，不同成分也帶有不同的特色。添加或完全為樹脂的配方，黏著度與彈性皆佳，而且防水又耐髒。目前，市面也出現了添加奈米成分的抗菌填縫劑，殺菌、防霉的效果最好，售價亦也高。這幾年，台灣室內設計界很流行用馬賽克來表現風格；現在也有廠商針對馬賽克推出適用於縫寬3至5公釐的專用產品。

圖片提供＿櫻王國際

種類有哪些

1 水泥基填縫劑

外觀皆為粉狀，開封後加水或樹脂（乳膠劑），攪拌均勻方可使用。含樹脂的配方防水性佳，可減少白華現象與壁癌，適合廚房與衛浴間。添加奈米矽片的殺菌成分，則可達到防霉效果。

2 樹脂類填縫劑

以合成樹脂為主成分，黏著力和韌性較高，適用於震動頻繁的樓層還具有吸水率低、硬度高的優點，適用建築外牆。

3 彩色填縫劑

添加顏料的填縫劑，幾乎都含有樹脂。有些呈粉狀，須調入清水才能使用，有的則是早已調配成膏狀，攪勻即可使用。

這樣挑就對了

1 以溝縫的寬度來選用

按照磁磚種類（溝縫寬度）來選用適合的填縫劑。目前的市售產品多以縫寬3公釐為界，分成粗縫與細縫用的兩大類。由於兩種的骨材粗細有別；如果用錯了，不是難以填入，就是完成表面顯得粗糙，甚或出現龜裂。粗縫用的產品適合3公釐以上的溝縫；細縫的則適合3公釐以下者。至於溝縫寬2到5公釐的馬賽克，使用專用填縫劑，能使成果更完美。

2 按照鋪面的位置來選用

廚房、浴室等易淋水處，抗菌防霉的配方能避免溝縫變色、發霉。高樓的輕隔間常會震動，不妨選用彈性好且黏度強的產品。戶外的建材鋪面宜用低吸水度、高硬度的產品，以對抗日曬雨淋。

這樣施工才沒問題

磁磚黏貼48小時之後，就能進行填縫；工法可分成抹縫與勾縫。光滑面的磁磚適用這兩種工法。復古磚、文化石等粗糙面材，由於毛細孔會吸附水氣與雜質，採用勾縫工法就可避免髒污。

攝影＿Yvonne

▲ 通常最常見的抹縫工法是平式，而凹圓及凹V式的工法較費工，可展現師傅的技術。

1 抹縫工法

以海棉鏝刀抹過整片鋪面，將填縫劑擠入縫隙。待填縫材八分乾之際（通常約為15分鐘），再用濕布或沾水的海綿擦掉表面的多餘墁料。完成後的溝縫與瓷磚表面齊平，稱為「平縫」。抹縫這種工法既簡單又快速，工資也較便宜。

2 勾縫工法

以勾縫鏝刀將填縫材擠入每條縫隙，再刮出深度。隨著鏝刀的形式，可刮出凹平縫、凹圓縫或是凹V狀的立體勾縫；填縫材經過鏝刀的壓擠，會變得更紮實。由於縫深約為磁磚厚度的一半，因此，勾縫工法不適合用於厚度1.5公分以內的薄磁磚。

監工驗收就要這樣做

1 填縫表面的平整度

無論採用哪種工法，表面都不應出現凹凸起伏，或者沒有確實填入墁料。

2 磁磚面不殘留墁料

填完縫須清除突出溝縫、殘留在磁磚表面的墁料。若為深色填縫劑或粗面磁磚，填縫同時應立即清除磁磚表面的墁料，以免磁磚的毛細孔吃色。

3 填縫乾硬前勿碰水

填縫材的乾燥速度會視材質與天氣狀態而定，從10小時到七天不等，建議至少留三天等它乾凝。若材料在乾凝前碰到水、遭到重撞或陽光曝曬，強度就會被破壞。可用指甲摳一下來測試：如果填縫材沒有掉下來，就代表乾硬了。

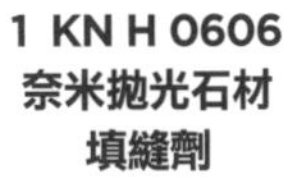

達人單品推薦

1 KN H 0606 奈米拋光石材填縫劑

2 KN H 0603 抗菌防霉填縫劑

3 KN C 0607 不沾污膏狀彩色填縫劑

4 KN P 0609 馬賽克專用填縫劑

5 KN P 0604 拋光石材填縫劑

1 高分子的樹脂聚合物，能使填縫材的黏著力更強、更耐髒、更易擦洗。高科技的奈米抗菌矽片，則透過負電來主動抑制細菌，擁有絕佳的抗菌、防霉之效。
（2kg、NT.400元，圖片提供＿櫻王國際）

2 粉體加上乳膠劑的雙劑型產品，裡面的樹脂聚合物具有防水效果，可避免霉菌滋生，黏著力也遠優於一般的填縫劑。推薦用於室內廚房、浴室等潮濕地方。
（7kg、NT.800元，圖片提供＿櫻王國際）

3 非水泥基的彩色填縫劑，耐酸鹼、抗污。為預先調配好的膏狀，開桶之後即可使用，施工方便，還能及避免手調攪拌時因操作失誤而導致填縫失敗的問題。
（5kg、NT. 2,500元，圖片提供_櫻王國際）

4 馬賽克磁磚的溝縫，用粗縫或細縫用的產品怎麼都不對勁！以特殊骨料製成的馬賽克專用填縫劑，可在0至5mm的縫寬，填出光滑又細緻的溝縫，適合一般馬賽克、玻璃馬賽克，或是薄型陶板等材質。室內、戶外都可用，並有多種顏色可選。
（10kg／桶，NT.700元，圖片提供＿櫻王國際）

5 針對縫寬3mm以下所研發的配方。由於加入了樹脂粉而提高材質的黏結力與柔韌性，可輕鬆應付磁磚或基底所產生的內應力，使磁磚不易脫落、鋪面歷久如新。適用於室內外各處的細縫施工。
（5kg／袋，NT.400元，圖片提供＿櫻王國際）

※以上為參考價格，實際價格將依市場而有所變動

圖片提供＿櫻王國際

▲ 易受水氣侵襲的瓷磚鋪面，選用添加奈米級抗菌成分的填縫劑，可避免填縫發霉、變黑。

這樣保養才用得久

1 善用磁磚清潔劑

磁磚專用清潔劑能快速除去磁磚表面的油垢與灰塵，卻不傷磁磚與填縫材。填縫材完全乾硬之後，也能用它來快速清除施工殘留在鋪面的墁料。此外，弱酸性的瓷磚清潔劑還能與混凝土裡面的成分進行反應，從而化解吐白（白華）的問題。

2 勤於維持鋪面乾燥

雖說，某些特殊的填縫劑能夠抗菌、防霉，效果卻非一勞永逸。以添加奈米矽片的抗菌產品來說，殺菌效果約可保持三年；之後仍得靠屋主自行努力。保持鋪面乾燥就是不二法則！

磁磚收邊條
收邊美化更精緻

30秒認識建材

適用空間	客廳、浴室、廚房、陽台
適用風格	各種風格適用
計價方式	以條（8呎）計價
價 格 帶	NT.20～6,000元
產地來源	台製、大陸製、歐美進口
優　　點	施工快速、加強收邊安全與精緻度
缺　　點	花色未必能完全符合磁磚

Q 選這個真的沒問題嗎

1 收邊條的材質有哪些？哪種材質比較耐久又漂亮？ 解答見P.217

2 收邊條可以自己更換嗎？更換時連磁磚也要一起換掉嗎？ 解答見P.217

磁磚收邊條（或稱「修邊條」），不僅是安全防護建材，也是修飾鋪面的好配件。以往，較講究的磁磚工程，在90度轉角處會以轉角磚來收邊。一片片的轉角磚，無論材質、色澤，都與瓷磚相同；然而，由於生產成本較高、搬運不便、施工易有耗損且工資不低，因而被市場淘汰。取而代之的是「收邊條」。每道牆角只需加裝一支長約8呎的收邊條，即能一次收好邊，快速又簡便！

目前，收邊條已發展出圓邊、斜邊與方邊等形式。花色與材質的選擇亦多；從PVC塑鋼、鋁合金、不鏽鋼、純銅到鈦金等金屬皆有。質感、價格及耐用度，隨著材質的厚薄與製造技術而有極大落差。若使用廉價品，可能會出現大幅破壞空間美感的弊端。此外，由於材質的關係，無法要求花色完全與磁磚相同，卻可藉此來當成設計的表現重點。

圖片提供_辰邦

種類有哪些

1 塑膠材質的收邊條

價格相對較低，花色最多變。由於塑膠的品質不一，耐用度因而有天壤之別。高檔的塑鋼（PVC）製品，受到重力衝擊也不易出現裂痕。劣質塑膠的製品，稍加敲打則四分五裂。

2 金屬材質的收邊條

鋁合金、不鏽鋼等金屬材質製成的收邊條，質感佳又耐用，價格較高。其中，不鏽鋼能抗紫外線，可同時用於外牆與內牆。

這樣挑就對了

1 不鏽鋼收邊條，要看板材與厚度

不鏽鋼依含鎳量多寡可分成不同等級，一般來說，含鎳量越高就越不易生鏽。此外，厚度也會影響堅固程度。目前的不鏽鋼收邊條多厚約0.4公釐，受外力碰撞時易有凹陷；最好能厚達0.8公釐以上。

2 大理石紋收邊條，看本體與貼膜

塑膠材質的成品，若使用回收塑膠，可能一敲就破；本體為塑鋼材質的收邊條，比較堅硬耐用。而表面使用進口的大理石紋膜製成會比台灣貼膜的較耐刮磨。

這樣施工才沒問題

1 洗縫時勿傷及收邊條

磁磚工程會先安裝收邊條，之後才填縫、再清除殘餘壞料（洗縫）。倘若在清潔磁磚表面的填縫劑時，用粗糙材質來洗縫，可能會傷及收邊條的表面。

2 金屬材質要用清水擦式

金屬材質的收邊條，應以清水沾濕的乾淨抹布或海棉來擦洗。尤其是鋁合金收邊條，應在進行磁磚抹縫的同時就立即擦去表面沾黏的壞料；否則表面會遭到侵蝕。

監工驗收就要這樣做

1 確認直立度和接縫

安裝於突出牆角的收邊條，由上往下檢視其角度，可確定是否安裝歪斜。磁磚和收邊條的密合度；若縫隙的間距過大，應立即要求工班拆掉重做。

2 確定收邊條有無缺損

確認收邊條在施工過程中是否因為碰撞而造成損傷。尤其是低價品，工班可能趁著交屋之前暗中以補土、噴漆的方式來遮掩破裂處；等到屋主發現時，也只能自掏腰包花錢重做了。

搭配加分秘技

強化金屬的冷硬質感

在衛浴空間的材質上選擇以金屬磚作為洗手檯兩側的貼面，而中間則單純以水泥裸色呈現，金屬磚的溝縫則採用不鏽鋼板與不鏽鋼邊條設計，粗獷中有細節與光澤感，使單純的化妝室也別有設計趣味。

圖片提供_邑舍設紀

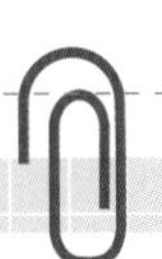

這樣保養才用得久

1 用水擦拭即可

收邊條無須特別清潔養護。但若有髒污時，PVC材質的收邊條，可經得起清潔劑與菜瓜布的刷洗；至於不鏽鋼及鋁合金材質，用清潔劑擦拭後，應立即再用清水擦拭乾淨。

2 更新得連同磁磚一起敲掉

通常達一定水準的收邊條，壽命至少二、三十年以上。若要替換收邊條，就得拆掉連接的整排磁磚，至少得花上四、五千元。建議一開始就採用品質有保障的產品，確認施工階段有無問題，以避免事後拆除的麻煩與金錢損失。

Chapter 12

居家收納的好夥伴

系統櫃

何謂系統傢具？所謂「系統」，指的就是高度相容、彼此可自由組合搭配的模組化元件；這些元件，包含了基本的板材、各種五金與配件。以板材來說，大多是一般民眾最常用到的尺寸與最受歡迎或目前較流行的板材，事先在工廠裁切、包裝好；再按照專業設計師規劃好的設計圖、搭配相關的五金或配件，由施工人員到現場組裝。

雖然元件尺寸與形狀為便於工廠大量生產而有所簡化，但成本往往比木作櫃來得低。此外，用系統傢具來裝潢居家也是個節省時間的方案，在現場只需組裝、無須施工，不僅省去施工時間，還可避免切割木料所造成的粉塵污染。對於一般想節省裝潢費用和降低甲醛污染的人，系統櫃就成為首要的選擇。而看似小而不起眼的五金，在系統傢俱中不容小覷，若想使用得更順手，在品質和產地的要求必須要嚴格把關。

種類	櫃體	五金配件
特色	主要由板材、門片和五金組合而成。在板材的部分，多使用塑合板、美耐板或木心板。	種類繁多，材質以不鏽鋼、鍍鉻製品為主。可依照設計選用適合的配件
優點	甲醛含量低、材質防潮防刮	協助櫃體使用更順暢
缺點	品質不一，需注意產地來源	品質不一需慎選
價格	依產品設計而定	依產品規格而定

設計師推薦
私房素材

權釋國際設計・洪韓華

圖片提供＿權釋國際設計

1 系統櫃・經濟實用的平民素材：系統櫃有相較於木作櫃的親民價格，且施工快速，完工後可立即搬入，不會有刺鼻的甲醛味。板材樣式也日益增多，甚至有陶烤門的材質，適合作為新古典風格的設計運用。另外，其抗潮的特性，使用濕抹布擦拭清潔都沒問題，對於注重居家清潔的人是一個很好的選擇。

圖片提供__綠的傢具

朵卡藝術空間設計・邱柏洲推薦

2 系統櫃・打造無毒居家環境：選擇好的系統櫃廠商，不僅在建材的選用上有安全無毒的保障，其櫃體的組裝也更紮實牢固。若系統櫃表面材質採用美耐皿，則外觀上不似一般系統假木面，不會有虛假感。且表面光滑不會卡髒且耐磨 ，對一般清潔劑、溶劑等具極佳抗性，非常容易清潔保養。

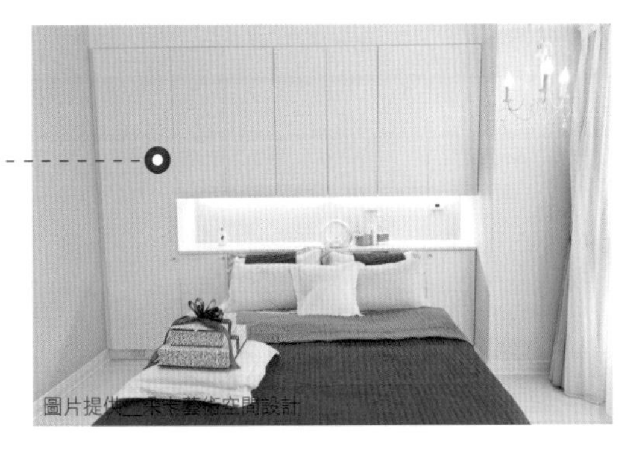
圖片提供__朵卡藝術空間設計

櫃體
客製化設計最貼心

30秒認識建材

| 適用空間 | 客廳、餐廳、臥房
| 適用風格 | 各種風格適用
| 計價方式 | 以才數計算
| 價 格 帶 | 依產品設計而定
| 產地來源 | 德國、歐洲
| 優　　點 | 甲醛含量低、材質防潮防乱
| 缺　　點 | 品質不一，需注意產地來源

Q 選這個真的沒問題嗎

1 **系統櫃在價錢上怎麼計算？一定會比木作便宜嗎？** 解答見P.220

2 **聽說系統櫃和木作櫃相比比較沒有甲醛味，是真的嗎？** 解答見P.221

3 **搬家時把舊的系統櫃搬去新家，需要再花一筆拆除組裝的費用嗎？** 解答見P.222

在居家裝修中，系統櫃的施工不但快速，而且又能減少木作櫃的所產生的甲醛，受到不少民眾的喜愛，在裝修的選擇上佔有一席之地。

系統櫃主要由板材、門片和五金組合而成。在板材的部分，多使用塑合板、美耐板或木心板。從玄關、客餐廳、書房到臥室都可依需求量身打造特定的系統櫃。大至可分成鞋櫃、玄關櫃、電視櫃、收納櫃、書櫃、衣櫃等。不同類型的櫃體，在功能上和五金的選配上都有不同的挑選重點。你可以直接購買單一的系統傢具回家自行DIY，也可委託廠商派專業人員到府組裝。

一般來說，系統櫃的價格沒有一定的定價，影響系統櫃的價格除了設計的複雜度、品牌與材質之外，還有以下三個因素較易影響價格：規格色、規格尺寸和五金配件的多寡。挑選規格色會比訂製的顏色約莫省下約10%的預算；採用規格的尺寸通常可以直接拿現貨，節省等待訂做時間；五金配件愈多，成本愈高，除非必要，建議可以逐步添購。

而傳統的木作櫃在施工步驟則比系統櫃多了貼皮、噴漆等，在工資上就會花費較多。但系統櫃若選用大廠牌或是增加五金配件等，這時就有可能會比木作貴了。

圖片提供＿綠的傢具

種類有哪些

1 客廳

（1）電視櫃：是客廳區空間的主角，透過造型、機能的有效規劃，配合整體裝潢打造風格滿足主人的生活需求。可依門片所使用的材質或樣式，搭配出專屬的個人風格與生活格調。

（2）收納展示櫃：顧名思義即是兼具收納與展示機能的櫃體，透過層板、門片、燈光的設計規劃，除了有效的機能配置之外，更能成為廳區當中的視覺焦點。

2 書房

（1）書櫃：書櫃在規劃功能上要能符合屋主現在與未來的藏書量、尺寸、大小，於是在層架的設計安排上，多以活動方式為主，滿足屋主需求，同時也要考量板材的耐重量是否足夠。

3 臥房

（1）衣櫃：櫃體設計上以符合屋主藏衣量為主，透過門片的材質挑選，作為與整體風格的呼應，其中五金與櫃體內配件視需求做搭配。

（2）化妝台：依屋主需求、空間大小為主，可以設計為上掀式的功能，保持桌面整齊外，化妝物品可以分類放置於桌面下方。

4 更衣室

更衣室為獨立的空間，多以開放式的層架設計或衣櫃規劃為主。配合五金，可以不用預留打開衣櫃門的距離，規劃出符合屋主需要的收納空間，可視收納物件做高度不同的分類計畫。

這樣挑就對了

1 材質以防潮、耐壓為優先考量

在材質的挑選上，為因應台灣海島型潮濕氣候，板材必須符合耐熱、防潮高標準。以表面材質來說，大多採用塑合板，塑合板因其膠合密度高、空隙小，所以不易變形，並且具有防潮、耐壓、耐撞、耐熱、耐酸鹼等特性。

2 從板材的重量和剖面判斷

在挑選時，不妨實際感受一下板材的重量。品質較好的板材通常重量較重，剖面處的的孔隙愈密，板材則愈密實耐重。反之則亦然。

3 注意產地來源

多數有信譽的廠商會採用歐洲進口的板材，如

攝影__江建勳

▲ 從板材剖面的空隙疏密可判斷品質好壞。

德國、奧地利、比利時等。其甲醛含量經過嚴格的把關。有些較小的廠商可能會混雜大陸或東南亞的板材，在選購時必須謹慎小心。

4 注意甲醛含量

廠商與產地不同而有良窳之分。一般來說，歐洲廠牌的板材都符合低甲醛的環保標準，耐用度也較高。以甲醛含量來分，有E0級和E1級，E0級的甲醛含量趨近於零，E1級的則為低甲醛。都為經過政府許可標準的板材。因此，購買系統櫃時，認明環保標誌，有助於打造環保無毒的居家空間。

這樣施工才沒問題

1 針對現場防護措施

現場地磚、木地板、現成傢具的防護，例如鋪上養生膠帶或防潮布。

2 施工機具位置進行防護措施

機具擺放位置並進行多層保護，避免傷害到原有的傢具。

3 施工完畢要清潔乾淨

維持現場清潔是很重要的，每日施工完畢後都要進行初步清潔。

4 填縫材質可視縫隙大小選擇
系統櫃因為板材有制式規格，組裝完後難免會遇到無法剛好填滿，出現縫隙的狀況，這時可視情況選擇利用木板或矽膠將縫隙補平，但若縫隙超過2公分，建議以木板封平較佳。

5 若瞭解拆裝順序，可自行安裝
若要將系統櫃移至別處拆裝使用，只要找專業有信譽的廠商或設計師幫忙拆卸組裝，但通常都會另計拆裝費用，1公分約NT.40元，改裝費和材料費則再額外計算。若自己懂得拆裝的順序，手上也有補料，要DIY進行也不成問題。

監工驗收就要這樣做

1 測試櫃體部分
現場試開每片門板與抽屜是否開闔動作流暢，門板安裝應相互對應，高低一致，所有中縫寬度應一致。

2 測試電源
檢查電源配置部分是否具備完整電力。

達人單品推薦

1 廚櫃

2 高身收納櫃

3 電動式升降吊櫃

4 轉角功能櫃

1 具有寂靜緩衝滑門，採用油壓緩衝五金，可以減緩關門時的聲音和衝擊。
（尺寸、價格電洽，圖片提供_竹桓股份有限公司）

2 大尺度的收納空間擴增使用量，下方還有親子腳踏收納底櫃，不僅可做收納，也是取放高處物品的踏腳凳，具有自動上鎖裝置避免滑動。
（尺寸、價格電洽，圖片提供_竹桓股份有限公司）

3 防夾手的智慧功能，在升降中遇到障礙物能即時停止。
（尺寸、價格電洽，圖片提供_竹桓股份有限公司）

4 可移動的餐車模式，方便烹飪時快速取用，可將使用頻率較低的物品收納於兩側邊的三角拉籃，完全利用畸零空間。
（尺寸、價格電洽，圖片提供_竹桓股份有限公司）

這樣保養才用得久

1 使用一般居家清潔劑即可
若使用的板材為塑合板、美耐板或木心板等，以棉布沾中性清潔劑擦拭再以清水擦拭，棉布擦乾，切勿使用強酸和強鹼液體及香蕉水、松香水等高蒸發性溶劑擦拭。

2 勿用菜瓜布等較粗的材質擦拭
以菜瓜布擦拭可能會刮傷門板，應避免使用。另外，塑合板的表面可使用啤酒可去污，再用抹布擦拭，可常保光亮如新。

3 利用修補筆延長板材使用壽命
使用了五、六年後，板材難免會有損傷或有拆卸時留下的鑽洞孔，此時可利用修補筆遮蓋。舊板材就可以再重複利用，能省下重新添購的預算。

搭配加分秘技

利用不規則的板材營造層次感
誰說系統櫃都是很制式？利用不規則的方格排列，系統櫃看起來更有層次，也成為空間中的視覺焦點！

攝影__江建勳

特殊刷色展現鄉村風格
為了統一整體風格，系統櫃體的門板選用仿舊刷色以及線板樣式，再配上造型把手，流露濃厚的鄉村風情。

圖片提供__摩登雅舍

五金配件
讓櫃子好用又順手

30秒認識建材

| 適用空間 | 客廳、餐廳、書房、臥房、更衣室、小孩房
| 適用風格 | 各種風格適用
| 計價方式 | 以件計價
| 價 格 帶 | 依產品規格而定
| 產地來源 | 德國、歐洲、台灣
| 優　　點 | 協助櫃體使用更順暢
| 缺　　點 | 品質不一需慎選

Q 選這個真的沒問題嗎

1 聽說國外進口的五金比國產五金品質來得好，是真的嗎？ 解答見P.224

2 在挑選五金時需要注意什麼？可以選鐵製的五金嗎？ 解答見P.225

3 完工後，我要怎麼測試才知道師傅有沒有裝好？ 解答見P.225

五金是系統櫃中的配角，雖然看起來不起眼，但對於在使用品質優良的五金，都讓系統櫃在設計搭配上獲得不少加分。然而進口的五金就一定比較好嗎？其實不然。不同產地的五金，會有不同的優勢。有些國產的五金都是外銷國外，品質有一定的水準。不妨依照自己的需求和預算，再選擇國產和進口的五金。

以滑軌而言，為了避免抽屜關閉時發出巨響，配備有緩衝功能的滑軌是最基本的; 為了美觀以及避免幼童不慎撞及把手，免把手設計滑軌也可以考慮。只是要慎選這樣的滑軌，因為大部分的免把手不僅犧牲了緩衝的功能，而且不允許強拉開啟，萬一滑軌故障，抽屜無法打開。為了美觀，避免抽屜開啟時露出冰冷的滑軌，隱藏式滑軌漸受歡迎，這種滑軌是安裝於抽屜下方而非側面。

而在把手部分，透過按壓方式的隱藏式設計即考慮到家中孩童在活動上的安全性。另外，在衣櫃鉸鍊的設計上，也顛覆傳統門片只能打開90度的制式規格，藉由130度的開門設計，讓業主收放拿取衣物或物品更為輕鬆自在。

圖片提供_竹桓股份有限公司

種類有哪些

1 依材質分

五金在材質上大多為不鏽鋼、鍍鉻製品，不鏽鋼的材質較堅固耐久。另外，還有鐵製加工的材質，但此類五金較容易發生生鏽的狀況，在使用上要特別謹慎。

2 依五金樣式分，種類繁多，僅列出常用五金

（1） 隔板粒：系統櫃中支撐層板的隔板粒，種類也各有巧妙不同，搭配玻璃層板的隔板粒，為了防止玻璃滑動，會在隔板粒上加裝兩圈防滑套。而與木層板搭配的隔板粒，則以表面平整、下有蹲座的樣式最常見。

（2） 鉸鍊：用來開關門片的旋轉五金，通常為不鏽鋼製。由於使用率高，用久了容易卡住或有異聲，在選材上要注意選用耐久的材質。

（3） 抽屜滑軌：可選擇有無緩衝式的滑軌。一般來說，緩衝式的滑軌能降低開關時的噪音，並且能夠避免過度用力開闔而造成縮短五金的使用壽命。

這樣挑就對了

1 以使用者需求為導向

主要配合空間設計選擇適合的五金配件。若小物品擺放所需的空間不大，可選用格架以增加擺放空間。

2 挑選適量的五金

選用越多五金，相對費用越高，所以適量是很重要的。挑選五金時可以先比較一下重量，因為有些五金可能是空心的，相較之下就能分辨出虛實。

這樣施工才沒問題

1 鉸鍊

五金的好壞考驗著系統櫥櫃的耐用程度，尤其是銜接門片與櫃身的鉸鍊。如果品質不好或是安裝數量不足，門片就很容易變形。

2 滑軌

軌道結構（鋼軌、接頭、軌枕及道碴）與安裝時的溫度等鋪設條件，在施工時須特別加以注意。

3 其他五金

施工時應確認所有配件都已安裝，缺少配件可能會導致結構不穩，或是功能不正常，並注意結合處是否有破損影響結構。

監工驗收就要這樣做

1 檢查五金外觀

觀察五金外觀是否有瑕疵損傷，若有則重新更換。

2 實地操作，檢查功能是否正常

具備活動或移動性質的五金，像是鉸鍊和緩衝裝置，順暢度是首項要求。建議完工後實際使用一遍。並且要注意結構是否穩固，避免操作時損壞崩解。

3 試用抽屜時請記得用點力

抽屜的緩衝裝置和承重量是測試重點，因此在測試櫃子抽屜時用力推拉，才能感受五金的品質和手感。

達人單品推薦

1 古銅鉸鍊

2 鄉村櫃門把手

3 復古門把

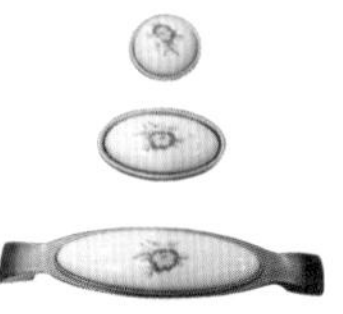

4 抽屜把手

1 質樸的造型鉸鍊，無須重新上色便能呈現懷舊氛圍。
（尺寸、價格電洽，圖片提供_東順五金）

2 以花草為主題的把手，是鄉村風格居家中重要的點綴裝飾。
（尺寸、價格電洽，圖片提供_東順五金）

3 深棕色的圓潤造型，能帶來溫厚樸實的感受。
（尺寸、價格電洽，圖片提供_東順五金）

4 各式造型的抽屜把手，能適用於不同櫃體的需求。
（尺寸、價格電洽，圖片提供_東順五金）

Chapter 13

烹煮食材的場域

廚房設備

近幾年，開放式廚房的設計越來越盛行，已打破了廚房原本為密閉式空間的觀念，廚房與生活空間的藩籬逐漸消失，再加上外觀的設計朝向精緻化路線，對美感的要求越來越高，以充滿質感的廚房設計為導向，廚房就成了營造居家氛圍重要的一景。

種類	檯面	廚櫃	門板	爐具	排油煙機	水槽
特色	為擺放或切剁食材的區域，材質以不鏽鋼、人造石、美耐板為主。	可分成不鏽鋼桶身、木心板桶身等，可做成底櫃或吊櫃	為廚具外觀的門面。材質多樣，包含鋼琴烤漆、美耐板、實木和不鏽鋼等	能夠有效節能節源的瓦斯爐為主流，外觀也朝向精緻化設計，具有造型感的電磁爐和電陶爐也佔有一席之地	分為傳統斜背式、歐風倒T式和具有特殊造型的款式	以大尺寸的設計為主，材質有不鏽鋼、人造石等
優點	便於擺放料理食材或器具	具有收納量、方便拿取物品	防水耐潮，外型樣式選擇多	具有高熱效率、節能省電	具有高排煙力，吸納廚房異味	靜音、耐高溫
缺點	有些材質易有不耐潮濕的問題，使用壽命較短	轉角處容易設計不當，需多加注意	有些材質不耐刮，需特別注意	造價高	若排油煙管設計不良，易有火災危險	琺瑯製的使用年限較短
價格	依產品設計而定	依產品設計而定	NT.400～2,000元	NT.6,000～20,000元	NT.5,000～20,000元	依產品設計而定

設計師推薦 私房素材

朵卡藝術空間設計・邱柏洲推薦 圖片提供＿朵卡藝術空間設計

1 門板・以陶板製成更耐污：陶板經過1,150℃高溫釉燒，超光滑的表面讓油污更輕易擦除。比起美耐板、結晶鋼烤製成的門板，其強度更強，耐刮耐洗，若再加入奈米抗污技術還可以防污抗菌。陶板的外觀種類繁多，可燒成霧面或做出各種紋路，能營造出不同風格的廚房。

圖片提供＿竹桓股份有限公司

檯面
切洗食材的工作檯

30秒認識建材

適用空間	廚房
適用風格	各種風格適用
計價方式	以材或以公分計價
價格帶	依材質不同，價格不一
產地來源	歐洲、台灣
優點	防刮耐污、耐高溫
缺點	有些材質易有不耐潮濕的問題，使用壽命較短

Q 選這個真的沒問題嗎

1 **哪一種檯面的材質在清理上比較容易方便？** 解答見P.229

2 **聽說人造石檯面不耐熱，容易裂開是真的嗎？** 解答見P.229

3 **檯面平時要怎麼保養才能夠使用比較久？** 解答見P.230

廚房檯面一向是切洗食材的重要場域，在挑選時除了考量到外觀，最重要的是考慮檯面材質是否有耐刮、耐潮、耐熱等特性。常見的檯面材質包括人造石、不鏽鋼、天然石、美耐板、石英石等。

早期的檯面多以天然石材為主，但由於天然石材擁有毛細孔，液體容易滲入也易藏污納垢，因此，研發出仿石材的人造石產品。人造石除了具有耐磨、耐污、好清理等特性，整體造價也比天然石材低廉，已成為不少人使用檯面的建材首選。目前大多數的廚具多以人造石檯面與不鏽鋼水槽做出一體成型的設計，讓水槽、檯面、甚至背牆，形成一個無接縫的操作環境。

石英石是近年新興的材質之一，其材料90%以上採取石英矽砂，再加入少許寶石、礦石、玻璃、鏡片等製成。石英石的熔點高達1,600℃，因此特別耐熱耐磨，使用年限較長。

圖片提供＿近境制作

種類有哪些

1 天然石

早期多使用大理石和和花崗石作為檯面，雖然紋理質感佳，但天然石材具有毛細孔，且有熱漲冷縮的特性，容易吸附水氣和油污，時間一久表面容易發黃。並且大理石的硬度較低，不適合在上面進行切剁的動作，因此則較不建議使用。

2 美耐板

美耐板的優點在於耐磨、不易刮傷。但若美耐板的轉角接縫處沒有做好防水處理，容易會發黑，甚至會造成底板腐壞、表面翹曲的情況。

3 不鏽鋼

以不鏽鋼作檯面，不僅耐磨耐用，防水又抗酸鹼，是現今較常使用的檯面材質。但表面容易產生水紋較難清除，若用菜瓜布等用品擦拭則易有刮痕。

4 人造石

人造石屬於一種合成產品，利用樹脂加入色膏、樹脂顆粒、石粉等所製造而成，外觀仿造天然石材，擁有石材紋理卻沒有毛細孔，防髒、耐污、好清理更是其最大優點，但人造石不耐刮，若出現刮痕可請廠商打磨處理。

目前人造石所使用的樹脂多為壓克力（MMA）與聚酯樹脂（Polyester）兩種原料，建議使用壓克力製成的人造石，除了本身材質穩定、具韌性外，使用約10年之後才會產生黃變。但聚酯樹脂無韌性、易產生黃變，且隨時間愈久質地會變硬，即容易產生脆裂現象。

圖片提供＿竹桓股份有限公司

▲ 不鏽鋼檯面在清理上需用海綿擦拭，不可使用鋼刷等堅硬的洗滌物品，避免留下刮痕。

5 石英石

以石英矽砂、少許寶石、礦石、聚酯樹脂等採高溫高壓及真空震動所製成的，以塊狀方式製成之新型石材。其優點為硬度高、耐磨耐熱。石英石越厚、硬度越高，因此若太薄，會有脆裂的可能，大部分的廠商會將厚度做到1.5cm左右。另外，石英石的材質大且重，安裝也較費力費工，價格上也相對提高不少 。

這樣挑就對了

1 詢問產地來源

選購檯面時要仔細詢問廠商產地來源以及尋找有優良信譽的廠商。以人造石檯面為例，不少廠商為了降低生產成本，往往會選用不適用於製造人造石的樹脂，製造出來的人造石運用在檯面上，不但非常不耐磨，更重要的是很容易引起檯面的老化和泛黃。此外，在使用人造石時，也要細心使用與做好保養工作，才能延長人造石的使用壽命。

種類	天然石	美耐板	不鏽鋼	人造石	石英石
特色	以花崗石或大理石製成，花崗石的材質較硬較耐久。	分為面材和底材。底材多為塑合板和木心板製成，有些面材則為貼美耐皿處理	不鏽鋼製耐熱，防水機能一流，但表面容易有刮花的情形	可塑性極高，易做造型設計，且具有高達160℃～180℃的耐高溫特點與耐酸鹼。表層可進行研磨、拋光處理	以石英矽砂製成，硬度比人造石高，且耐高溫
優點	紋理獨一無二，質感佳耐高溫。	防刮耐磨，好清理	耐酸鹼、高溫，清理容易，可回收再利用	硬度高，較耐磨防水	耐高溫、耐磨
缺點	有毛細孔，易產生吃色現象，可塑性低	不耐撞，表面如有破口易受潮	表面易有刮痕	怕刮、不耐高溫，會有吃色的情形	厚度薄則易脆裂。價格和裝設費用較高
價格	NT.150元起／公分	價格不一	NT.2,000元起／才	NT.50～200元／公分	依進口匯率而定

2 眼睛察看表面光澤

為了避免選購到聚酯樹脂（Polyester）製成的人造石，可用眼睛察看表面光澤度來判定。壓克力（MMA）成分的人造石表面較為光亮；聚酯樹脂（Polyester）成分的人造石表面則呈現霧霧的感覺。

這樣施工才沒問題

1 檯面以R角處理

包括不鏽鋼、人造石檯面皆可做R角處理（R=Round，為邊緣做圓弧造型），讓檯面延伸至背牆的轉角做圓弧處理，避免積累污漬。

2 精準測量尺寸

同服裝剪裁一樣，凡是「石」類的檯面都須先在現場「打版」而後才進場依樣裁切，通常是在廚櫃組裝完工後，於現場先做「板模」，精準地裁量出轉角空間的角度，讓檯面與壁面更為密合。

監工驗收就要這樣做

1 檯面結合要平整

不論是L、ㄇ字型的廚房設計，在檯面的接合處及轉角都要注意是否有平整連接，並且轉角收頭要做到一致性，以免影響美觀。

2 檯面的邊緣需確實處理毛邊

檯面的表面不得有凹痕與碰傷的情況，也要注意下緣部的毛邊是否處理確實，以避免刮傷。

達人單品推薦

1 不鏽鋼檯面

2 浮凸加工不鏽鋼檯面

1 採用高於商業等級的1.2mm不鏽鋼素材，好清理又不易留污漬，再加上可滑動式的滴水盤設計，使用更加便利。
（尺寸、價格店洽，圖片提供_竹桓股份有限公司）

2 檯面採用不易看出刮痕的砂面塗裝，再以特殊浮凸加工的不鏽鋼處理，可防止檯面刮傷，讓清潔保養更容易。
（尺寸、價格店洽，圖片提供__全勝祥實業）

這樣保養才用得久

1 避免使用鋼刷刷洗

平時以中性清潔劑清洗即可，避免使用鋼刷、菜瓜布等容易刮傷檯面的用品刷洗。檯面應隨時保持乾燥，以延長使用壽命。若在人造石檯面上打翻醬油等深色液體，應立即擦拭，避免造成吃色的情形。

2 人造石檯面耐溫性不高

人造石的表面耐溫性低，若要放入高溫鍋具時，記得要在底部墊一層隔熱墊，以免過熱鍋具或電器用品傷及人造石檯面。另外，搭配的爐具面板要記得選擇玻璃材質，玻璃材質能與熱絕緣，過去常見的鐵或不鏽鋼材質則容易導熱，易加速人造石遇熱裂開的情況。

3 不直接在檯面上進行切剁動作

許多檯面材質都有耐刮的特性，但有些材質較軟，需避免直接使用尖銳物去刮，或將食物直接放在檯面上做切割動作。

搭配加分秘技

以多重機能串連空間
以人造石工作檯做為公共空間的活動核心，位於廚房這邊是料理檯，空間轉換至客廳，則成了沙發背牆，檯面繼續延伸，以微幅轉折與段差做變化，視屋主需求可當成工作桌或餐桌靈活使用。

圖片提供＿演拓空間室內設計

開放式廚房增設多功能吧檯
開放式廚房增設吧檯，作為輕食餐檯，吧檯一角，讓此工作區塊能夠擁有彈性運用的機能，成為生活的延伸。

圖片提供＿馥閣設計

廚櫃
隨手收納超省力

30秒認識建材

| 適用空間 | 廚房
| 適用風格 | 各種風格通用
| 計價方式 | 以整體需求而定
| 價 格 帶 | 整組計價，依產品設計而定
| 產地來源 | 日本、歐美、台灣
| 優　　點 | 具有收納量、方便拿取物品
| 缺　　點 | 轉角處容易設計不當，需多加注意

Q 選這個真的沒問題嗎

1 廚櫃桶身有木心板、不鏽鋼等材質，選擇哪一種比較好？ 解答見P.233

2 吊櫃要做多高，才比較適合媽媽使用呢？ 解答見P.233

隨著廚櫃和內部五金收納不斷推陳出新，各式各樣廚櫃為空間做了最有效率的運用，在收納規劃和廚櫃使用上有各種不同的設計巧思。

製成廚櫃的櫃體，在坊間都統稱為「桶身」，材質大致可分為木心板、塑合板、不鏽鋼等。其中，不鏽鋼的桶身具有防水，防腐蝕的功能、堅固耐用，建議用於有裝置水槽的底櫃。而木心板和塑合板桶身較容易受潮，一旦有受損，細菌和蟑螂較容易滋生，因此較適合用於上方的吊櫃，相對而言比較不容易有沾水的機會。

另外，廚櫃形式可分成吊櫃、底櫃和落地櫃。一般在收納不常用且較重的器具時，建議可放至底櫃，且盡量往櫃內底部擺放；較輕、使用頻率高的物品應擺放於靠近櫃門的地方。

為了能更容易拿取物品，考量到日常操作的便利，吊櫃多朝向更省力的設計發展。最廣為人知的便是自動式或機械式升降櫃，對於行動不便的長者或身材嬌小的婆家庭主婦而言，能省去使用椅凳取放吊櫃物品的不便。

收納設計包括拉籃、側拉籃、抽屜分格櫃等，另可於轉角空間規劃旋轉式轉盤，較不容易受限於空間而更方便拿取器皿。爐台旁的空間最適宜規劃擺放料理調味瓶瓶罐罐，有助於烹煮時順手拿取。

內部的收納層架也是挑選的重點之一，大致有兩種選擇：固定式的層板和可移動的轉盤。在轉角處通常使用旋轉盤，方便拿取物品之外，也不浪費收納空間。

圖片提供＿弘第HOME DELUXE

種類有哪些

1 吊櫃

位於廚具上方，增加廚房的收納機，一般來說吊櫃放置的物品以「不擺重」為原則。收納設計包括自動式或機械式升降櫃、下拉式輔助平台、下拉抽等。升降櫃有60公分、80公分、90公分等款式，建議收納容量需求大的消費者挑選最大尺寸，以免收納空間因扣除了升降櫃兩側的油壓五金，不敷日常使用。

另外，若吊櫃設計得太高，嬌小的女性就無法拿取吊櫃的物品，以小凳子輔助也十分不方便，因此在設計吊櫃的高度時，則以最常使用廚房的使用者身高先決定流理台的高度，再往上加55～60公分，為吊櫃的最適高度。

2 底櫃

可做於爐台和水槽下，適合收納體積大、重量重的器具。像是瓦斯爐或水槽下方的空間約有80～90公分寬，可搭配拉籃收納一些較重的大鍋具。而爐台下可設計拉式抽屜，放置常用調味料。若廚房為L型設計，轉角櫃可用旋轉式五金，更方便收納物品。

3 落地櫃、高櫃

若需要收納的物品很多，使用落地櫃和高櫃是最能有效擴充廚房的收納空間，除了可收納電器、餐具之外，還有乾糧儲藏櫃等功能。搭配拉板或活動式垃圾筒等，滿足隨手整理家務的使用需求，又可完美融入高櫃裡。

這樣挑就對了

1 注意選用的櫃體板材

廚房櫃體一般可分為實木板材、木心板與環保板材，實木板材價格最貴，環保板材較便宜，木心板材重量最輕。實木板材美麗又有質感，卻不見得適合台灣，尤其北部氣候較為潮濕，實木廚櫃在使用多年後常見變形的問題。

2 選用適合的五金材質

各式收納層架五金的材質分為鐵、不鏽鋼、鐵鍍鉻、不鏽鋼鍍鉻等。其中不鏽鋼鍍鉻較不易生鏽，而鐵製品則需要費心保養，在挑選時宜多方觀察比較。

3 層板式設計，空間省最多

拉籃設計雖然便利拿取，但實質的收納空間不如層板式設計，對於廚房收納需求高的家庭來說，還不如採層板設計搭配密封式收納盒的方式，來得實用經濟。

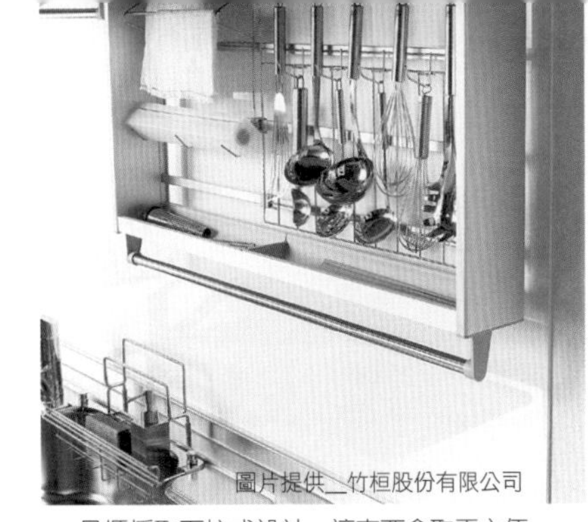
圖片提供＿竹桓股份有限公司

▲吊櫃採取下拉式設計，讓東西拿取更方便。

這樣施工才沒問題

1 確認五金軌道的精準度

完工後實際開拉各抽屜一遍，以確認安軌道是否有安裝精準、確實。

2 電動式收納需於事前規劃水電配置

廚櫃裡是否裝置電動式收納設計，在廚房規劃時應一併提出，於水電配置時進行修正補強。

3 轉角櫃以拉盤設計較方便拿取

轉角處因為無法同時打開兩邊櫃子的門，所以轉角櫃內部搭配拉盤的話，才方便將放在裡面的物品拉出取放。

監工驗收就要這樣做

1 防鏽處理要確實

櫃內式五金如屬於滑動型如滑軌，若材質為鐵製，表面的防鏽處理要確實，滾輪或滾珠是否容易做防鏽保養。

2 塑膠類五金勿受熱

塑膠類的五金避免脆化或因撞擊、遇熱受到破壞。

這樣保養才用得久

1 櫃體層板以中性清潔劑擦拭

平時以中性清潔劑擦拭即可，避免使用強酸強鹼清潔，以免弄傷層板的表面材質。

2 收納五金上蠟或潤滑油保養

若開啟時覺得不夠順暢，有卡卡的感覺，可能是五金出了問題，可上蠟保養維持順暢度。

達人單品推薦

1 隱藏式下拉收納組

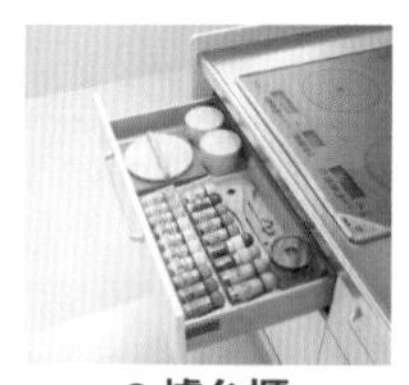

2 爐台櫃調味品收納

3 LEICHT 轉角碗豆櫃

4 LEICHT City style古典廚櫃

1 將上櫃後方不容易取物的空間，設計為隱藏式的手動升降組，不僅美觀更是一種貼心的空間利用設計。
（尺寸、價格店洽，圖片提供_全勝祥實業）

2 在爐台下另設計各種調味品的放置專區，讓烹煮飲食更方便。
（尺寸、價格店洽，圖片提供_全勝祥實業）

3 在廚具高櫃的轉角處，運用拉盤五金讓空間充分被利用不浪費，鍋具、餐具都能輕鬆取用。
（尺寸、價格店洽，圖片提供_弘第HOME DELUXE）

4 將廚具設計延伸到其他空間，相同的廚具材質，簡約的線條，營造出一種輕盈的新古典型式。不僅可作廚房收納櫃，即使放在起居空間，也彷彿精緻的傢具般優雅。
（尺寸、價格店洽，圖片提供_弘第HOME DELUXE）

搭配加分秘技

木與石的完美搭配
以人造石塑出吧檯高度，下方再嵌入木質櫃體，以溫潤木質柔化人造石的剛硬，而上方搭配的鐵件杯架則讓空間增加俐落現代感。

圖片提供_禾築設計

門板
展現廚房美感元素

30秒認識建材

| 適用空間 | 廚房
| 適用風格 | 各種風格適用
| 計價方式 | 以才計價
| 價 格 帶 | NT.400～2,000元
| 產地來源 | 日本、歐美、台灣
| 優　　點 | 防水耐潮，外型樣式選擇多
| 缺　　點 | 有些材質不耐刮，需特別注意

Q 選這個真的沒問題嗎

1 用水晶門片要怎麼配才會好看又有質感？ 解答見P.237

2 門板需要費心保養嗎？用一般的廚房清潔劑擦洗可以嗎？ 解答見P.235

廚房的門板設計，是美學表現重要的一環，隨著廚具設計傢具化、新科技的引進，門板設計也出現了令人驚奇的變化。不論是清潔便利的烤漆玻璃、或是具有木質紋理和立體觸感的質樸實木貼皮，不同的門板設計，搭配不一樣的設計風格，讓廚房的空間與起居室、餐廳更能相互輝映。

門板的結構可分成底材、面材和封邊等。底材的種類可概分為密底板、木心板、塑合板、不鏽鋼板、玻璃等。表面的面材，又分為烤漆與貼皮。一般若想擁有光亮的高雅質感，選擇鋼琴烤漆或玻璃烤漆都能有不錯的表現。但在選擇材質上還需考量自身的烹煮習慣，若為中式的大火快炒方式，使用好清理的材質較方便。而大部分的材質用中性清潔劑就可去除髒污，只是需避免使用菜瓜布，以免刮傷表面。

圖片提供＿竹桓股份有限公司

1 鋼琴烤漆

底材多以密底板製作，表面需經過7～10層的烤漆手續處理，外觀呈現光亮的表面，質感佳，能在小空間中具有放大的效果。具有不易掉漆，易清洗的優點。經常和鋼琴烤漆相比較的為「結晶鋼烤門板」，結晶鋼烤門板的外層為壓克力材質製成，價格較便宜，也能呈現如鋼琴烤漆般的光亮。但結晶鋼烤硬度低，易刮傷，且表面僅有素色的選擇，不若鋼琴烤漆可做出不同的花紋。

2 實木

門板以實木貼皮的作法呈現，底材為一般的木心板或密底板。要注意的是，實木具有毛細孔，較容易吸附髒污，所以使用完後要以濕布清理表面油污。

3 強化烤漆玻璃

以木心板為底材，面材以烤漆玻璃貼覆。其外觀呈現光亮的質感，且硬度比不鏽鋼更高，再加上玻璃表面的毛細孔較細，不容易吃進髒污，也較容易擦洗。

4 不鏽鋼

不鏽鋼門板在表面塗覆一層薄膜，具有隔髒的功效，便於日常清理擦拭，不留手痕，且不容易附著污漬和烹煮過後的殘留氣味。

5 美耐板

底材多為密底板或木心板，表面再貼上美耐板。美耐板具有耐刮耐熱的優點，價格也較平價，但底材仍為木材原料製成，若表面的封邊條處理不夠完善，水氣滲入後木料會膨脹變形，造成表面脫膠翹曲的情形。

1 以烹煮習慣決定使用哪種材質

在家開伙下廚的頻率、是否習慣油煙料理的飲食，是決定門板規劃的重要考量。若為大火快炒的中式料理，材質建議選擇好清理不沾油的較方便。

2 門板樣式 與整體風格作配置

廚房採開放式設計，門板樣式、顏色亦須考量與室內裝修的融合問題，而不同的型式、材質與封邊設計等，也都會影響門板的價格。

1 施工前進行正角處理

櫃體在工廠施工時，即應先進行「正角」的處理，意即櫃體的角都要是90度，如此一來，在現場安裝門板時才會接得好。

2 木紋門片需先對花

如果挑選的是木紋或特殊圖案的門板款式，安裝前應先做好「對花」的排序後，再安裝，避免發生錯誤。

3 安裝前櫃體前先抓水平，才能確保門板不歪斜

底櫃在安裝前要先抓現場水平，避免踢腳板的抽屜卡住。安裝吊櫃前除了抓水平，還要抓垂直，這是考量到台灣建築常有「牆斜」問題，免得門板安裝後卻發生「不正」的現象。

1 確認與櫃體的密合度

門板和櫃體必須要確實密合，需避免有離縫的清況，造成蟑螂或害蟲等異物入侵。

2 門板要對稱

上下櫥櫃的門板要有對稱性，避免影響視覺觀感。

種類	鋼琴烤漆	實木	強化烤漆玻璃	不鏽鋼	美耐板
特色	呈現亮面質感，烤漆層可施作從3層、7層、10層等，層次愈高，硬度愈高	木紋自然，質地溫暖，易搭配室內空間風格，質感高級	外觀光潔亮麗，具透明感。	散發出金屬現代風格	材質耐刮防火，外觀種類繁多，從木紋面到金屬面的質感都有
優點	表面光滑，清潔容易	紋理質感良好	易於清潔保養，硬度也比鋼琴烤漆高	防水耐熱，好清潔	耐用、耐刮，好保養
缺點	怕刮，忌強酸鹼	天然實木遇水容易膨脹變形	因人身安全考量，不適用於底櫃。烤漆玻璃背易受尖銳物品刮傷	不適用於溫泉地區，易產生氧化現象	接縫處容易產生髒污
價格	NT.500～1,200元／才	NT.500～1,500元／才	NT.400～800元／才	NT.500元起／才	NT.100元起／才

達人單品推薦

1 bulthaup沙漠棕鋁合金面板

2 SieMatic S1淺橡木色實木貼皮門板

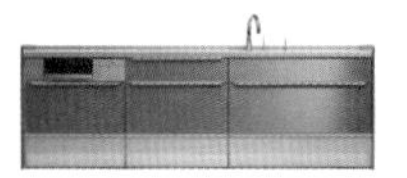

3 不鏽鋼門板

4 LEICHT Concept40

1 獨家的技術使鋁合金表面呈現飽和的色彩，溫潤有質感的色澤，為廚房增添高貴典雅的氛圍。除了沙漠棕之外，還有煙燻灰、古銅棕的色調可供選擇。
（尺寸和價格電洽，圖片提供_楠弘廚衛）

2 極簡風格的S1淺橡木實木貼皮門板，天然的木紋，讓人充分感受空間中的自然氛圍，使得廚具設計與起居室等其他空間相互融合而不顯突兀。
（尺寸、價格店洽，圖片提供＿寶廚）

3 在不鏽鋼的外層塗佈一層防護膜，能有效預防髒污，也加強表面的耐刮程度。極具金屬質感的門片，不論搭配何種風格都很適用。
（尺寸、價格店洽，圖片提供＿全勝祥實業）

4 以40cm的等比例切割門板，水平組合排列，創造隱藏式收納，可依廚房配備隨意搭配的設計，顛覆一般廚具門片的制式規格，甚至可延伸到客廳或起居空間。
（尺寸、價格店洽，圖片提供＿弘第HOME DELUXE）

搭配加分秘技

實木油機罩決定廚房鄉村味

採用英國進口的白色廚具門板，以及典型實木油機罩，壁面貼覆特色花磚，地板花磚讓鄉村廚房更原汁原味！

圖片提供＿陶璽空間設計

爐具
讓烹飪節能有效率

30秒認識建材

| 適用空間 | 廚房
| 適用風格 | 各種風格適用
| 計價方式 | 以組計價
| 價 格 帶 | NT.6,000～20,000元
| 產地來源 | 日本、歐美、台灣
| 優　　點 | 具有高熱效率、節能省電
| 缺　　點 | 造價高

Q 選這個真的沒問題嗎

1 不同的瓦斯爐面材質，會有什麼差別呢？ 解答見P.239

2 瓦斯爐安裝完後，要怎麼檢視有無裝設完備？ 解答見P.240

攝影＿王正毅

對於習慣明火料理、大火快炒的人來說，瓦斯爐是最佳選擇。喜歡少油煙的料理，或者是開放式的廚房設計，外型美觀的電陶爐或電磁爐則廣受大眾喜愛。

而經濟緊縮的現代，大眾在家電的使用上，則逐漸傾向購買具有節能省電的器具。因此，廠商也極力研發更符合環保訴求的設計，例如內焰式的瓦斯爐，強調火力集中的效果，讓烹調過程縮短，無形中就達到節能的目的。近年政府極力推動節能標章認證，國產的爐具許多都獲得政府的認證，確保可有效節省能源也更經濟。此外，瓦斯爐的防空燒設計，以及瓦斯熄火的自動切除裝置，讓消費者使用起來更安全。

在材質的選購上，爐具檯面是否美觀又好清潔，也是人們在挑選時的重要因素。一般的材質有不鏽鋼和強化玻璃等，目前為了搭配流理台的外型，再加上廚房設計精緻化，簡單俐落的強化玻璃，在清潔上也非常容易。

圖片提供＿林內

▲ 安裝完爐具後應試燒，調整空氣量使火焰穩定為青藍色。

種類有哪些

1 傳統台爐

以兩口設計為主，一體成形，有不鏽鋼或琺瑯材質。不鏽鋼材質較耐熱耐刷洗，琺瑯表面有上漆，用久了之後會有掉漆的問題。

2 嵌入式爐具

俗稱嵌爐，嵌入流理檯面中，但開關旋鈕仍在前方，廚櫃門板須預留空間給開關旋鈕。有不鏽鋼、琺瑯材質，有單口、多口設計。清理方便，不易有菜渣油漬積垢在爐邊。

3 檯面式爐具

俗稱檯面爐，點火開關旋鈕在爐具面板上。因此，無須在廚櫃門板預留空間給開關。檯面材質多以不鏽鋼、強化玻璃為主。

4 電陶爐

運用鎢絲加熱，與電磁爐不同，不會產生電磁波，鍋底非自體發熱，有餘熱顯示時，不可直接碰觸爐面。

5 電磁爐

以前的電磁爐僅有110V的電壓，熱效率不高，無法像瓦斯爐般可以大火快炒。而現在則改良出可以取代瓦斯爐的新式電磁爐。新式電磁爐採用220V的電壓，熱效率大大提升，送熱溫度高，可用於大火快炒的中式料理，在使用上則減低了瓦斯外洩的危險。但在鍋具上有使用限制，必須為具有磁吸力的不鏽鋼鍋具，才能有效使用。

這樣挑就對了

1 兩口爐比三口爐更適合

瓦斯爐並不是越多口就越好使用，家中廚房空間若是不大，建議可將三口爐換成前後兩口爐，讓工作檯面增加到100公分，並可搭配電熱壺，如此一來當使用瓦斯爐煮菜時，也能同時用電熱壺燒水，切菜、備料的工作檯空間也加大。唯一需要注意的是若以大鍋燉煮只能擇一使用，不然會因距離過近而發生碰撞，習慣小鍋烹煮的人，則可搭配爐架會更好使用。

2 考量尺寸大小

選購嵌入瓦斯爐及檯面瓦斯爐前，要特別考量到原先爐具的挖孔尺寸大小

3 挑選有高熱效能的爐具更節源

選購熱效能高的爐具，可節省能源，烹調起來既經濟又省時。

這樣施工才沒問題

1 瓦斯爐與排油煙機距離不宜超過70公分

瓦斯爐距離排油煙機的高度，必須考量排油煙機的吸力強弱，一般來說至少要有約65～70公分的距離，油煙才能被吸附、不外散，但也需要視各廠牌的規格再進行調整。

2 安裝電爐需先確認電壓

歐洲進口電爐，大多使用220V電壓，若為不鏽鋼材質，須確定每款爐具有獨立電閘，以確保安全。

3 拼接爐具時需安裝連接條

連續拼接雙爐或三爐具時，需安裝連接條，若爐具間以檯面隔開則不需用連接條。

4 電子開關和爐頭需緊密結合

電子開關和爐頭結合要確實，並免鬆脫情形。另外，瓦斯進氣口的部分要注意夾具與管具之間的安裝要確實牢固，以免造成瓦斯外洩。

監工驗收就要這樣做

1 安裝後先試燒

瓦斯爐安裝完畢應試燒，調整空氣量使火焰穩定為青藍色。

2 上下嵌式瓦斯爐口金屬邊緣有無尖銳毛邊

材質及開關零件均要經過檢驗合格才行用，像是不鏽鋼材質清理方便，但面板易產生熱度 造成燙傷，選擇時要注意檯面材質厚度，以及材質是否具有認證型的不鏽鋼材質，避免表面銹質產生。

3 注意爐面的烤漆面板是否做好烤漆處理

正面背面都要注意烤漆塗裝是否確實，可從金屬邊板是否容易掉漆來判斷，如有容易生銹且降低使用壽命。

這樣保養才用得久

1 隨時檢查爐火的顏色

不定期檢查爐火是否燃燒完全，若發現黃色火焰過多，則請專業人士檢查調整。

2 以中性清潔性擦拭檯面

應每天固定清洗檯面，使用抹布沾上中性清潔劑擦拭即可。

達人單品推薦

1 嵌入式防漏瓦斯爐+小烤箱

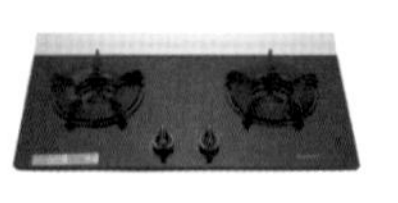

2 檯面式內焰二口爐

3 LUCE PC730 三口安全瓦斯爐

4 LUCE DK2K 雙口電陶爐

1 瓦斯爐和烤箱二合一的貼心設備，具有過熱自動熄火設定以及兒童安全鎖，使用更安心。
（NT. 39,800元，圖片提供_林內）

2 高效率的內焰爐頭和吸氣遮罩，提升加熱速率，改善熱能耗損的缺點。
（NT. 13,300元，圖片提供_林內）

3 雙環5000瓦烈火設計能大火快炒，瓦斯自動切斷裝置，提升安全性。
（NT.17,000元，圖片提供_嘉儀）

4 搭配兩種不同直徑爐盤，可同時使用不同小鍋具，6段火力設定，還有安全餘溫指示燈。
（NT.18,500元，圖片提供_嘉儀）

※以上為參考價格，實際價格將依市場而有所變動

排油煙機
降低廚房油煙異味

30秒認識建材

| 適用空間 | 廚房
| 適用風格 | 各種風格適用
| 計價方式 | 以組計價
| 價 格 帶 | NT.5,000～20,000元
| 產地來源 | 日本、歐美、台灣
| 優　　點 | 具有高排煙力，吸納廚房異味
| 缺　　點 | 若排油煙管設計不良，易有火災危險

Q 選這個真的沒問題嗎

1 挑選排油煙機時應該要注意什麼？ 解答見P.242

2 聽說歐式的排油煙機吸力不強，那適合用於開放式廚房嗎？ 解答見P.242

攝影＿王正毅

近幾年，隨著經濟的成長，生活的富足，人們對於廚房三機（瓦斯爐、排油煙機、洗碗機）的美觀設計和技術性的要求越來越高，而不少的排油煙機在外型和設計都朝向精緻化的方向。

由於開放式廚房的設計逐漸受到大眾的喜愛，在設計上為了配合整體風格，排油煙機不只是一項用品，而也被納入居家空間中展示的一景。像是具有時尚外觀的歐風排油煙機，其乾淨俐落的金屬外型，可成為矚目的焦點。而為了不佔空間且讓室內的空間看起來更開闊，目前已設計出更輕薄的排油煙機，甚至有隱藏在中島檯面下的抽拉式排油煙機，讓整體美觀更一致。

一般大眾對於歐式的排油煙機都抱持著排煙力不強的疑慮，在烹煮中式料理時則無法有效排去油煙。目前已有廠商針對此一缺點，改良了馬達的轉速運作，讓歐式排油煙機的的吸力更強。

不論是哪種機型，只要針對個人的廚房使用需求，選擇適合的排油煙機，就可以讓料理成為一種生活享受，而不是讓人渾身油煙的酷刑。

▲ 排油煙機內有油網，建議每半個月使用中性清潔劑清洗一次。

1 傳統斜背式或平頂式

為傳統的機型，排風力較強，但機具的厚度較厚，比較佔空間，考量到厚度的問題，目前則較少使用。

2 歐風倒T式

改良以往排煙力弱的缺點，設計出高速馬達，馬達轉速越快，排油煙的力道更強。造型美觀大方，適合搭配歐化廚具，常做為開放式廚房中使用的器具之一。材質多以不鏽鋼與鋁合金為主。

3 特殊款式

強調造型設計，或與空間融合的隱藏式設計。

1 排油煙機的尺寸要比瓦斯爐大

排油煙機的寬度最好可以比瓦斯爐再寬一些。瓦斯爐寬度一般約70～75公分，最好選擇80～90公分左右的排油煙機。

2 材質、顏色需搭配空間色系

排油煙機的體積不小，很容易成為視覺焦點，因此在材質及顏色都會影響整個廚房的氛圍，建議可選擇鋼板烤漆材質，再搭配廚房顏色加以變化。

這樣施工才沒問題

1 注意排風管管徑大小

有些大樓是原建商預留的小管徑排風管，後來再接上設計的大管徑排風管，因尺寸上的落差，連接後會出現迴風的問題，導致排風量銳減，因此必須特別注意管徑是否相同。

2 排風管不宜拉太長及彎折過多

排煙管線的距離勿配置過長，最好能在4公尺以內，並不超過6公尺，建議在排油煙機的正上方最佳，可以隱藏在吊櫃中，此外最好避免排風管有兩處以上轉折，容易導致排煙效果不佳。

3 評估牆面是否穩固

因為排油煙機需裝設於壁面或穩固牆面上，以避免日後或運轉時發生危險。

4 裝設位置附近應避免門窗過多

排油煙機擺放的位置不宜在門窗過多處，以免造成空氣對流影響，而無法發揮排煙效果。

5 安裝前確實量好準確尺寸

隱藏式機型必須精確丈量櫥櫃與機器的尺寸以免產生誤差。

監工驗收就要這樣做

1 排油煙管的排油管避免皺摺彎曲

排油煙機的排油管要避免皺摺彎曲，排油風管不可穿樑，塑膠材質燃點較低，選擇金屬材質的排油管較好，以免發生火災。在管尾處要加防風罩，並注意孔徑不能過大或過小。

2 要測試馬達和面板

安裝後要測試馬達運轉是否順暢，聲音的分貝數高低是否過高。按鍵面或控制面板是否靈敏，要事前確認測試。

達人單品推薦

1 倒T式排油煙機（高速馬達）

2 水洗+電熱除油排油煙機

3 隱藏式排油煙機

1 60公分深，可完全吸附烤箱熱氣和炒菜油煙，瞬間高速的強力排煙功能，關心媽媽的健康。
（NT.17,000元，圖片提供__林內）

2 斜背深罩式的造型強化集煙功能，同時具備自動清洗和電熱除油的性能，節省清理的時間和麻煩。
（依型號而定，NT.9,000-9,700元，圖片提供__林內）

3 雙渦輪的設計，吸力佳，有效清淨廚房空氣。超薄的簡約設計，展現極簡的優雅美學。
（依型號而定，NT.11,200-11,500元，圖片提供__林內）

※以上為參考價格，實際價格將依市場而有所變動

這樣保養才用得久

1 有電熱儲油功能為佳

選擇有電熱除油功能的排油煙機，藉電熱高溫化油方式，將機體內的油垢排出，以免內部積存油垢而凝固，這樣可常保排油煙機內部清潔與吸力順暢，亦可延長使用年限。排油煙管避免用塑膠材質。

2 隨時檢查抽風管

檢查排風管是否有過度的油污或卡垢的情況，若有，則切記不可使用強酸鹼性融劑清潔，以免造成腐蝕。

水槽
洗滌食材的場域

30秒認識建材

| 適用空間 | 廚房
| 適用風格 | 各種風格適用
| 計價方式 | 以組計價
| 價 格 帶 | 依產品設計而定
| 產地來源 | 日本、歐洲、台灣
| 優　　點 | 靜音、耐高溫
| 缺　　點 | 琺瑯製的使用年限較短

Q 選這個真的沒問題嗎

1 **水槽深度應該要多少，才不會造成腰痠的情形？** 解答見P.244

2 **要選哪種材質的水槽比較好用又持久？** 解答見P.245

水槽，是廚房中重要的洗滌場所，在動線的設計上要流暢順利，才不會影響煮菜的節奏，反而弄得手忙腳亂。以一字型廚房為例，洗切炒的動作放在同一側較好，水槽與瓦斯爐之間的工作檯面長度則需要60～80公分，有足夠的空間方便進行備料工作。

水槽尺寸是選購時的最大考量，這是因為東方民族習慣大火快炒，標準的炒菜鍋直徑便有38公分，更何況是大型尺寸或其他鍋具，為清洗的便利著想，並不建議挑選低於50公分的單槽。強調分類洗滌概念的多槽，因多槽會削減主要大槽的空間，並不適合人口眾多、鍋具量多的家庭使用；圓槽則多半裝置於吧檯、中島桌，成為主要操作動線的水槽延伸，適合輕食族群使用。

目前，由於人們對生活品質的要求越來越高，擁有寧靜舒適的環境就成為許多人追求的目標。因此，在開關水的使用上，安靜低噪音的水槽也成了現今的新寵兒。靜音水槽採多層結構，包括不鏽鋼表面、吸收水滴落振動聲響的制震包覆層等，讓傾倒熱水或強力流水沖擊產生的高分貝聲響，迅速降至有如圖書館靜音環境的38db，若是再搭配靜音水龍頭，就能創造安寧舒適的烹調環境。

圖片提供＿禾築設計

種類有哪些

1 不鏽鋼

不鏽鋼的水槽耐洗又耐高溫，為一般家庭較常使用的材質。某些不鏽鋼產品的表面會塗上一層奈米陶瓷，使油污不容易附著其上，再加上做出凸粒狀的設計，具有防刮功能，讓不鏽鋼擺脫以往不耐刮的名聲。

2 人造石

人造石與不鏽鋼可作一體成型設計的特點，尤其是雙色人造石水槽帶來的雙色組合視覺，為洗滌空間注入鮮活的色彩。但人造石的材質偏軟且不耐高溫，應避免直接倒入滾燙的熱水。

3 琺瑯

底材為鐵，外層為漆。由於琺瑯容易熱漲冷縮，一段時間後，表面的漆會剝落或產生裂痕，使用年限較短，目前較少使用。

這樣挑就對了

1 水槽深度要適中

水槽深度必須適中，以符合使用者的身高和鍋子的尺寸。若深度太深，使用者需常彎腰，長久下來容易腰痠背痛；若太淺，容易噴濺水花。另外，也要符合家中鍋具的尺寸，避免在清洗時造成不便。

2 琺瑯陶瓷類材質厚度與塗裝要注意

選擇琺瑯陶瓷類材質，要注意厚度、塗裝是否經過良好處理，避免事後碰觸造成缺角與龜裂。

3 依照烹調方式選擇

如果是中式快炒的家庭，建議使用80～90公分的大單槽，以便於清洗炒菜鍋，且大單槽可再加設實用的小凹槽設計。若是西式料理方式，則可選擇較小的尺寸。

這樣施工才沒問題

1 平接式

平接式與檯面高度幾乎相同，不易察覺接縫。

2 上嵌式

上嵌式為傳統的作法，是直接將水槽嵌入工作檯面內。由於水槽邊緣會與檯面相接，需留意接縫處的清潔。

3 下嵌式

將水槽嵌入檯面下，高度比檯面低，較容易把檯面上的殘餘菜渣掃入，但水槽邊框的矽利康接縫處容易外露，而產生發霉、發黃的情形。為了改善此種情況，而改良出另一種的內嵌式作法，不需使用矽利康就能完全接合，且不會有縫隙。

監工驗收就要這樣做

1 水槽要經過排水測試

安裝完畢後要經過多次的測試排水功能是否順暢，並嚴禁洗滌其他物品或到入油漬等，以免影響判斷。

2 防水處理要確實

水槽與檯面要注意邊緣的防水處理，如防水橡膠墊、止水收邊如矽力康等處是否確實。

達人單品推薦

1 靜音水槽

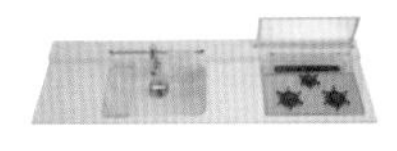

2 檯面、水槽無接縫處理

1 業界獨創不鏽鋼靜音、防刮、抗油汙水槽；圖書館音量約40分貝，若搭配Cleanup靜音龍頭，靜音效果可達38分貝。
（尺寸、價格店洽，圖片提供__全勝祥實業）

2 人造石的高可塑性，是將水槽、檯面做一體成型的最佳選擇之一，且顏色款式選擇豐富。
（尺寸、價格店洽，圖片提供__全勝祥實業）

Chapter 14

營造舒適無壓的洗浴空間

衛浴設備

在講求設計感以及鑑賞品味的今天，即便是衛浴空間內的任何配件，都可以帶來如藝術品般的質感與裝飾效果。淋浴用花灑、水龍頭以及各種五金配件早已脫離了單純的功能性，造型上的變化加上性能提升，讓衛浴五金朝向精品的方向有更多表現。結合造型美觀以及強大的功能，衛浴五金將工藝品的藝術性與實用性發揮到極致，讓沐浴成為生活中的一大享受。

種類	水龍頭	面盆	馬桶	浴缸	淋浴設備	淋浴拉門	浴櫃	五金配件
特性	以銅鍍鉻和不鏽鋼的材質為主	材質大致可分成石材、玻璃、不鏽鋼、陶瓷	馬桶的沖水功能一般可分成虹吸式、噴射虹吸式、漩渦虹吸式、洗落式等	市面上多以FRP玻璃纖維浴缸和壓克力浴缸為多	花灑、蓮蓬頭和淋浴柱的功能除了單純的淋浴外，在造型上也走向精緻化設計	市面上淋浴拉門的材質，主要為PS板、強化玻璃兩類材質	最常使用的材質唯美耐板和發泡板	以塑膠、鋅合金、不鏽鋼、ABS樹脂及銅製材質為主
優點	造型多變、設計新穎前衛	設計多元實用	沖淨力強，加了奈米材質，表面可防污	提供舒適的泡浴環境	功能性多、可調節水量	有效隔離水氣，易保養	收納衛浴物品	耐用好搭配
缺點	銅製水龍頭易有水漬產生	石製面盆較容易藏污，不易清理	若損壞，需重新打掉浴室地、壁面裝設	壓克力製的較易刮傷	保養不易，需常清理	需注意玻璃強度，以免破裂	木製浴櫃遇潮濕易損壞	鋅合金製品易氧化
價格	NT. 3,000～10,000元以上	依產品特性不同	依產品特色價格不一	依材質設計估算	依產品特色價格不一	依產品材質不等	依產品材質不等	依產品材質不等

設計師推薦私房素材

IS國際設計．陳嘉鴻推薦

圖片提供＿IS國際設計

1 馬桶及龍頭．居家品質的關鍵：居家生活有沒有品質，就看浴室，所以不論是天地壁的建材，還是衛浴設備都很重要，其中龍頭及馬桶要特別注意。龍頭不只牽涉空間風格，選的不好日後很容易漏水造成麻煩，而馬桶則關係著身體健康，好不好坐、舒不舒適都會影響，所以一定要慎選。

圖片提供_樺弘廚衛

近境制作・唐忠漢推薦

2 浴缸・營造悠閒的洗浴氛圍：好用的浴缸能夠營造出舒適悠閒的洗浴氛圍。採用保溫性高的鑄鐵浴缸，浴缸基座以石材打造，展現大器優雅的衛浴空間。鑄鐵浴缸的造價高昂，但傳遞熱能快速，在清潔保養上也很容易，使用壽命可長達數十年以上。

圖片提供_近境制作

水龍頭
調節水流不可少它

30秒認識建材

| 適用風格 | 各種風格適用
| 計價方式 | 以組計算
| 價 格 帶 | NT. 3,000～10,000元以上（視產地、設計與材質而定）
| 產地來源 | 大陸、台灣、東南亞居多
| 優　　點 | 造型多變、設計新穎前衛
| 缺　　點 | 銅製水龍頭易有水漬產生

選這個真的沒問題嗎

1 **我家住在北投的溫泉區附近，水龍頭要選用哪些材質才不容易硫化？** 解答見P.248

2 **用菜瓜布清理水龍頭的水漬，不但擦不掉，還出現了好幾道刮痕該怎麼清才對？** 解答見P.250

水龍頭的功能雖然相當固定，但在造型上則配合各種不同的風格意象而有不同的發揮。從奢華古典的復古設計，具有東方的內斂精神到西方講求簡潔的設計精神，水龍頭設計也展現多元而豐富的內涵。

另外，對於水龍頭的選擇上，目前內部的主體芯大都以陶瓷芯為主，使用年限可達10年以上。而外材質有鋅合金、銅鍍鉻、不鏽鋼等，鋅合金成本較低，使用年限較短。銅製的水龍頭則因銅的比重不同，品質也有差別，因此選擇時材質愈純、重量會愈重，相對價格也來得愈貴，加上銅外面鍍鉻的厚、薄度也會影響品質。不鏽鋼則因不含鉛，兼具環保與健康，使用年限也較長，也較耐用、不易產生化學變化，因而常適用於溫泉區。但也因材質不易塑型，在整體造型受限，而無法有多種變化。

圖片提供＿楠弘衛廚

種類有哪些

依照製成材質可分成銅鍍鉻和不鏽鋼水龍頭。

1 銅鍍鉻

以物理真空鍍膜融入龍頭的表面處理，呈現亮面的光澤，其緻密的鍍層讓龍頭的壽命更長久。

2 不鏽鋼

表面以電鍍處理，材質耐用不易變質。

這樣挑就對了

1 確認出水孔的孔數

在挑選龍頭時，要先確認住家的龍頭出水孔為單孔、雙孔或三孔，才不會選到不合用的水龍頭。

2 依照喜好選購

若預算許可，選擇具有設計質感的龍頭讓空間看起來更具藝術質感。

這樣施工才沒問題

注意出水孔的距離

在裝設時必須要確實固定，並注意出水孔距與孔徑。尤其是與浴缸或者水槽、面盆接合時，都要特別注意，以免發生安裝之後出水孔距離卻不方便使用的情況。

監工驗收就要這樣做

1 配件要點收齊全

一般面盆龍頭的配件主要有去水器、提拉杆及龍頭固定螺栓和固定銅片、墊片。若適用於浴缸的龍頭，則還有花灑、兩根進水軟管、支架等標準配件。要注意不可遺漏。

2 注意是否有歪斜

不論是浴缸出水龍頭還是面盆出水龍頭，都要注意完工後是否有歪斜，若發生這樣的情況，需立即調整。

達人單品推薦

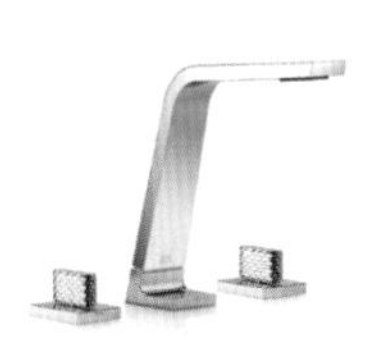

1 Dornbracht_CL.1 系列水龍頭

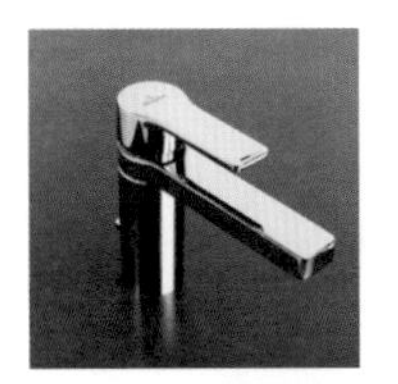

2 Villeroy&Boch Just龍頭

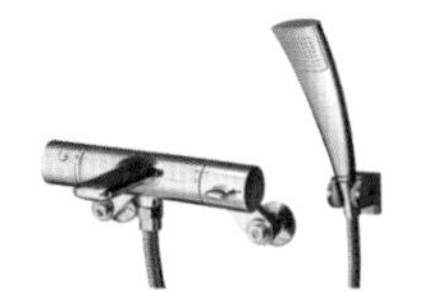

3 eco 臉盆用單槍龍頭

4 Strayt Deco龍頭系列

1 優雅延伸龍頭高度，精緻的線條劃出優美造型，並以兩種不同的浮雕紋理賦予把手立體的質感。同時也具有省水節能的功效，精確控制每分鐘的水流量。
（尺寸、價格店洽，圖片提供_楠弘廚衛）

2 Villeroy&Boch Just以直線、直角和半徑的幾何設計，創造出優雅的線條。高品質的鍍鉻防刮耐磨，方便清潔，且無鉛的材質讓用水更加安全。
（尺寸、價格店洽，圖片提供_楠弘廚衛）

3 附有泡沫濾網，有效防止水花噴濺，同時有按壓式拉桿，可以輕鬆開閉止水蓋。
（尺寸、價格店洽，圖片提供_TOTO）

4 以中國「外方內圓」意念為發想，因此以立方形為主體，再以圓弧導角收邊。而頂端圖騰的靈感則源自中式窗櫺及西方天主教堂華麗的彩繪玻璃。
（尺寸、價格店洽，圖片提供_KOHLER）

※以上為參考價格，實際價格將依市場而有所變動

這樣保養才用得久

1 以清水和棉布清理
如果是有鍍金或有特別設計如鑲嵌水晶的龍頭，在清潔時必須特別小心，不要以為用最強力的清潔劑就最有效，建議使用清水和棉布輕輕擦拭即可，若使用不當的清潔劑，會造成掉色的危險。如果清水和棉布無法擦掉髒污，可改用中性清潔劑，但千萬不可以用菜瓜布刷洗，以免破壞龍頭表面的電鍍，讓龍頭表面刮傷而永久受損。

2 銅製龍頭可以熱水或水蠟去除水漬
平常隨時保持龍頭乾燥，可以預防水漬的問題，清潔的方式則使用海綿或抹布擦拭。若水漬較為嚴重，建議使用熱水或車用水蠟即可去除上面的水漬。

搭配加分秘技

跳脫制式龍頭想像
顛覆以往的印象，自天花而降的龍頭，讓洗浴感受更顯豐富有趣。

圖片提供＿森境＆王俊宏空間設計

圖片提供＿楠弘衛廚

浴缸的最佳伙伴
方正的單槍龍頭構成一個寬大的出水口，並採用13道水流出水方式，猶如無數顆珍珠般呈現生動的水流表現，放在浴缸旁，展現絕佳的視覺享受。

面盆
梳洗潔淨全靠它

30秒認識建材

|適用空間| 衛浴
|適用風格| 各種風格適用
|計價方式| 不等
|價 格 帶| 依產品特性不同
|產地來源| 大陸、台灣居多
|優　　點| 設計多元，適用與裝飾兼具
|缺　　點| 石製面盆較容易藏汙，不易清理

Q 選這個真的沒問題嗎

1 聽說臉盆有分上嵌式和下嵌式，這兩種有什麼不一樣？ 解答見P.251

2 固定臉盆時，要怎麼做才會比較穩固不會掉落？ 解答見P.252

在講求品質的今日，面盆精品化與科技化可以說是當今流行的趨勢，利用質感上的追求，不僅可將面盆設計推到極致，同時也可與其他盥洗設備共同營造出獨立而舒適的空間，融合功能、美感與個性為一體。

以目前市面上常見的面盆來看，在造型上、材質上有相當多樣化的產品，從石材、陶瓷、玻璃、金屬到具有奈米處理的面盆，甚至加上LED燈設計者大有所在，然而以空間使用與搭配的角度而言，淺色、純白的面盆仍為大宗，當然，使用彩繪或者其他顏色的面盆，也可將浴室空間點綴得更有特色，因此搭配的概念也在選購面盆產品上佔有重要地位。

一般來說，面盆可分為上嵌或下嵌式，兩種不同的做法會讓面盆有不同的呈現。最主要應該注意的是要配合石材檯面，注意高度是否符合人體工學，並且要注意防水收邊的處理。

上、下嵌式臉盆的下底座支撐要確實，避免事後掉落，尤其是下嵌式臉盆，由於下方通常為懸空，所以若施工時不可稍有閃失，以免日後造成意外。另外，獨立式的面盆，能完整呈現面盆的整體造型，因此富有多種變化，以充滿流線感的卵型面盆最具代表性。

圖片提供__TOTO

種類有哪些

面盆的材質有相當多種，大致可分成石材、玻璃、不鏽鋼、陶瓷。

1 石材、玻璃面盆

石材和玻璃所製成的面盆大都是搭配整體環境，外觀造型為首要條件。其中大理石由於紋路天然細緻、硬度高，但因天然石材有毛細孔，容易藏污納垢，而且笨重不易搬動，因此在特殊公共場合較常使用。

2 不鏽鋼面盆

不鏽鋼面盆不但耐用又好清洗，不會有爆裂的問題，但造型受到限制，對於講求整體設計的空間仍不夠精緻。

3 陶瓷面盆

陶瓷面盆是一般最常用的材質。陶土好壞將影響硬度，陶土品質佳才能以高溫窯燒，窯燒溫度愈高，外部才能達到全瓷化，使其硬度高不易破裂。另外，若在陶瓷面盆的表面再上一層奈米級的釉料，能使表面不易沾污且好清理。

這樣挑就對了

1 面盆尺寸需以比例衡量

有時面盆的造型好看，但安裝在空間可能會有比例上的問題。另外，材質的表現也會影響外觀，挑選時記得多方比較。

2 記得要挑選具有支撐性

在選購面盆時，要注意支撐力是否穩定，以及內部的安裝配件螺絲、橡膠墊等是否齊全。

3 增加固定的螺絲數量，安裝上會更牢靠

為避免面盆掉落，可加強固定螺絲的點，可從「點」拓展成「線」或「面」，穩定度自然相對牢靠許多。

這樣施工才沒問題

1 注意檯面的防水收邊處理

由於面盆有分為檯面式或下嵌式，兩種安裝的檯面都要注意防水收邊的處理工作。獨立式的面盆則要注意安裝的標準程序。

圖片提供__楠弘廚衛

▲檯面式的面盆需在檯面上做出安裝孔徑後置入，底座的支撐要能確實支撐。

2 壁掛式面盆要確實鎖緊螺絲

壁掛式的面盆由於特別仰賴底端的支撐點，因此施工時務必注意螺絲是否牢固，以免影響日後面盆的穩定度。

監工驗收就要這樣做

1 事先做好安裝的規劃

不論是哪種面盆，在事前都需依照衛浴面積、使用需求、排水管位置等各方面做完整的規劃。

2 檢查壁面是否有裂痕

面盆裝置妥善時，應檢查螺絲和面盆之間的壁面是否因旋轉過緊而出現小裂痕，若有此情形應即時反應。

這樣保養才用得久

使用時勿重壓

面盆破裂傷人的事件時有耳聞，因此在使用上切勿重壓、倚靠在上面施力，當面盆出現小裂紋時，就得格外注意避免擴大而發生爆裂。

達人單品推薦

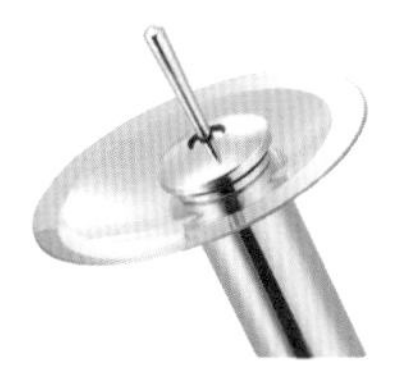

1 F1034面盆龍頭

2 Villeroy & Boch Octagon 系列面盆

3 Villeroy & Boch Artis 檯面面盆

4 CONTEMPORARY 檯面式面盆

5 Villeroy & Boch Avento 系列面盆

1 玻璃圓盤式出水口設計，搭配搖桿開關把手，展現時尚科技感；玻璃圓盤引導出水，創造獨特水流感受。
（尺寸、價格店洽，圖片提供＿OVO京典衛浴）

2 特殊的材質型塑出面盆內部的八角形狀，精確的稜面和角度增添高雅氣質，外觀則搭配立式圓柱，呈現古典質感。
（尺寸、價格店洽，圖片提供＿楠弘廚衛）

3 以纖薄細緻的輕量陶瓷製成，比例圓滿的圓形造型，營造精心設計的細膩質感。
（尺寸、價格店洽，圖片提供＿楠弘廚衛）

4 優雅極簡線條，勾勒出現代感的極致美學，適宜的大小和深度不易濺水出來，使用更具人性化。
（尺寸、價格店洽，圖片提供＿TOTO）

5 方正簡約的造型，其特殊的纖薄邊緣經過細緻的切割，展現當代簡約的線條。
（尺寸、價格店洽，圖片提供＿楠弘廚衛）

搭配加分秘技

混合兩種面盆搭配

下嵌式面盆和檯面式面盆兩者同時使用，不僅強化了機能的便利性，其溫婉的白瓷和深色浴櫃、檯面形成對比，呈現優雅自然的氛圍。

圖片提供＿楠弘衛廚

馬桶
生活必需親密產品

30秒認識建材

| 適用空間 | 衛浴
| 適用風格 | 各種風格適用
| 計價方式 | 整組
| 價 格 帶 | 依產品特色價格不一
| 產地來源 | 台灣、大陸、歐洲進口
| 優　　點 | 沖淨力強，若加了奈米材質表面可防污
| 缺　　點 | 若損壞，需重新打掉浴室地壁面裝設

Q 選這個真的沒問題嗎

1 **採購省水馬桶的時候，有哪些事項要注意？** 解答見P.255

2 **馬桶沖力有虹吸式、漩渦虹吸式和噴射虹吸式，哪一種的沖力最強？** 解答見P.255

3 **一體成型的免治馬桶和免治馬桶座哪一種比較好用？保養上會不會很麻煩？** 解答見P.255

提供_TOTO

對於現代人來說，馬桶是生活中每天都要接觸到的產品，同時也與身體有著相當親密的關係。除了基本的功能之外，藉由技術的發展以及工業設計的前進，馬桶的設計在功能與外型上並重的趨勢，儼然成為產品發展的重點。

馬桶的沖水功能一般可分成虹吸式、噴射虹吸式、漩渦虹吸式、洗落式等。虹吸式主要是以虹吸效果吸入污物，由於壁管長、彎度多，所以容易阻塞，用水量也比較大，但聲音相對來得小，而且存水量較淺所以不易濺出，容易清洗。 另外，噴射虹吸式的馬桶是將原本的虹吸馬桶再增加一條水道口在水封底下，沖水時增強虹吸現象，加強馬桶的沖水力道。

漩渦虹吸式則是運用獨立水流沖向馬桶，使水池面產生反時鐘的漩渦，原本的虹吸現象加上漩渦的導引力量，進而將污物吸出。漩渦式的沖洗方式，較不易附著髒物，沖水迅速噪音低。

而洗落式的馬桶在歐洲國家的使用率較高，其壁管短、孔徑寬較不易阻塞，用水量少，但存水量較深，容易濺水。

一般馬桶的材質大多以陶瓷製成，塑膠類都用於流動廁所，不鏽鋼大都在飛機等特殊場合，較耐碰撞不會有破裂的問題。在清潔時要避免使用鹽酸、磨石粉等強酸、強鹼，才不會破壞釉面層；而座便器應經常使用酒精稀釋液輕輕擦試，避免細菌滋生。

▲ 有些電腦馬桶的噴嘴會附設自動清洗功能，對衛生更有保障。

隨著科技的進步，人們對清潔舒適的要求更高，電腦（免治）馬桶的使用率越來越高， 電腦馬桶除了提供溫水、溫座、前後洗淨的功能外，還有烘乾、除臭、噴嘴自動潔淨等特殊功能。而電腦馬桶可分成「一體成型式全自動電腦馬桶」、「可拆換式電腦馬桶座」，前者的馬桶與馬桶座為一體成型不拆賣，較適合新購屋、新裝潢的人使用。 後者不需大興土木，只要更換馬桶座，就能擁有電腦馬桶，相對而言較方便。

種類有哪些

依照馬桶的設計可分成單體式、二件式、壁掛式：

1 單體式

馬桶與水箱為一體成型的設計，多為虹吸式馬桶，特點為靜音且沖水力強，但要注意的水壓不足的地方如頂樓不適合安裝。

2 二件式

馬桶和水箱分離，利用管路將水箱與桶座主體串聯，造型較呆板，優點為沖洗力強，缺點則為噪音大。

3 壁掛式

將水箱隱藏於壁面內，外觀只看得到馬桶。安裝時利用鋼鐵與嵌入牆面的水箱連結，優點為節省空間，缺點則為安裝手續麻煩，需事先規劃。

這樣挑就對了

1 注意排水方式與管距

買馬桶時除了品牌、顏色、款式以外，也要注意排水方式和管距，讓施工過程可更為順利。

2 省水馬桶的選購原則

（1）選擇助壓式馬桶，沖刷力強：一般家中最常使用水箱式馬桶，而其中又以重力沖水式和助壓式最為普遍。重力沖水式雖然價格便宜，但沖刷力卻遠不如助壓式，可能需要多沖幾次浪費了水量，而利用加壓空氣增加水的沖力之助壓式，則可避免這個問題。

（2）奈米陶瓷材質可省水：運用奈米陶瓷技術的瓷漆，可使馬桶表面不易附著髒污，防污力高，因此只要使用小水量就能沖淨。

（3）更換為兩段式沖水：若想將家中的一段式馬桶改為兩段式，只要更換零件即可，不過必須先測試一下原本的馬桶是否適合升級，首先將水箱水量減半，丟入5～6張衛生紙揉成球狀後沖水，若沖不乾淨的話，這類馬桶並不適合更改為兩段式省水馬桶，換了反而更浪費水。

3 選購電腦馬桶座時應注意孔徑大小

若想更換電腦馬桶座時，應先事先測量好家中的馬桶蓋尺寸和孔徑寬度，以免尺寸不合。

這樣施工才沒問題

1 馬桶中心需距牆面40公分

馬桶的形式將決定管徑（馬桶中心與壁面之間的距離），一般約在17～30公分之間。馬桶中心離牆面40公分，總長70公分，一個人坐上馬桶的空間最少約70公分。另外，馬桶不對門、不放浴缸旁，盡量放在門或牆後的貼壁角落，才能有隱私感覺。

2 安裝時嚴禁用重物敲擊鎖合

安裝時禁止強行鎖合，或使用重物撞擊的方式硬擠壓進去或硬塞，避免裂縫產生。

3 安裝分離式馬桶時，要確實每個接點環節

禁止以矽利康填補，否則會產生漏水的問題，造成維修上的困難，固定時要對齊底座與地面排水孔。與磁磚的收邊要處理完善，避免排水不良產生異味。

4 馬桶的施工可分為濕式施工法和乾式施工法

一般國內傳統都採用濕式施工法，濕式施工是混合水泥砂漿後接合污水管與固定馬桶，日後若要更換馬桶，需破壞馬桶及地磚。乾式施工是利用螺絲固定，適合用在乾、濕分離的衛浴設施。但台灣大部分的衛浴設備都集中在同一空間，會在地面製作洩水坡度，若採乾式施工法，較易產生馬桶水平不佳的問題。

5 電腦馬桶需預留配電插座和進水安裝

設計時需要預留配電插座以及進水安裝。新成屋大多會事先在馬桶排水管附近設置電源，但不少中古屋舊屋通常沒有預留插座，需另外牽線，影響整體美觀。

監工驗收就要這樣做

1 採濕式施工時，留意水泥不能全部填滿

濕式施工時需預留熱漲冷縮的空間，不能全部填滿水泥；乾式施工則需特別留意衛浴空間水平面的問題，否則水平狀況不佳，容易有傾斜滲水情況。

2 檢查是否有滲水

完工後應觀看馬桶與地面接縫處是否有滲水的情況。

這樣保養才用得久

勿以水柱沖洗電腦馬桶

不可用水柱沖洗電腦馬桶的座便器，以免微電腦故障。噴嘴可用軟毛牙刷清潔，倘若沒有清潔則會造成感染。

達人單品推薦

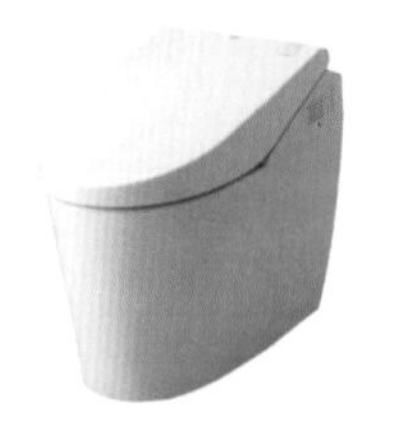

1 一體型全自動馬桶

2 NEOREST馬桶

3 GROHE_Sensia Arena電腦馬桶

4 Villeroy&Boch Joyce馬桶與纖薄馬桶蓋

1 極簡的凳型線條大方而氣派，上層為無縫光滑的表面，不僅擁有優美的外型，也容易在日常維持潔淨。
（NT.184,700元，圖片提供_TOTO）

2 具有自動沖洗、開合、除臭的感應功能，且使用前還有噴霧功能，著座後對便器表面噴水，使便器表面濕潤，防止污垢附著，使用上更智慧人性。
（尺寸、價格店洽，圖片提供_TOTO）

3 獨特的創新研發將所以功能整合在遙控器上，操作更具直覺簡便。針對女性給予專屬的沖洗方式，並提供暖烘乾功能。
（尺寸、價格店洽，圖片提供_楠弘廚衛）

4 創新的虹吸概念和獨特的節水功能，再加上SlimSeat馬桶蓋以纖薄的設計為概念，搭配緩降功能使整體呈現優雅的姿態，精鍊的設計線條獲得了2013年的紅點產品設計獎。
（尺寸、價格店洽，圖片提供_楠弘廚衛）

※以上為參考價格，實際價格將依市場而有所變動

搭配加分秘技

隱藏的馬桶讓空間更完整

要讓衛浴空間也可成為被欣賞的舞台，或如藝術品般的裝置感，那麼將馬桶隱藏是一個相當重要的手法。利用矮牆的設置，可將馬桶隱於牆後，在內使用既可維持隱私，外觀上也讓衛浴空間更加完整。

圖片提供＿藝念集私

浴缸
紓壓洗浴的必需品

30秒認識建材

適用空間	衛浴
適用風格	各種風格適用
計價方式	以組計價
價格帶	依材質設計估算
產地來源	台灣、大陸、歐美
優　點	保溫效果佳
缺　點	壓克力製的較易刮傷

Q 選這個真的沒問題嗎

1 **壓克力、FRP玻璃纖維、鑄鐵等材質，哪種才是最保溫又耐用的浴缸呢？** 解答見P.259

2 **新浴缸才裝沒多久，發現浴缸底部在滲水，是哪裡出了問題呢？** 解答見P.259

3 **要怎麼測試浴缸的品質？有方法可以辨識嗎？** 解答見P.259

圖片提供＿楠弘廚衛

市面上販售的浴缸種類相當多樣，價位從幾千元到高價的數萬元皆有。以材質來區分，大致有壓克力浴缸、FRP玻璃纖維浴缸和鑄鐵浴缸等類型。壓克力浴缸與FRP玻璃纖維浴缸為市面上最常被選購的浴缸材質，壓克力的保溫效果佳，但表面容易刮傷。FRP玻璃纖維浴缸，為現在最普遍的材質，安裝搬運方便，但容易破裂。在使用上要多加小心。

按摩浴缸的功能多樣，按摩功能的設計通常講究噴嘴位置的配置，同時也符合人體工學，讓身體達到舒緩的目的。一般來說，其設計多安置於浴缸底部以及兩側，機器可利用噴射水流等多種模式來達到按摩的效果，近年則有搭配上多種燈光變化，營造出特別的氣氛，讓泡澡更具多元化的視覺享受，而在造型上則有圓形、方形、扇型等多種類型，為空間的佈置營造更多樂趣。

種類有哪些

1 壓克力浴缸

保溫效果佳，缺點是硬度不高，表面容易刮傷，但色澤鮮艷、質輕耐用是其特點，不過由於種類多樣，因此市場上的價格落差也相當大。

2 FRP玻璃纖維浴缸

可大量製造，價錢相對便宜。其最大的特色在於體積輕巧與搬運安裝方便，但由於容易破裂且保養不易，也成為使用上最大的缺點。

3 鑄鐵浴缸

保溫效果最佳，使用年限相當長，在表面會鍍上一層厚實的琺瑯瓷釉。但價格高昂，體積笨重不易搬運。

4 鋼板琺瑯浴缸

主要是在一體成型的鋼板外層上琺瑯，色澤美觀，表面光滑易整理。保溫效果佳，但不耐碰撞。

這樣挑就對了

1 以指甲壓測硬度與厚度

浴缸的硬度和厚度不足時，容易出現破損，建議先敲敲看檢測為實心或空心，並用指甲壓一下浴缸，會凹陷則代表硬度不足。

2 試坐浴缸邊緣感受穩固度

輕坐在浴缸邊緣處，感受浴缸是否穩固，會傾斜或翹起來表示穩固性可能有問題。

3 注意材質滑順度與接合度

浴缸會與全身皮膚接觸，因此最需要的就是注意材質。建議先用手觸摸缸體是否滑順，再來摸一下接合處會不會粗粗的或有銳利感。

這樣施工才沒問題

1 管線配置合理確保排水順暢

按摩浴缸或整體衛浴在裝設時要注意的是排水系統，管線要做到適當合理的配置，注意馬達要使用靜音式的安裝，才不會出現結構性的低頻共振。整體衛浴亦同，平日特別要注重保養工作。

2 確實做好防水

排水時要注意浴缸底座要確實做防水處理，防水粉刷做好之後再來裝設浴缸，不得敷衍了事，一般漏水問題都從這邊而來。

3 注意邊牆支撐度

浴缸裝設時要考慮邊牆的支撐度要夠，如果沒有做好的話，因為水量多跟少上下移位的關係，會產生裂縫進而滲水。浴缸施工時儘量避免將重物放置浴缸內，容易造成表面磨損，若不慎磨損可用粗蠟打亮。

4 選用防霉矽利康固定

若選用獨立式浴缸，最大的優點是可隨喜好擺放位置，在安裝時通常會在底座利用矽利康固定於地面，建議使用具有防霉成分的，才不容易發生霉變，造成日後清潔上的困擾。

監工驗收就要這樣做

1 清除溢出的水泥

安裝後要將溢出的水泥清除，否則固化之後很難清理。

2 24小時後再使用

浴缸安裝後固矽膠固化需要長達24小時，建議在這段時間內不要使用，避免發生滲水情況。

達人單品推薦

1 Villeroy & Boch Squaro Prestige 獨立浴缸

2 HOESCH Ergoplus 浴缸

3 晶雅獨立式浴缸

1 Squaro Prestige獨立浴缸的所有配件均手工製作，浴缸外層可包覆木紋薄片或皮革貼面，展露自然大器的精緻氛圍。
（尺寸、價格店洽，圖片提供_楠弘廚衛）

2 Ergoplus系列按摩浴缸，在浴缸周圍裝設一圈LED燈管，你可以一邊處理手邊的事情，同時預備泡澡水，當水位到達感應器的高度，燈光自然會產生變化，提醒使用者及時關水。
（尺寸、價格店洽，圖片提供_楠弘廚衛）

3 流線的造型，塑造出極簡的空間美學。獨立式的浴缸設計，附扶手的貼心概念，洗浴更加安全。
（尺寸、價格店洽，圖片提供_TOTO）

這樣保養才用得久

使用中性清潔劑
清潔時要用中性的清潔劑，若使用強酸或強鹼會傷害浴缸表層。若材質為壓克力或FPR玻璃纖維，建議擦拭時用軟布去除污垢即可，不可用菜瓜布，以免刮傷表面。

搭配加分秘技

加寬浴缸邊框給予乘坐空間
適度加寬浴缸的邊框，形成一個座檯作為緩衝，拆解進出浴缸的動作，讓進出浴缸更順利。

圖片提供＿禾築設計

圖片提供＿相即設計

木質素材相呼應，營造溫暖的洗浴空間

以仿岩的磁磚搭配木質浴缸，展現木石的溫潤之美，浴室天花板再輔以相同的木質素材，加深樸實自然的印象。

淋浴設備
節水節能又省錢

30秒認識建材

適用空間	衛浴
適用風格	各種風格適用
計價方式	單品、整組皆可
價格帶	不等
產地來源	台灣、大陸居多
優　點	功能性多、可調節水量
缺　點	保養不易，需常清理

Q 選這個真的沒問題嗎

1　我家住在頂樓，水壓平時就有不足，適合安裝淋浴柱嗎？ 解答見P.263

2　聽說現在蓮蓬頭也有省水裝置，在選購時有什麼注意事項嗎？ 解答見P.263

近幾年大眾對於沐浴的品質要求越來越高，淋浴用的花灑或蓮蓬頭早已脫離了單純的出水功能，在造型和性能都提升不少，漸漸地花灑和蓮蓬頭已朝向精品概念的方向設計，並且也出現多功能的淋浴柱，不但造型美觀，使用上也更為便利。

而花灑的出水方式可依照按摩、洗頭等不同需求，而有不同的水流和水量控制。講求按摩效果的花灑，還可利用按摩式水流出水，藉以刺激身體的穴道，渦輪式水流則可為皮膚帶來微癢感覺，以達到刺激知覺的目的。

除了有不同的出水功能之外，還具有節能、自潔、恒定水溫等多樣化功能，固定花灑和手持花灑的組合搭配也相當受歡迎，在使用的便利性上更貼近消費者的習慣。

淋浴柱除了安裝普通的花灑之外，也有配置有數個噴嘴的款式。一般來說，噴嘴的配置數量愈多，也代表著淋浴範圍愈大，出水量自然也越多，另外還可搭配上微調功能。

另外，淋浴柱的設計也可針對個人體型高矮的不同而改變位置，個人可視需求調整高低，讓腰、背部皆可沖洗。噴嘴除了與淋浴範圍相關之外，另也有單孔直噴式及多孔噴霧狀水流式，若兼具兩項功能的噴嘴，價格也會較高，而出水口愈多者，水霧效果也越好。

圖片提供＿楠弘廚衛

種類有哪些

1 依樣式可分為：

（1）固定式花灑：分成外掛式和埋壁式，通常固定於牆壁或是天花板。外掛式花灑若有問題較容易維修；埋壁式花灑則藏於天花板內，維修較不容易。

（2）手持花灑：最常見的是手持式蓮蓬頭，構造簡單，裝設原理較不複雜，又方便使用，不論裝在浴缸上或淋浴間都很適合。

（3）花灑淋浴柱：包含頂端花灑、手持蓮蓬頭、淋浴柱等等產品。使用者可依自己的喜好，挑選含有不同功能的淋浴柱，例如水溫記憶、按摩噴頭、自動控溫等等，選擇相當多元化。

2 花灑和蓮蓬頭依材質可分為：

（1）黃銅鍍鉻：黃銅製的花灑使用年限長、耐撞擊外，單價比較高。

（2）塑膠鍍鉻：塑膠製的較耐用，但一般人會有因不耐熱而散發有毒物質的疑慮。基本上平常衛浴時的溫度並不會高於四十二度，因此塑膠類花灑仍可安心使用。

（3）不鏽鋼：不鏽鋼材質因無法做出造型上的變化，因此較少見。

這樣挑就對了

省水蓮蓬頭的採購Tips：

1 檢視水流量再更換

先測試家中到底適合哪種蓮蓬頭！將龍頭的水調至適溫後流約1分鐘，若在10公升以內，建議可挑選氣泡噴灑型或具暫時控制開關型的蓮蓬頭；若超過10公升則可選擇霧化型或固定節流型的蓮蓬頭。

2 挑選符合需求的款式

（1）氣泡噴灑型：利用起泡作用使空氣混入微小水滴，能造成較大的濕潤面積，並減少使用水量，即使是壓差小的高樓層使用，也不會降低出水量或沖洗力。

（2）霧化型：此款蓮蓬頭可產生許多小而霧化的水滴，使濕潤面積變大而減少用水量，水打在身上的感覺較輕柔，不會有疼痛感。

（3）具暫時控制開關型：蓮蓬頭上附有控制開關，可在洗澡擦肥皂時先將水流暫停，避免浪費用水，但必須注意是否有定溫設計，也就是開關前後須保持同樣水溫，才不會引起燙傷的危險。

圖片提供＿TOTO

▲ 結合花灑和淋浴柱的衛浴設備，在使用上有多元的選擇。

（4）固定節流型：將節流器埋入並固定在蓮蓬頭內，但節流器會使水流速度降低，水量減少，因此較不適合低樓層或水壓不同的的居家使用。

這樣施工才沒問題

1 安裝淋浴柱要注意淋浴柱的高度與進水管的管距

在安裝淋浴柱時確認高度和進水管的管距是否與自家浴室空間相合，尤其進口產品與國內規格有出入，因此選購時要確認規格尺寸。

2 注意家裡水壓夠不夠

一般來說，水壓通常要兩公斤，如果家中設備水壓不夠，就必須考慮加裝加壓馬達，但若是老舊房子就要注意管線的耐壓度是否足夠。若是家中同時安裝按摩浴缸、蓮蓬頭與浴柱等，必須要同時安裝水路轉換器。

監工驗收就要這樣做

1 測試水流量

將水龍頭打開測試水流量是否正常，水流是否正常噴灑。

2 避免在交屋前使用

由於不少房子交屋前是使用臨時用水，水質較為不佳，可能會有細小砂粒堵塞花灑，建議這段時間應避免使用。

達人單品推薦

1 Air In Shower 氣泡式淋浴系列

2 Kohler Aparu 恆溫淋浴柱

3 GROHE SmartControl 淋浴系統

4 Dornbracht Sensory Sky

1. 運用氣泡式出水技術，在水中注入大量空氣，將水滴擴大，增加出水面積，卻不增加使用水量。相較以往的shower，可節約省35%的水量。
（約NT.27,000元，圖片提供_TOTO）
2. 流行感十足的方形頂噴花灑設計，搭配獨特親氧花灑，出水可融合空氣，使水滴圓潤飽滿，並兼具環保省水功能。
（尺寸、價格店洽，圖片提供_KOHLER）
3. 蓮蓬頭具有SafeStop安全控制鈕，可限制水溫不超過38℃。頭灑則結合強力的按摩噴嘴，在家就能有SPA的舒適效果。
（尺寸、價格店洽，圖片提供_楠弘廚衛）
4. 平整的出水面板共設計三個淋浴區，分別為可獨立操作的頭部噴淋、身體噴淋和雨簾，並搭配燈光和香薰的功能，讓洗浴體驗昇華，在家就能擁有SPA般的頂級享受。
（尺寸、價格店洽，圖片提供_楠弘廚衛）

這樣保養才用得久

1 詳讀使用説明

若家中的淋浴柱有特別的功能，在使用前務必詳讀使用手冊，了解正確的操作方式。

2 不可使用菜瓜布或強酸強鹼清洗

平日的保養使用抹布與海綿將表面擦拭乾淨即可。另外需要注意的是，不可使用菜瓜布或強酸強鹼清潔，否則可能會造成淋浴柱與花灑的表面損傷。

3 白醋加上小蘇打，輕鬆去除水垢

花灑最容易發生水垢堵塞的問題，因此平時保養可用白醋加上小蘇打綜合後，將花灑旋開浸泡十分鐘左右就能清除水垢。外層保養可用紙巾加醋酸後輕輕包覆，即可維持亮度。

搭配加分秘技

圖片提供_CJ Studio陸希傑設計事業有限公司

外壁淋浴營造室外感

刻意將淋浴區設於水泥造型牆之外，雖然同樣都在室內，但卻營造出有如在海灘上的淋浴間的情境，刻意選用造型簡約的花灑和蓮蓬頭，讓意象更為鮮明。

淋浴拉門
隔離水氣保乾爽

30秒認識建材

| 適用空間 | 衛浴
| 適用風格 | 各種風格適用
| 計價方式 | 整組
| 價 格 帶 | 依產品材質不等
| 產地來源 | 台灣、大陸
| 優　　點 | 有效隔離水氣，易保養
| 缺　　點 | 需注意玻璃強度，以免破裂

Q 選這個真的沒問題嗎

1 **我想將家裡浴室改成乾濕分離，但浴室很小又有浴缸，哪種拉門比較適合？** 解答見P.266

2 **玻璃材質的淋浴拉門會不會容易有水漬？平常該如何清理？** 解答見P.266

由於現今居家空間的衛浴多採乾濕分離的設計，為了能有效隔離水氣，淋浴拉門的材質就更顯得重要。

目前市面上淋浴拉門的材質，主要為PS板、強化玻璃兩類材質，PS板是聚本乙烯（Polystyrene），它的硬度比壓克力來得高，但相對較脆，價格較低。缺點是透明度不夠，造成透光性較差。強化玻璃在飯店空間相當常見，除了耐撞程度高，高度的透明度也可讓浴式空間更放大，在視覺上也有極佳的表現。

淋浴拉門的設計從最簡單到繁複的設計均有，有L型拉門、圓弧形拉門等，除了獨立安裝之外，也可裝設在浴缸上，對於需節省空間的消費者來說相當實用。不論是何種型式的設置，由於每間衛浴隔局不同，在選購前要特別注意與主體空間能配合才是最適合的，如果空間許可的情況，拉門儘量選擇往內推，才可以真正達到乾、濕分離的效果。

圖片提供＿近境制作

種類有哪些

依照樣式可分成：

1 L型拉門
適合裝設在轉角，有效節省浴室空間。

2 一字型拉門
為較常見的樣式， 通常採取橫拉式門片，門片數量從兩門到四門都有。

3 圓弧形拉門
呈現扇形結構，既節省空間又具有美感。

4 鑽石型拉門
兩側以玻璃作為隔間牆面，中間設置一面玻璃拉門，寬度會比圓弧形拉門稍寬。

5 半面式一字淋浴門
通常與浴缸和牆面搭配使用。適合不想更動浴室的人，不需重新規劃，也能擁有乾濕分離的效果。

這樣挑就對了

1 依照空間大小選擇適用的拉門材質
若空間較小可使用強化玻璃材質，可放大空間感。

2 淋浴拉門的安裝可分鉸鏈式和橫拉式
鉸鏈式拉門最常被使用在強化玻璃的淋浴拉門產品上，依功能的不同可以分為回歸鉸鏈、自由鉸鏈、回歸彈簧鉸鏈等。鉸鏈的功能在於固定門片，並讓門片開闔。不同功能的鉸鏈，還可讓門片以90度或180度來開啟。橫拉式門片靠的是軌道與滑輪五金來移動，施工安裝的細節較需注意，大約可分為一字型、一字二門、三門、四門等，消費者可以需求和喜好選購。

這樣施工才沒問題

1 玻璃門要選用有強化材質的產品
使用強化材質的玻璃可避免單點撞擊的傷害發生，另外也要考慮載重的問題。

2 鋁框式拉門要注意安裝的結合點
鋁框式的淋浴拉門要注意結合點、軌道的潤滑性、尺寸是否水平，以及閉門關起後的止水功效。

3 五金和牆壁的結合則要確實
要做好固定支撐處理，一開始就要確定把手的形式以及孔數、孔徑大小。

圖片提供＿一太e衛廚

▲ 一字型拉門為台灣普遍常用的款式，價格較便宜。

監工驗收就要這樣做

完工後要試推
完工後要推一下拉門，了解整個開合是否流暢。

這樣保養才用得久

1 使用後將水珠擦乾
為避免皂垢長期積累不易清除，不論何種材質的門片，在使用後應用棉布將水珠擦乾，或使用刮刀清除以免留下水漬。

2 沐浴後要隨手清理
淋浴拉門主要在拉門門片與鋁框接合處最容易藏污納垢，因此沐浴後需用清水沖洗。

3 玻璃拉門以白醋清除水垢
若有水垢、皂垢出現，勿用菜瓜布用力擦拭。玻璃材質的拉門可用白醋擦拭，若已出現霧化（氫化）情形，可用少許工業醋酸去除。若是PS板的拉門可使用海綿加上中性清潔劑清除，絕對不可使用去漬油等揮發性物質，否則會破壞表面材質。

搭配加分秘技

鑽石型玻璃拉門放大空間感
鑽石型拉門的設計不僅不佔空間，以清玻璃製成的拉門，還具有放大空間感的效果，讓浴室看起來更開闊。

圖片提供＿IS國際設計

圖片提供＿摩登雅舍

半面式浴缸區分乾濕區
全屋都以白色為基調，唯有衛浴空間運用繽紛的磁磚拼貼，此處的用色靈感，來自教堂色彩斑斕的彩繪玻璃，透過活潑的色彩鋪陳帶來心靈療癒的效果。由於有浴缸的使用需求，因此為了有效區分乾濕區，運用半面式的一字型拉門分隔。

浴櫃
浴室收納好幫手

30秒認識建材

適用空間	衛浴
適用風格	各種風格適用
計價方式	整組計價居多
價格帶	不等
產地來源	台灣、大陸等
優點	收納衛浴物品
缺點	木製浴櫃遇潮濕易損壞

Q 選這個真的沒問題嗎

1 **在浴室用木製的浴櫃，但又怕濕氣太重容易發霉，有沒有解決辦法呢？** 解答見P.269

2 **聽說美耐板可以防水，適合用在浴櫃的門片嗎？** 解答見P.269

圖片提供＿楠弘廚衛

衛浴空間也需要收納的機能配置！在小小的浴室空間，總是需要收納櫃體來滿足物件的收納需求，而隨著空間的不同以及設計上的要求，浴櫃的樣式也因此多元，但與一般櫃體不同的是，由於浴室的空間比其他空間相對潮濕，因此除了美觀之外，浴櫃本身防潮性是否足夠，就成了選購時最應考量的重點。

浴櫃通常有壁掛式、或具有櫃腳或是輪子的。吊櫃式設計通常會搭配透明的門板，除了拿取使用上更方便外，還能降低對小空間的壓迫感，且吊櫃的尺寸多，可依空間大小來選擇。離地的設計最主要在於隔離地面潮氣，建議最好離地約15公分，一方面考量濕氣外，一方面也會減低櫃體的重量感。除此之外，浴櫃所附屬的金屬零件通常也應經過防潮處理，以防潮濕的環境減損櫃體的使用壽命。

種類有哪些

1 依樣式可分為

（1）落地式：具有櫃腳，傢具感較為強烈。通常與面盆搭配安裝，或有一體成型的設計。

（2）開放型：櫃體具開放式設計，同時也安裝門片，可視需要靈活放置物品。

（3）不對稱型：在造型上採不對稱設計，特別具有強烈的現代感。

（4）吊櫃：屬於壁掛式的櫃體，可與鏡面相搭配，兼具多樣化功能。

2 依材質可分為

（1）美耐板：美耐板具有耐磨、耐熱、防水、好清理等特性，因此多見於廚具、衛浴櫃面等處。若美耐板在施工時沒有留意接縫處，則容易有黑邊出現。另外，若板面受傷破裂，板面會膨脹變型。

（2）發泡板：發泡板的特色在於防腐防霉、防水防潮、質地輕盈，韌性佳。

這樣挑就對了

1 浴櫃的合門，最好能大角度打開

以大角度開啟門片，拿取物品才會更方便。

2 保障進出水管的檢修和閥門的開啟

挑選浴櫃款式時，一定要保障進出水管的檢修和閥門的開啟，為日後的維護和檢修省下不必要的麻煩。

3 木質浴櫃適合用於乾濕分離的浴室

木質浴櫃對衛浴環境的要求相對嚴苛，不能過於潮濕，因此適合用於乾濕分離的浴室，淋浴的水花就不會四處飛濺，盡量使淋浴以外的空間保持乾燥。

圖片提供＿楠弘廚衛

▲浴櫃材質選用耐潮耐濕氣的發泡板較能持久。

這樣施工才沒問題

櫃子盡量選擇防水材質

材質必須要能防水，櫃子與面盆的結合點要做好防水處理，可打上矽利康讓每個結合點具有防滲水的保護。

監工驗收就要這樣做

1 完工後打開水龍頭觀察是否有滲水

浴櫃若與面盆做連結時，完工時可打開水龍頭了解有無滲水情形。

2 檢查門片是否開合順暢

完工後試開門片，觀察是否開合順暢，同時也應檢查內部層板高度是否適合放置衛浴用品。

達人單品推薦

1 Villeroy & Boch Avento 浴櫃

2 KEUCO Royal Match鏡櫃

3 Villeroy&Boch Legato浴櫃

4Alape／Be Yourself系列

1 有機玻璃材質的浴櫃，玻璃的亮面效果深具時尚感，具有白、灰、黑、藍四種色系。
（尺寸和價格電洽，圖片提供_楠弘廚衛）

2 除了具有足夠的收納量外，在鏡櫃的兩側加上LED的光帶照明，不論開闔都能釋放柔和光線。
（尺寸和價格電洽，圖片提供_楠弘廚衛）

3 無把手的櫃門設計，讓外觀多了點簡約的造型美感，濃厚木色為衛浴空間帶來沉穩的視覺感受。
（尺寸和價格電洽，圖片提供_楠弘廚衛）

4 面盆、浴櫃、浴缸全結合的省空間設計，讓浴室空間享有大自然般的開闊。
（尺寸、價格店洽，圖片提供__楠弘廚衛）

這樣保養才用得久

以擰乾的濕布擦拭

浴櫃大都採用美耐板與發泡板材質，平時只要用軟布加清水擦拭即可，若有污漬可使用中性清潔劑，是屬於易保養的材質。

搭配加分秘技

素面櫃體映襯繽紛檯面

衛浴空間中納入普羅旺斯的熱情意象，檯面選用彩色馬賽克圓磚拼貼，創造繽紛的視覺，同時選擇素面的櫃體穩定鮮明的色系。而壁面則選擇鄉村風味濃厚的復古磚，營造歐式浪漫的情懷。

圖片提供_摩登雅舍

衛浴五金
塑膠金屬奢簡由人

30秒認識建材

適用空間	衛浴
適用風格	各種風格適用
計價方式	單品、整組計價皆可
價格帶	依產品材質不等
產地來源	台灣、大陸等國家
優點	耐用好搭配
缺點	鋅合金製品易氧化

Q 選這個真的沒問題嗎

1 **怎麼挑選適合自己的五金配件？在選購上需要注意什麼？** 解答見P.272

2 **五金配件的材質有哪些？哪一種的耐用又好保養？** 解答見P.272

衛浴中的配件相當多，從鏡子、牙刷杯、肥皂臺、毛巾桿、浴巾架、捲筒紙架、衣鉤等皆屬之，就材質上來看，從最普通的塑膠到金屬、玻璃皆有，既可成套購買也可隨意搭配，各種組合都可讓空間感更加有變化。

若在浴室搭配使用金屬材質的配件，本身的光亮程度較佳且有精緻感，再加上可塑性高，具有多種造型變化，因此在實用性與裝飾性都具有相當好的效果。五金配件除純銅鍍鉻或鍍鎳、仿鍍金等表面處理工藝之外，頂級的產品也使用18K或24K黃金進行鍍金處理。

僅從外觀上看，銅鍍鉻以及不鏽鋼鍍鉻並無太大差異，但實際上仍有差別。一般來説，銅鍍鉻的五金配件要比不鏽鋼鍍烙的產品價格更高一點，除此之外，銅鍍鉻的產品較不鏽鋼鍍鉻的產品更為耐用，光潔度也較高，從使用年限和外觀上來看，銅鍍鉻產品較不鏽鋼鍍鉻表現更為優異。

攝影__Yvonne

種類有哪些

一般來說，用於浴室的五金配件材質比較主流的有塑膠、鋅合金、不鏽鋼、ABS樹脂及銅製品。

1 塑膠

塑膠製的配件色彩很豐富，價格也便宜但是質感相對較差，不耐用但適合硫磺區。

2 鋅合金

價格平實，塑型容易，可採用模具化生產，外表可上層電鍍。但材質脆易斷裂，較不耐用，時間一久則易氧化產生白點。

3 不鏽鋼

鋼性強，價格屬於中價位，造型簡單，顏色不亮，大多為不鏽鋼片組合而成，較尖銳也較粗糙。

4 銅製品

鋼性適中，塑型容易，銅電鍍後表面平整不生鏽也不剝落，經久耐用質感也高。也有人用銅鍍上K金，更添高級感但價格昂貴。

5 ABS樹脂

比一般塑膠硬，可以電鍍，也比塑膠有質感，可用於硫磺區。但價格差異很大。

這樣挑就對了

1 依壁面條件選購

由於浴室的五金配件大多需要鑽孔安裝。因此，選購時須注意家中浴室牆壁是否為空心，如果是空心無法鑽牆，可用黏貼式五金取代。

2　選購時特別注意材質及風格

在各配件之間的風格需注意是否協調統一，避免在顏色與材質上有過大的反差，以免影響到整體的視覺美感。

3 注意產品是否具有認證

要避免購買來路不明的產品，以免產品損壞。

這樣施工才沒問題

1 零件必須齊全

施工前要先注意五金配件的零件如螺絲、華司套片等是否齊全，同時也要詳閱說明書，以免施工錯誤。

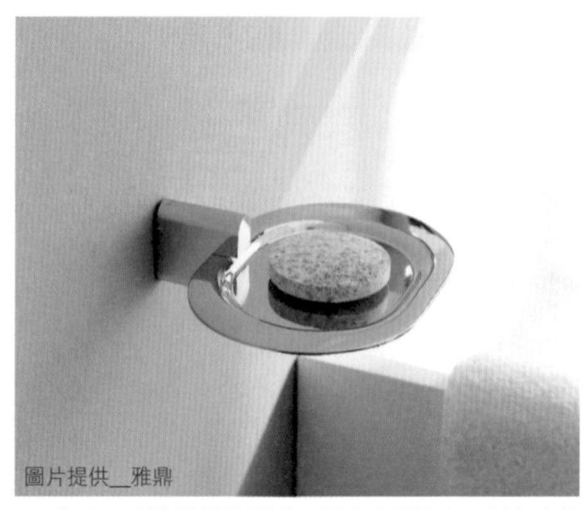

圖片提供__雅鼎

▲ 衛浴五金裝設於壁面時，要注意穩定度，以免事後鬆落。

2 需確實以螺絲固定

若需要以螺絲鎖合，在施工時必須要確實，同時也要注意不可傷及牆面。

監工驗收就要這樣做

確認是否有鎖緊牢靠

試著放上沐浴用品，觀察是否有傾斜或不穩的情況發生。

這樣保養才用得久

使用清水和棉布輕輕擦拭即可

定期的擦拭可以避免髒汙水漬附著在配件上面。如果清水和棉布無法擦掉髒污，可改用中性清潔劑，但千萬不可以用菜瓜布刷洗，以免破壞表面的電鍍。

達人單品推薦

1 扇形皂盤

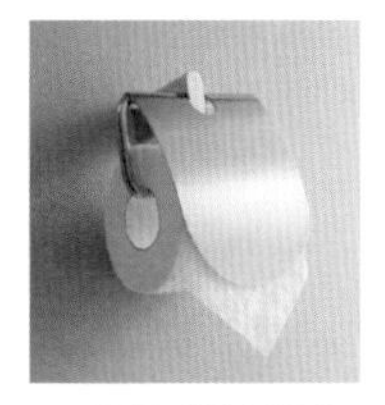
2 附蓋捲筒衛生紙架

1 融入古典摺扇的意象，讓最簡單的皂盤搖身一變，成為充滿東方意趣的藝術品。扇間的上下凹槽可以瀝乾香皂，相當實用。
（尺寸、價格店洽，圖片提供__雅鼎）

2 附上與支架同樣材質的外蓋，讓衛生紙不會再被洗手台的水濺濕。其優美的蓋板曲度與圓弧下緣，更是經典精緻工藝的表現。
（尺寸、價格店洽，圖片提供__雅鼎）

搭配加分秘技

圖片提供__楠弘廚衛

善用五金營造空間的一致感
毛巾或浴巾架除了可收納之外，也能當作扶手使用，提高浴室安全性。另外再搭配相同材質的給皂器和水龍頭，形成一致性，讓空間質感提升

圖片提供__楠弘廚衛

結合蓮蓬頭的安全扶手
在淋浴區的牆面運用安全扶手，在洗浴時便能安心握扶避免滑倒。L型的優美線條，與蓮蓬頭掛柱完美合併，型塑細膩精緻的貼心設計。

Chapter 15

各種生活空間的入口

門窗

門及窗在設計上以安全、氣密、隔音、隔熱、節能為主，而近年來跳脫傳統制式的尺寸，對材質的要求更加細膩，讓整體質感呈現精緻的藝術概念，強調可以空間風格、格局大小進行客製化的設計。

種類	玄關門	室內門	氣密窗	百葉窗	廣角窗	捲門窗	防盜格子窗	門把五金	門窗隔熱膜
特色	具有防盜、防爆效果，同時也需考量隔音、防颱功能	具有區隔空間、遮蔽隱私的功能，品質較好的門片也能有效阻絕室內噪音	特殊設計的窗框，再加上塑膠墊片與氣密壓條，可達到隔音、防颱效果	可調整百葉窗的葉片角度，能彈性控制光源，維持室內通風	中間為固定的景觀窗設計，兩側搭配可開啟的推射窗，讓視野擴大	以電動升降門片，內部包覆PU發泡，提升保溫、隔熱功能	窗格材質一般以鋁質格或不鏽鋼格為主，能有效防止宵小入侵	可分為外顯把手以及隱形把手	藉由反射與吸收原理，達到隔熱效果。
優點	防盜防爆、防火隔音	設計多元，實用與裝飾兼具	有效隔絕噪音、風雨	可調整光源、通風效果佳	擴展視野角度，採光良好	方便啟動、透氣通風	氣密、隔熱、隔音及防盜，多重機能合一	美化裝飾、提升隔音效果	有效隔絕熱能、紫外線，具有防爆功能
缺點	大部分為建商附贈，品質不一	木製的隔音效果稍弱	須注意室內空氣流動，避免通風不良	葉片多，較不易清潔	所佔空間較大	造型較一致單調	阻擋對外的視野	塑料材質使用年限較短	DIY的技術門檻高
價格	依設計、尺寸、材質而定	依設計、尺寸、材質而定	NT. 350元～1,000元／才	NT.680～1,600元／才	NT.850～1,000元	NT.1,000元／才	NT.650～1,000元／才	NT.500～10,000元／個（含以上）	NT.100～400元／每才

設計師推薦 私房素材

采荷室內設計・丁荷芬 推薦　圖片提供＿采荷設計

1 百葉窗・兼具隱密和通風的功能：百葉窗的功能多樣，關起來時能讓空間保有隱密性，打開後又使空間具有穿透感，讓室內通風。雖然價格稍高，但百葉窗本身的造型就能創造獨特的氛圍，存在感極強。而清潔上也十分輕鬆簡單，使用百葉窗專用的清理工具即可。

圖片提供__藍鯨國際

2 氣密窗・隔絕濕氣、噪音的好幫手：居家防水、隔音效果要好，氣密窗絕對不可少。特殊的真空雙層玻璃，不僅能隔音，再加上本身具有排水槽的設計，可有效減輕房子滲水的困擾，非常適合台灣潮濕的環境。氣密窗窗框的素材選擇非常多樣，有木紋、烤漆等材質，易於搭配各種風格和設計。

圖片提供__演拓室內設計

演拓室內設計・張德良 推薦

森境&王俊宏室內設計・王俊宏 推薦

圖片提供__森境&王俊宏室內設計

3 折疊門・讓小空間變大的最佳利器：折疊門最大的優點就是可以將門片通通收到一側，讓空間具有開闊性，增強室內的通透感，非常適用於小坪數的空間。在清潔保養上也很容易，價錢也屬中等，如果預算不多，折疊門是個不錯的選擇。

玄關門
居家的第一道防線

30秒認識建材

適用風格	現代風、古典風、奢華風、簡約風、中國風
計價方式	以樘計價
價格帶	價格依設計、尺寸、材質而定
產地來源	台灣、德國
優點	防盜防爆、防火隔音
缺點	大部分為建商附贈，品質不一

Q 選這個真的沒問題嗎

1 **居家大門要怎麼選才有防盜、防爆、隔音的功效呢？** 解答見P.277

2 **聽說電子鎖比機械鎖的防盜功能更強，這是真的嗎？** 解答見P.277

攝影_Yvonne

兼具防盜、防爆效果的大門，可維護一家人的財產與生命安全。且隨著時代進步，消費者對於玄關門的美感標準也逐漸提升，選擇一樘具有藝術質感的玄關大門，代表著住宅門面，同時也象徵了主人的生活品味。

玄關門型式多元，該如何為自己的居家選購合適的玄關門款？首先最重要的是安全考量，如材質的強固性、門鎖防盜性，另外還須符合防火安全標章；其次是評估其材質、面料處理，是否耐氣候變化；再則是設計面的考量，包括玄關門的面材質感、花式造型、顏色，以及相關配件款式等等，是否與整體室內外風格互相搭配呼應。

至於玄關門片樣式，有單扇、雙扇、子母門、雙玄關門及門中門，可考慮生活型態的需求來決定，如平時進出是不是需要較寬的空間等；另一個須注意的重點，則是玄關門的隔音效果，良好的隔音性，可保護居家隱私並隔絕噪音，對生活品質的提升相當有幫助。另外，家中若需要無障礙空間，門框則可考量無門檻設計。

種類有哪些

1 門的材質

玄關門除了不鏽鋼、鍍鋅鋼板及鋁之外，也有黑鐵鋼板、鋼木、鍛造等不同材質。

2 門的形式

玄關門造型相當多變，以門片的開啟形式分類，可分為單扇門、雙扇門、子母門、雙玄關門及門中門。

（1）單扇門：僅有一片門片，為目前較常見的款式。

（2）雙扇門：以兩片寬度相同的門片製成，門框較寬，通常需要較大的空間裝設。

（3）子母門：以兩片一大一小的門片裝設，通常常需要120公分以上的寬度。

（4）雙玄關門：其由雙層門片構成，目前許多大樓、公寓相當常見。因有兩扇門的厚度，隔音程度與防盜效果，比單扇門來得更好，但缺點是所佔的空間較大。

（5）門中門：有點類似將雙玄關門二合一的概念，雖是單門結構，但門中還有一扇小門可獨立打開，比傳統的貓眼更能看清來訪對象。門中門部分可搭配紗門或玻璃，打開後增加通風與採光。

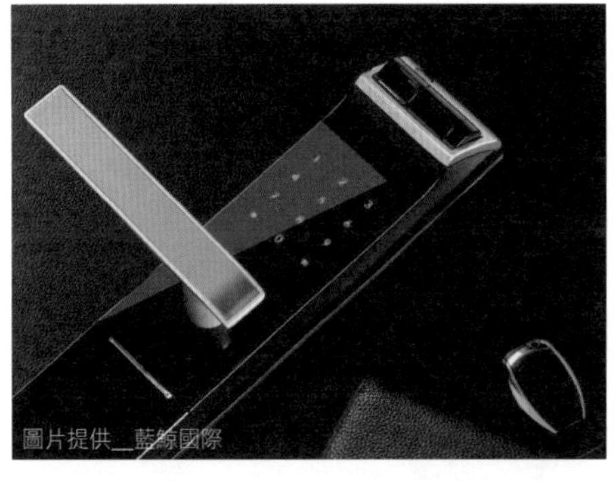

圖片提供＿藍鯨國際

種類	科技智慧鎖具—電子式門鎖
特性	在防盜方面，門鎖可分成機械式和電子式，機械式使用一般鑰匙進入，電子式則可以晶片感應、遙控或以密碼、指紋辨識進入，包括美國進口的指紋辨識系統防盜，或是義大利、日本、韓國進口的專利防盜鎖，更有國人自行研發申請專利的防盜鎖。
優點	1. 不用擔心遺失或忘記帶鑰匙，不須另外打鑰匙備份。防盜性高，難以破壞 2. 內建警報器，若遭破壞撞擊，將有警示鈴聲；部分也有火災溫度的警報提醒 3. 若密碼連續操作錯誤，將有暫時停機機制
缺點	1. 須注意門鎖蓄電力問題。若是以晶片感應，須注意消磁或折損問題 2. 故障時維修較麻煩

這樣挑就對了

玄關門挑選時，須注意安全防盜、隔音、防火的功能，以確保使用品質。

1 門鎖段數越高，防盜功能越強

一般門鎖包括三段鎖、四段鎖及五段鎖，段數越高表示開啟越複雜，所需時間越久；相同材質下，門片厚度越厚實，防盜效果也更好，但須注意的是，厚重紮實的門，相對需要足以荷重的鉸鍊。防撬門擋、門框結構，也是防盜設計重點。另外，防盜效果相當好的防爆門，設計概念是在門板內加入交錯的鋼骨，強化整體門扇的結構。

2 索取防火試驗報告

挑選玄關門時，須注意其防火、隔熱性能。可請廠商提供防火試驗報告及經濟部標檢局的商品驗證證書。

3 四周加裝氣密條，隔音效果倍增

每個人對聲音感受不同，挑選時記得測試玄關門的隔音分貝等級，是否符合自己所需，並請廠商提供內政部的隔音測試報告證明。門片材質、厚度不同，會影響隔音效果。另外，搭配周邊配件，如門框四周的氣密條或毛刷條，以及下方的防塵門檔，可填充門的縫隙，讓隔音效果更好；門片內填入隔音材質，如隔音棉等，亦可有效阻絕聲音傳導。

4 關於材質處理部分

材質的差異，以及表面處理方式，會影響其防鏽、防曬、耐候性與使用年限，尤其設置在戶外的門片若處理不當，恐出現烤漆剝落現象。因此須慎選信譽良好的廠商，在品質與施作工法上較具保障。

監工驗收就要這樣做

泥作隔間前先立門框

先抓地面水平，如果是使用一般便門，都必須在泥作隔間之前先立框，框才會穩、縫也會比較小。

這樣施工才沒問題

1 門框水平垂直無偏差

門框定位須符合水平、垂直要求，另外，立面亦不能前傾或後傾，以免影響開關。可藉由水平儀、鉛垂線等工具輔助驗收。

2 五金配件使用正常

包括把手、門鎖等皆安裝牢固且使用靈活正常；檢驗門片開闔順暢，確認鉸鍊位置是否需要調整。

達人單品推薦

1 S320典藏系列-湖苑

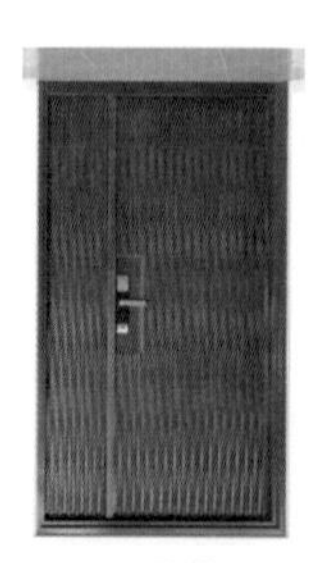

2 S320典藏系列-湖波

3 中國風雙開門

4 日式現代門

1 面材使用西班牙壁磚加複合實木打造，搭配義大利PFS造型把手。日本隔音氣密條、雙氣密隔音結構，可阻絕40分貝噪音。
（尺寸、價格店洽，圖片提供__藍鯨國際）

2 實木胡桃木打造，並以「徐風吹面成湖波」為概念設計，榮獲了2012年金點設計獎。台製隱藏門弓器，可自動關門。可阻絕40分貝噪音。
（尺寸、價格店洽，圖片提供__藍鯨國際）

3 使用黑色紗網透光性佳。外框厚28.5公分，門高可達280公分。五段水平鎖、玻璃為6.8防爆、防火鋼絲金宣膠合複層玻璃，讓大門形成一道保護膜。
（尺寸、價格店洽，圖片提供__優墅科技門窗）

4 顏色消光處理，抗鹽分、耐候可達27年不褪色。玻璃為鋼絲防爆噴砂複層玻璃，搭配西德進口鋁飾條複層防霧處理不起霧。雙氣密條設計，防水、氣密、隔音效果佳。
（尺寸、價格店洽，圖片提供__優墅科技門窗）

這樣保養才用得久

避免不當使用方式、適度的保養清潔，可延長玄關門使用年限。

1 正確使用操作

開關時避免大力撞擊，才不容易造成門扇變形；開門時，避免鑰匙方向錯誤而造成鎖匣跳Key問題。

2 勿以異物傷害

避免用尖銳物品碰刮，並注意勿讓孩童將硬幣投入鎖孔內，而造成門鎖無法開啟。

3 加裝保護設施

若為戶外玄關門，擔心日曬雨淋則可加裝採光罩或遮雨棚保護。

4 適度清潔維護

若沾染手漬或灰塵，可以乾布擦拭。若為木質門，可用傢具保養用之中性清潔劑，每隔三個月或半年擦拭，維持亮度。

搭配加分秘技

深色門片打造厚實沉穩氛圍

以原始紅磚牆鋪陳的建築中，運用深色玄關門創造厚實沉穩的空間氣息，與樸實自然的牆面元素相呼應，呈現舒適悠然的氛圍。

室內門
打造多樣生活入口

30秒認識建材

適用空間	臥房、書房、和室、起居間、廚房、衛浴、陽台
適用風格	各種風格適用
計價方式	以樘計價（推開門） 以材積計價（折疊門、橫拉門
價格帶	依設計、尺寸、材質而定
產地來源	台灣、歐美
優點	設計多元，實用與裝飾兼具
缺點	木製的隔音效果稍弱

Q 選這個真的沒問題嗎

1 **家裡的拉門剛裝好沒多久，門片就有鬆動的情形，請問是什麼原因？** 解答見P.281

2 **浴室門的材質該選哪種才不容易因潮濕而損壞呢？** 解答見P.281

3 **門片安裝完工後，該如何檢查驗收？** 解答見P.282

圖片提供＿Parti Design Studio & 曾建豪建築師事務所

所謂室內門，包括臥房門、書房門、廚房門、衛浴門，以及陽台、起居空間的門片。除了傳統的實木材質之外，現在也常見合板、玻璃、鋼木、鋁合金和PVC的應用。室內門依開啟型式，分成推開門、橫拉門等，選擇與空間搭配的門片比例與造型，不但具有裝飾效果、能為居家風格加分，有時還可營造視覺上放大的錯覺。

室內門不僅具有區隔空間、遮蔽隱私的功能，品質較好的門片也能有效阻絕室內噪音，讓各個獨立空間不互相干擾，確保良好生活品質。有些門片內包夾隔音質料，能有效阻絕噪音；門框與門片上的側邊隔音條，以及自動下降門檔等，能避免聲音從門縫穿透；另外，門片搭配合適的把手鎖具及五金配件，也能提升隔音效果。

不同材質的門片各具優點，不論是厚實感、穿透感、彈性隔間等，選購時首先應考量安裝在什麼空間？再依照實際需求來作挑選。譬如衛浴門應具有防潮、防水、好清理特點，如PVC材質；臥房門則可選擇不透影的遮蔽材質，才能確保隱私。

種類有哪些

室內門依開啟方式，可分為推開門、橫拉門與折疊門。

1 推開門

室內最常見的門片形式，以推開方式開啟（內開或外開），透過鉸鍊五金作為開關時的旋轉支撐。依據鉸鍊不同，門片可90度、180度，甚至是360度打開。

2 橫拉門

橫拉門是藉由軌道、滑輪等五金搭配，左右橫向移動開啟。依據軌道位置分為懸吊式或落地式，可作成單軌或多軌。不像推開門需要預留門片旋轉半徑，使用上較不佔空間。

門片材質多以穿透度高的玻璃，或是重量較輕的複合木門。門片數量從1片到4片都有，只要寬度足夠，還可作成多片連動式拉門，兼具彈性隔間機能。

3 折疊門

折疊門的結構為多扇門片，特色是在使用時可收至側邊，收疊後不佔空間，且能讓空間的穿透性高。

常見的門片材質包括鋁、木質、玻璃等，安裝方式分為懸吊式或上下軌道。折疊門打開後，空間極為開敞，經常應用於書房、起居室，作為彈性隔間機能。

▲ 懸吊式連動拉門因僅固定於天花板，需考量天花板材質硬度是否足夠。落地式的拉門則要留意地面是否水平，地面若不平整則可能會有自動滑出的可能。

這樣挑就對了

1 依照各空間的性質挑選

以輕巧及方便性考量，浴室門由於易碰觸水，具有防水功能的塑鋼門較合適；頂樓最好用防火建材的防火門；實木質感佳，能為臥房營造舒適氛圍，挑選時以含水率低的木種為主，較不易變形。

2 選購前先測好尺寸

建議消費者在購買前需先測量家中門框內緣尺寸。測量時最好在上、下、左、右分別量出長與寬的正確尺寸，有效的測量，可以節省不必要的支出及施作時的拆裝時間。

這樣施工才沒問題

1 安裝鉸鍊須注意位置與深度
安裝鉸鍊的位置和深度要確實，避免產生門縫過大狀況，或是門片反彈、無法完全閉闔。

2 懸吊式安裝須注意門片重量
若是懸吊式安裝方式，須注意門片材質的重量，以及天花板的承重力；若有軌道，則須確認軌道平直無彎曲、且長度正確。

3 立門框時確認水平和垂直
立門框時，須抓好水平、垂直。推開門在泥作隔間之前，先行立框會較為穩固。

4 浴室門片的防水要確實
浴室門片在裝框後進行水泥填縫修補，須特別留意防水處理是否確實。

監工驗收就要這樣做

1 確認門片的水平
門片定位的左右水平沒有前傾、後仰等變形問題。

2 完工後實際操作一遍
不論是何種形式的門片，須實際開關或推拉，確認操作順暢。

3 檢查門片與門框的縫隙
檢查門片與門框之間的縫隙是否密合、安裝穩固牢靠。

4 點收門片五金
門片的五金配件需完整，品牌、規格皆正確。

達人單品推薦

1懸吊式折疊門

2. 防爆玻璃靜音拉門

3. KD06義大利 METAL STAMI DIY鋁框拉門

4. 防夾手進口折疊門

1 大面幅的玻璃門片、鋁框材質，搭配無下軌式懸吊設計，成為最具彈性的活動式隔間，敞開時可讓空間完全連貫、穿透無礙。
（75×240cm、價格店洽，圖片提供＿楠森貿易有限公司）

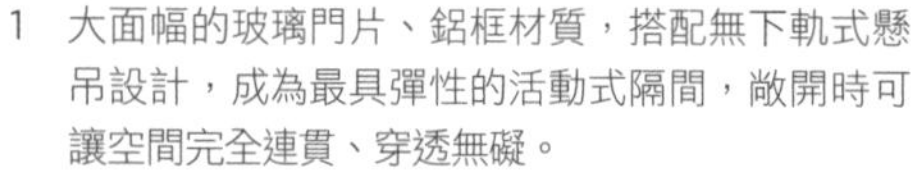

2 鋁合金外框，材質堅固耐用、不易變形，玻璃貼附霧面防爆膜，強化使用安全。特製滑輪，拉門滑動時更為順暢，並降低推拉時噪音。
（75×240cm、價格店洽，圖片提供＿楠森貿易有限公司）

3 鋁合金門框，搭配外掛五金，可做外掛拉門。多種玻璃材質可供挑選，如鏡玻、黑玻等，可藉鏡面映射，放大視覺尺度。
（尺寸、價格店洽，圖片提供＿冠亨鋼鋁有限公司）

4 門扇採用上吊輪懸掛系統，移動之間輕便安全。門片可完全收於一側，讓空間立面全開。門扇之間採特別加寬的密封條，防止夾手意外。
（尺寸、價格店洽，圖片提供＿冠亨鋼鋁有限公司）

這樣保養才用得久

1 開關門片勿過度施力
門片開啟時勿過度施力或拉扯，正確操作才能延長使用年限。

2 以清水清潔害
平時用軟布以清水擦拭，勿使用腐蝕性清潔溶劑。軌道的溝縫或輪子避免堆積灰塵、毛屑，最好定時以毛刷清掃。

搭配加分秘技

圖片提供__上陽設計

鐵件拉門呈現簡約風格
與餐廳相鄰的書房，選用玻璃作為隔間，營造視線的通透感。鐵件與玻璃製成的拉門，線條簡潔俐落，呈現現代簡約風格。

用框景營造儒雅東方風
架高的和室用鐵刀木框與柚木皮門片共構，大片的拉門創造開闊空間的想像，也帶出中式院落聯想。

圖片提供__[illegible]設計

氣密窗
無噪音居家就靠它

30秒認識建材

| 適用空間 | 各種空間適用
| 適用風格 | 各種風格適用
| 計價方式 | 以才積計價（30×30cm）
| 價 格 帶 | NT. 350元～1,000元／才（玻璃越厚，價格越高）
| 產地來源 | 台灣
| 優　　點 | 有效隔絕噪音、風雨
| 缺　　點 | 須注意室內空氣流動，避免通風不良

Q 選這個真的沒問題嗎

1 **該怎麼選購氣密窗才能真正達到隔音、防颱的效果？** 解答見P.285

2 **鋁質窗框和塑鋼窗框相比，哪種材質的品質較好？** 解答見P.285

3 **品質優良的氣密窗可以從哪些條件判斷呢？** 解答見P.285

圖片提供＿優墅科技門窗

窗戶的窗框，約佔整體面積中的25%，玻璃則佔75%。氣密窗窗框經特殊設計，並以塑膠墊片與氣密壓條，與窗扇之間間隙緊密接縫，可產生良好氣密性；另外，透過厚玻璃或膠合玻璃、複層玻璃，能達到更好的聲音隔絕以及防颱效果。

具有良好的氣密性，可稱之為氣密窗；若再具有一定等級以上的隔音效能，則可稱為隔音氣密窗。搭配多點式扣鎖五金，與傳統窗戶比起來能更有效降低噪音、風切聲，且窗框採階梯式的排水結構設計，下大雨時較不用擔心雨水滯留、回流的問題，同時也可調節室內外溫差造成的結露狀況。

各家廠商的氣密窗品質不同，選購前可由產品本身的氣密性、水密性、耐風壓及隔音等級等指標作判別。若要能有效隔音，建議所採用玻璃至少厚度須達8mm以上，並須符合CNS規範氣密2等級以下，具噪音隔絕在25dB以上。

種類有哪些

窗框多以塑鋼和鋁質製成。玻璃使用膠合玻璃與複層玻璃在隔音效能上，比一般玻璃的功效更佳。

1 窗框材質

（1）塑鋼：材質強度高，不易被破壞。其導熱係數低，隔熱保溫效果優異，可達到節能效果。

（2）鋁質：質地輕巧、堅韌，容易塑型加工，防水、隔音效果好，是目前市面上最廣泛應用的窗材。但鋁質的厚度愈薄，間接會影響整體結構的抗風強度和使用年限。

2 玻璃材質

（1）膠合玻璃：膠合玻璃是由兩片玻璃組成，中央並以PVB樹脂相結合。在隔音表現上，音波遇到PVB層會降低聲音傳導，且PVB層具黏著力、不易破壞，因此還兼有耐震、防盜功能。

（2）複層玻璃：一般稱為防侵入玻璃，玻璃厚度愈厚，隔音效果愈顯著。複層玻璃中間具有一中空層，一般以乾燥真空方式或注入惰性氣體，可有效隔絕溫度及噪音傳遞。但若處理不當，造成濕氣滲入，便會產生玻璃霧化現象。

這樣挑就對了

氣密窗品質的好壞，較難用肉眼觀察評測，建議消費者可以氣密性、水密性、耐風壓及隔音性等指標選購

1 氣密性

測量一定面積單位內，空氣滲入或溢出的量。CNS規範之最高等級2以下，即能有效隔音。一般都市內最好選擇等級8m3／hr・m^2以下等級，已足夠隔絕噪音分貝數。

2 水密性

測試防止雨水滲透的性能，共分4個等級，CNS規範之最高標準值為50kgf／m^2，最好選擇35kgf／m^2以上，來適應國內常有的風雨侵襲的季風型氣候。

3 耐風壓性

耐風壓性是指其所能承受風的荷載能力，共分為五個等級，360 kgf/m^2為最高等級。

4 隔音性

隔音性與氣密性有極大關聯，氣密性佳、隔音性相對較好。好的隔音效果，至少需阻絕噪音25至35分貝。

這樣施工才沒問題

1 檢查窗框是否正常無變形

窗戶送達施作現場時，首先須檢查窗框是否正常、無變形彎曲現象，避免影響安裝品質。

2 標示水平垂直線

在牆上標示水平、垂直線，以此為定位基準，不同窗框的上下左右應對齊。

3 以水泥填縫

安裝完成後以水泥填縫，窗框四周處理防水工程，確認無任何縫隙，避免日後漏水問題。

監工驗收就要這樣做

1 確認產品等級無誤

請廠商出示完整之測試報告及圖面，並須確認此報告之測試樣品，與實際安裝品為同一產品等級。

2 確認定位正確無變形

檢驗窗戶定位正確，左右水平且沒有前傾、後仰等變形問題。

3 確認施工品質完善

窗戶需牢固不晃動，並確認窗戶開關好推順手且氣密度佳。

達人單品推薦

1 橫拉式氣密隔音窗

2 推開式氣密隔音窗

3 歐風橫軸翻轉氣密隔音窗

4 KHA節能窗

1 巾型專利軌排水料、45度切角壓合、正前排水加內空心排水，是隔音窗之基本入門款。
（水密性50kgf/m²、氣密性等級2、耐風壓強度360kgf/m²、價格店洽，圖片提供__百德門窗科技股份有限公司）

2 依CNS A3196評估為D-40等級隔音性，配備三點連動式加壓氣密把手及美式重型四連桿，耐重載、不下垂、水密高、隔音強。
（水密性50kgf/m²、氣密性等級2、耐風壓強度360kgf/m²、價格店洽，圖片提供__百德門窗科技股份有限公司）

3 可隨意調整翻轉角度，扳開鎖緊結構即可順手地180度迴轉。可在室內安全的清潔外面玻璃，讓窗戶清潔更輕鬆簡單。
（水密性50kgf/m²、氣密性等級2、耐風壓強度360kgf/m²、價格店洽，圖片提供__冠亨鋼鋁有限公司）

4 隔音性大於等於35db，通過綠建材防音認證標章，斷熱橋鋁擠型技術，能有效隔熱節能，且抗震性優越。
（水密性100kgf/m²、氣密性等級2、耐風壓強度600 kgf/m²、價格店洽，圖片提供__冠亨鋼鋁有限公司）

這樣保養才用得久

1 窗戶溝縫以毛刷清掃

平時用軟布以清水擦拭即可，勿使用腐蝕性清潔溶劑。窗溝縫可用小毛刷或毛筆輕掃。

2 保養窗鎖與窗軸

在鎖頭、軌道及窗軸部分，若感覺開關乾澀不順，可滴一點點潤滑油，維持順暢度。

搭配加分秘技

大面橫向開窗延展視覺

公共區域中以橫向大面開窗引入充足自然光，並在牆面以背光光燈裝點出牆面的層次氛圍。主牆選擇以大干木材質大面積鋪設，木材的溫暖特性和緩木紋帶來的強烈個性，鮮明的木紋層次反而為空間創造出深刻的印象及特色。

圖片提供＿石坊空間設計

圖片提供＿藍鯨國際

室內外選用不同材質，機能更齊全

想要營造室內溫馨質感，又希望兼具窗戶的堅固功能，可以選擇木鋁複合窗，讓窗戶在室內的那一面保持實木的溫暖質感，對外則依然以較堅固的鋁質做防護。

百葉窗
調節光與風的高手

30秒認識建材

|適用空間|客廳、臥房、書房、餐廳、衛浴
|適用風格|鄉村風、北歐風、古典風
|計價方式|以才積計價（30×30cm）
|價 格 帶|約NT.680～1,600元／才
|產地來源|世界各地
|優　　點|可調整光源、通風效果佳
|缺　　點|不宜裝在室外，易掀起

選這個真的沒問題嗎

1 百葉窗的種類有哪些？哪一種的材質最好？ 解答見P.289

2 安裝百葉窗時，需要注意什麼嗎？ 解答見P.289

3 百葉窗的葉片會不會容易積灰塵，平時容易保養和清潔嗎？ 解答見P.289

在歐美被廣泛應用的百葉窗，遮陽、隔熱效果極佳，高隱蔽性能有效阻絕紫外線，並可藉由連動桿或直接轉動葉片方式，調整百葉窗的葉片角度。與一般窗戶或窗簾相較之下，其優點是能彈性控制光源、維持室內通風，且材質不易附著塵 、不易積落塵，較不會引發過敏、呼吸道疾病。

百葉窗線條比例優美，木質外框多以榫接工法施作，可增加結構強度。在設計方面，從葉片側面觀察，可看到邊緣特別作成圓弧形狀，這種設計是為了將光束柔化成更舒適宜人、不刺眼的光源。

常見的百葉窗為木材質，現今除了木之外，還發展出鋁質、塑料、玻璃等等。樣式可作成對開窗、折疊窗等，還能突破傳統的方形造型，打造成多種特殊窗框，搭配不同色彩、五金，為空間帶來更多變化。另外，百葉於門片應用上也相當常見，作成左右橫移的拉門或折疊門，可增加室內隔間功能。

圖片提供＿宏暐國際

種類有哪些

1 木質百葉

木百葉質感溫潤。常用木種為椴木、松木、西洋杉和鳳凰木。其中，椴木材質最常被使用，其質地穩定性高，且價格平實；松木、西洋杉特色是油脂高、紋木較細緻；鳳凰木則是紋路清晰、質地較輕，不會造成窗框承重壓力，經特殊處理後不易變形。

2 防水ABS材質

ABS材質是一種強化樹脂，並不是PVC塑膠材質，全實心防水ABS材質搭配不鏽鋼五金配件，擁有100%防水用途，適合安裝在衛浴空間。

3 鋁質百葉

強度高，不用擔心變形、發霉問題，可作為室外窗或裝載於潮濕地方。

4 玻璃百葉

採光度極佳，不用擔心潮濕、變形、發霉問題，可安裝於需大量光源或潮濕地方。

這樣挑就對了

1 窗型比例與使用需求

挑選時可依照窗框大小、窗型比例，挑選適合的百葉葉片寬度；另外材質上，則須視安裝空間的環境條件，考慮是否需要防潮防水機能的百葉。

2 檢視葉面質感

若為木片百葉，葉片表面觸感應光滑細緻，才能避免卡灰。通常多道的塗裝、打磨手續，會讓質感更細緻。

圖片提供＿博森設計工程

▲ 可隨光線調整的百葉窗，不僅能創造美式休閒風格，讓空間表情隨光影挪移更豐富。

3 符合健康標準

木質葉片表面經塗裝處理，不論是塗抗UV或抗潮漆料，最好挑選符合安全健康的環保材質，以避免甲醛溶劑揮發，危害呼吸道與人體健康。

這樣施工才沒問題

內扇的葉片寬度不超過90公分為宜

若要確保百葉窗的穩固性，以及讓空間中的葉片可分區調整，建議內扇尺寸每片寬度不超過90公分，高度若超過180公分可分割成上下段，整體結構會更為強固穩定，葉片光源調整也更隨心自如。

監工驗收就要這樣做

1 葉片表面是否平滑無傷

確認每扇百葉窗的葉片，其角度調整沒有問題，葉片表面平滑無損傷。

2 確認開啟是否順暢

不論是對開窗、折疊窗或推拉窗型，確認開啟順暢。若有軌道，檢視水平度及五金零件齊備。

這樣保養才用得久

1 以撢子擦拭除塵

百葉窗平時的保養，可使用柔軟乾布、撢子擦拭除塵，若要進一步清潔則可用濕布擰乾後再擦拭。台灣氣候多雨潮濕，若是裝設在戶外，則選擇室外型百葉，較不會產生使用保養問題。

達人單品推薦

1 白柚木
正常對開型

2 鳳凰木推拉型

3 Woodlore
+材質

4 防水ABS
雙層窗

5 折門型

1 紋路細緻，蘊含禪風，為居家帶來優雅氣息。
（尺寸、價格店洽，圖片提供_宏曄國際）

2 質地輕盈、木紋清晰，白色調適合鄉村風格設計。
（尺寸、價格店洽，圖片提供_宏曄國際）

3 運用獲得專利的Woodlore+材質製成，以實木為基材，外層包覆強化樹脂，材質更耐用且易清潔，有多種顏色和樣式可供選擇。
（尺寸、價格店洽，圖片提供_宏曄國際）

4 ABS防水材質，適合運用在衛浴空間。上下層排列，讓調光更具彈性。
（尺寸、價格店洽，圖片提供_宏曄國際）

5 百葉窗也可做成折門，滿足採光通風之外，也兼具隔間用途。
（尺寸、價格店洽，圖片提供_宏曄國際）

搭配加分秘技

圖片提供_宏曄國際

鄉村風格的精緻感
在鄉村風格鋪陳的空間中，除了在櫃面運用線板裝飾展現風格語彙，也善用百葉窗流露鄉村風格的精緻感，同時也能為空間調節光線，成為居家光影最佳的推手。

拱門造型營造鄉村氣息
國外常見白色百葉窗，常運用於美式、鄉村及古典風格的居家，其實百葉窗不只可用於造型窗，結合百業串連空間，展現屬於風格的個性。

圖片提供__宏暐國際

對外窗和室內窗使用相同建材，整體風格更一致
利用線板和百葉窗帶出英式鄉村的清麗感，營造淡雅脱俗的生活品質。不論是對外窗或室內窗都使用相同窗型，風格呈現一致感。

圖片提供__陶璽空間設計

廣角窗
居家視野更寬廣

30秒認識建材

| 適用空間 | 客廳、臥房、書房、起居室
| 適用風格 | 各種風格適用
| 計價方式 | 以才積計價（30×30cm）
| 價 格 帶 | 約NT.850～1,000元
| 產地來源 | 台灣
| 優　　點 | 擴展視野角度，採光良好
| 缺　　點 | 所佔空間較大

選這個真的沒問題嗎

1 **廣角窗的材質這麼多，選擇哪種才比較適合呢？** 解答見P.293

2 **廣角窗的施工該注意什麼事？** 解答見P.293

3 **開窗時會有點卡卡的，可以用潤滑油嗎？** 解答見P.293

有別於一般平面窗戶，廣角窗特色在於其主體結構突出外牆，造型立體。但與一般凸窗不同之處，在於廣角窗的上下蓋，是與牆面順接，外觀看起來較為一體成型；而傳統凸窗則是平頂突出，下方藉由斜架支撐。廣角窗的窗型包括三角窗、六角窗、八角窗或圓弧型等，需依現場的環境條件設計施作，而突出於牆面的距離，也須視窗型與窗戶尺寸大小而定。

常見的廣角窗樣式，中間為固定的景觀窗設計，兩側搭配可開啟的推射窗。大帷幕的窗扇，搭配左右斜角，讓視野變成「超廣角」，不但利於通風，同時讓大量陽光灑入室內，採光更明亮。沿窗區往外延伸，能拓展約30公分深度的使用空間，作為花台、桌面或置物平台都相當好用，尤其對小坪數的居家而言更是彌足珍貴。

廣角窗還可結合膠合玻璃、複層玻璃，增強氣密隔音機能；或是融入格子窗設計，提高防盜性。另外，目前還有加入橫軸翻轉窗的技術，可讓景觀窗扇180度翻轉，空氣流通性更佳，也方便外層玻璃的擦拭清潔工作。

圖片提供＿優墅科技門窗

種類有哪些

1 木質窗材

質感佳、具自然氣息，但防水性較差，較不適合台灣潮濕氣候。

2 塑膠窗材

窗體不易損壞、變形，但防水、氣密、隔音效果有限。

3 不鏽鋼窗材

堅固耐用、防盜性佳，但窗體重量較重，防水、氣密、隔音及耐用性較佳。

4 鋁質窗材

質輕堅固、不易變形損壞，防水、氣密、隔音及耐用性佳。一般市面較為常見鋁質的廣角窗材。

這樣挑就對了

1 窗材挑選

除了美觀之外，須注意玻璃與窗框的組合，是否有良好的氣密、水密、抗風壓及隔音效果。另外窗材是否具防水、防鏽等耐候特質。選購時可請廠商出示完整的測試報告與圖面。

2 不結露保固

廣角窗能為居家帶來良好視野，但若玻璃霧化結露就相當煞風景了！建議選購時，可請廠商開立不結露保固，目前市面上最高保固為15年。

3 安全裝置

突出外牆的廣角窗，能增加使用空間，但若家中有幼小孩童，需考量兒童安全防墜問題，建議加入安全鎖設計。

這樣施工才沒問題

1 上下蓋以角鋼支撐

廣角窗的上下蓋以斜切角與牆面接合，外觀看不到支架，但其實內部是藉由角鋼作為承重支撐，約每間隔30公分嵌入一根角鋼，以確保窗的穩固性與載重能力。

2 轉角頂端處應先密封

廣角窗的轉角柱體較易滲水，因此須將頂端處預先密封後再施工。

3 注意窗體的水平垂直

窗體安裝時，須注意垂直、水平，並確認無前傾、後仰。

監工驗收就要這樣做

1 確認產品等級無誤

請廠商出示完整之測試報告及圖面，並須確認此報告之測試樣品，與實際安裝品為同一產品等級。

2 確認施工品質完善

廣角窗施作完成後，驗收時須確認上下蓋是否一體成型、窗體組接處無隙縫。整體牢固不晃動、窗戶開關好推順手。

達人單品推薦

1 廣角氣密推窗

2 歐風橫軸翻轉廣角窗KE01

1. 景觀玻璃設計，左右窗採加壓式防颱推射窗，隔音STC=35等級。可配新型隱藏紗窗。
（尺寸、價格店洽，圖片提供＿優墅科技門窗）
2. 廣左右為外推窗，中間景觀窗可180度翻轉，增加通風同時讓窗戶清潔更輕鬆。
（尺寸、價格店洽，圖片提供＿冠亨鋼鋁有限公司）

這樣保養才用得久

注意窗戶溝縫、窗所和窗框使用情形

廣角窗和一般窗戶的清潔保養方式相同。平時隨手清理窗戶溝縫的灰塵，以及定期檢視窗鎖和窗軸是否有損壞即可。若有開啟不順的情形，則可點幾滴潤滑油使其順暢。

搭配加分秘技

臨窗設置觀景平台

在不變動格局的情況下，沿窗設置臥榻平台，創造休憩的窗景角落，臥榻本身還具有收納功能，兩側牆面也不浪費地設計收納櫃，多元利用空間坪效。

圖片提供＿摩登雅舍

英式鄉村的搭配設計

陽台外推納入主臥空間，再應用廣角窗設計，爭取大片窗景。抿石子材質窗台耐溼抗曬，且具自然木石味道，搭配花色窗簾，與空間中的英式鄉村風格十分對味。

圖片提供＿采荷室內設計工作室

捲門窗
開門省事又便利

30秒認識建材

| 適用空間 | 一般門窗、陽台窗、落地門窗、車庫捲門
| 適用風格 | 各種風格適用
| 計價方式 | 以才積計價（30×30cm）
| 價 格 帶 | 約NT.1,000元／才
| 產地來源 | 歐洲
| 優　　點 | 方便啟動、透氣通風
| 缺　　點 | 造型較一致單調

Q 選這個真的沒問題嗎

1 為了看起來更美觀，捲門窗的窗框可以改成隱藏式嗎？ 解答見P.297

2 啟動捲門窗時，如果不小心有人靠近，有任何安全機制可以暫停開啟嗎？ 解答見P.297

捲門窗常用於建築物窗戶、落地門，以及陽台、車庫等空間。其結構原理，為利用軸心中的管狀馬達，控制捲門葉片上下。捲門葉片的材質，採雙層鍍鋅鋼板或鋁合金板，表面覆有塑化膜，夾層中另包覆PU發泡，藉此提升門窗的保溫、隔熱功能，並兼具防颱、隔音、防盜等優點，尤其在多颱型的台灣，更能替居家門窗築一道防護。

捲門窗材質不同、特色各異。如雙層鋼板捲門窗，防盜效果強，可捍衛門窗安全，建議用於一樓和頂樓空間；鋁合金材質則較輕，開闔省力，一般常開啟或進出的門窗皆適用。捲門窗的另外一大特點，則是捲片內含透氣孔，可依個人需求或天氣變化，自由選擇捲片氣孔全閉或開啟。當捲片保留透氣孔時，可使內外空氣流通；緊閉時則能防止風雨進入室內，靈活調度運用，有如一道會呼吸的門窗，較一般傳統鐵捲門機能更佳。

圖片提供＿安進捲門股份有限公司

種類有哪些

1 依施作型態

依捲門窗的捲箱定位，可分為隱藏捲箱以及外掛型捲箱。

2 依材質分

捲門窗依材質可分為雙層鋼板或鋁合金材質。雙層鋼板重量較重，防盜效果佳，但需較大扭力的馬達，可用於寬度約4米的門窗；鋁合金材質輕，操作上較省力，在一定面積內可使用較輕的馬達或改成手動操作。

3 依捲片寬度

捲門窗的捲片寬度，分為一般型的5.5公分，以及加寬型的7.7公分。面積越大的捲門窗，適合選用較寬的捲片規格。

4 依操作方式

分為電動開關與手控開關兩種模式。電動又可使用壁上型開關或是遙控器。

這樣挑就對了

1 依用途及面積大小作挑選

捲門窗的挑選可依照使用位置、所需面積，挑選適用材質。若超過4公尺以上的面積大小，如車庫空間，則建議使用雙層鋼板，捲片用寬度較大的7.7公分較為合適。

2 提升安全性的選配

捲門窗的「安全碰停裝置」，在捲門下降時，若遇到障礙物可偵測並自動停止，是增加居家安全的選配裝置。

這樣施工才沒問題

捲門窗的捲箱分為隱藏式捲箱以及外掛式捲箱，施工前須先確認捲箱定位，因為不同的捲箱形式，施作條件限制與程序皆不相同。

1 隱藏式的捲箱定位

隱藏型捲箱與建築牆體一體成形，外觀看起來簡潔大方，但其條件是須在房子建築完工前，搭配新建築的施工，將捲箱定位於牆體中間、並裝上軌道，再立窗戶搭配窗簾盒。

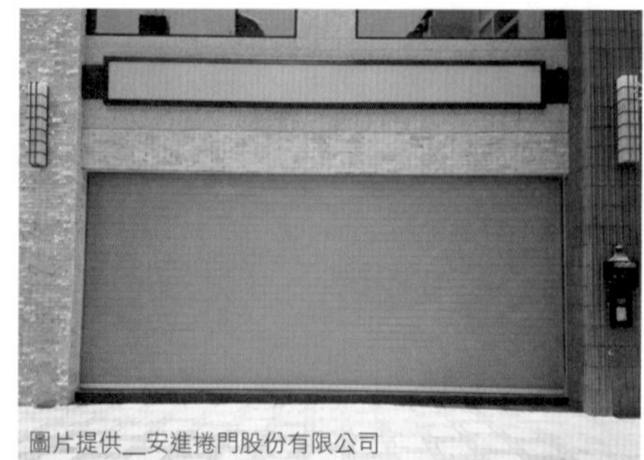

圖片提供＿安進捲門股份有限公司

▲ 捲片夾層中包覆PU發泡，可提升門窗的保溫、隔熱功能。

2 外掛式的捲箱定位

若是建築體與外觀已經完成，可直接加裝外掛式捲箱和軌道，其施作的限制條件較少。可選擇安裝於外牆或是室內。若欲安裝於室內，可在裝修未開始前，將捲箱收進天花板中，並預留捲箱維修口。依捲門高低，所需捲門收納箱的大小不同，捲箱不佔空間，約預留20～30公分即可。

監工驗收就要這樣做

施工完成後須實際操作

需實際操作確認捲片上升和下降啟動順暢，且上限和下限設定完成，捲片升降歸位後會自動停止。另外，捲門窗上下運轉時無異常聲響。若有選配「安全碰停裝置」，可於底下放一隻布偶，測試捲門下降時，防壓感應正常。

這樣保養才用得久

依正常方式操作，可延長使用年限

捲門窗上下時，底下勿放障礙物、人車勿強行通過；平時須確認安全防壓主機是否有電。另外，可以看、聽方式確認捲片上升下降順暢與否

達人單品推薦

1 鋁合金快速捲門

2 PC鋁合金快速捲門

3 白鐵花格快速捲門

1 採用鋁擠型門板，具有抗拉力、硬度和延展率，有效穩定捲門品質。
（尺寸、價格電洽，圖片提供_安進捲門股份有限公司）

2 以鋁擠型鋁門金門板和PC門板結合，一體成型的造型，具有極佳的採光效果，同時也能即時監控戶外動靜，有助居家安全。
（尺寸、價格電洽，圖片提供_安進捲門股份有限公司）

3 採用304型的不鏽鋼門板，厚度0.7mm，不會造成室內漆黑，可引入戶外陽光。
（尺寸、價格電洽，圖片提供_安進捲門股份有限公司）

搭配加分秘技

圓弧的柔順線條
外牆皆採用圓弧線條，柔化牆體的堅固印象，同時三色並陳的色彩排列，讓外牆呈現多彩的視覺感受。

圖片提供__安進捲門股份有限公司

圖片提供__安進捲門股份有限公司

柔和的大地色系
順應中性的灰色圍牆，以灰綠相間的大地色系創造柔和的視覺印象，與戶外景觀相呼應，整體呈現自然樸實的氛圍。

防盜格子窗
安全防護少不了它

30秒認識建材

| 適用空間 | 各種空間適用
| 適用風格 | 各種風格適用
| 計價方式 | 以才積計價（30×30cm）
| 價 格 帶 | 約NT.650～1,000元／才
| 產地來源 | 台灣
| 優　　點 | 氣密、隔熱、隔音及防盜，多重機能合一
| 缺　　點 | 阻擋對外的視野

選這個真的沒問題嗎

1 **聽說有不肖業者會用普通玻璃加鋁窗仿造防盜格子窗，該如何避免呢？** 解答見P.299

2 **防盜格子窗該選用什麼樣的玻璃才具有隔音、保溫功能？** 解答見P.299

3 **如果有緊急危難時，防盜格子窗會不會阻礙逃生呢？** 解答見P.299

防盜格子窗，結合氣密、隔音及防盜多重機能於一身。窗格材質一般以鋁質格或不鏽鋼格為主，有些品牌以穿梭管穿入，增加架構強度；有些則是以六向交叉組裝模式，增加阻力。

窗格內外緊貼強化或膠合玻璃（一般外玻約5～10mm、內玻約5mm），複層玻璃中央真空設計，可創造一阻絕層，減緩玻璃對溫度及音波的傳遞，達到維持室溫、提升冷房效益，並有效隔絕室外噪音。

難以破壞的複層玻璃，內夾架構強、不易剪斷的窗格，其防盜效果較一般鐵窗更優異。窗內可搭配防盜鎖、側邊固定鎖與防盜紗窗，增強牢固性，讓居家安全更放心。

在兼顧居家美感與安全雙重考量之下，防盜格子窗型式簡潔、線條優雅，相較一般道統鐵窗，美觀許多；且有別於固定式鐵窗，防盜格子窗活動式設計的窗扇可左右橫拉，能避免逃生安全的疑慮。

圖片提供＿優墅科技門窗

種類有哪些

1 窗格材質

可分為鋁格與不鏽鋼格，不鏽鋼硬度佳，但易有鏽水情況產生。

2 窗型樣式

則可分為橫拉式、推射式與固定式。其中各窗型的氣密度表現，固定式>推射式>橫拉式；價格由高至低，依序為推射式>橫拉式>固定式。

這樣挑就對了

1 坊間有部分不肖廠商以鋁窗加貼玻璃，來充當防盜格子窗

其實真正的防盜格子窗，是以複層玻璃搭配中央鋁格，由外無法直接接觸到鋁格，且玻璃為防盜強化玻璃，才能達到提升破壞難度。購買前務必清楚評估，以免買到仿冒商品。

2 衡量防盜格子窗的防風、抗震能力

一般可從可從水密性、氣密性與抗風壓係數來確認品質。如CNS 水密50kgf/ m^2、氣密2等級以下、抗風壓360 kgf/ m^2，為最高等級。

3 考量空氣通風問題

為讓空氣可以流通，以及避免危急情況發生，建議選擇可開窗的活動款式，或是部分固定、部分可開啟的款式，才能無礙逃生安全。

這樣施工才沒問題

防盜格子窗的施作，與一般窗戶相同。舊窗、新窗施工複雜度不同，部分品牌的舊窗施工可不必拆除原窗，以合併方式乾式施作，修繕時間短。新窗工序如下：

1 檢查配件：窗戶送達施作現場時，首先須檢查窗框是否正常、無變形彎曲現象，避免影響安裝品質。

2 在牆上標線：在牆上標示水平、垂直線，以此為定位基準，不同窗框的上下左右應對齊。

3 以水泥填縫：固定、安裝後以水泥填縫，確認窗框四周防水工程無任何縫隙，避免日後漏水問題。

監工驗收就要這樣做

防盜格子窗施作完成後，除了檢查施工品質之外，記得再次檢驗以下事項。

檢查複層玻璃品質

複層玻璃的中空層，一般以乾燥真空方式或注入惰性氣體，用以隔絕溫度及噪音傳遞。但若處理不當，造成濕氣滲入，便會產生玻璃霧化現象。驗收時須有廠商之玻璃霧化處理保證，並確保後續能提供良好解決模式。

達人單品推薦

1 防盜格子窗—白色

2 防盜格子門窗—咖啡色

3 中國風日式格-S100

1 窗型以固定窗扇搭配橫拉窗，增加隔音效果。窗格加入不鏽鋼條、增加強度，且採密封乾燥式組合，保證不起霧。
（尺寸、價格店洽，圖片提供__百德門窗科技股份有限公司）

2 巾型專利軌排水料，可搭配一般平紗或線板式紗窗。隱藏鎖、兒童安全鎖與防爆玻璃，可增加居家安全性與防盜機能。
（尺寸、價格店洽，圖片提供__百德門窗科技股份有限公司）

3 中國窗飾造型，可強化居家風格營造。特殊表面處理，防腐蝕效能卓越。複層玻璃雙重膠封施作，搭配Low-E玻璃，有效隔絕熱能傳導。
（尺寸、價格店洽，圖片提供__優墅科技門窗）

這樣保養才用得久

以清水沖洗清潔

防盜格子窗的窗格包夾在玻璃層內，外層光鑒平滑，擦洗相當方便。平時以清水沖洗或用軟布擦拭即可。 切勿使用酸鹼溶劑。

門把五金
兼具美形和機能

30秒認識建材

適用空間	各種空間適用
適用風格	現代風、古典風、鄉村風、奢華風、中國風
計價方式	以組計價
價格帶	NT.500～10,000元／個（含以上）
產地來源	台灣、歐洲
優點	美化裝飾、提升隔音效果
缺點	塑料材質使用年限較短

選這個真的沒問題嗎

1 DIY更換門把時，該如何施工才是正確的？ 解答見P.301

2 選購門把時，需要和門片材質作搭配嗎？挑選時有什麼需要注意的事呢 解答見P.301

挑選好的門把、五金配件，可讓操作更順手，還能延長門窗、櫃體等的使用壽命。除了實用導向的功能型，近來也發展出許多裝飾性強的商品，譬如過去門把五金多以金屬為主，現在則增加了陶瓷、水晶、琉璃、PVC等多元材質，增添了藝術美感，也更符合現代人對空間風格的整體搭配要求。

居家中的門把配件，形式上可分為外顯把手以及隱形把手（譬如隱藏式或彈開式）。其中外顯把手的款式外觀若選擇得宜，能為居家設計帶來畫龍點睛效果。不同材質、不同樣式，能營造出全然不同的風貌。

另外，不同機能空間（如臥房或廚櫃）、不同環境條件（如室內或室外），可搭配不同的五金門鎖，例如：大門使用防盜鎖，臥室使用水平鎖，樂器室使用加壓把手，通道用逃生用鎖，防盜門用防盜鎖等等。建議選購前綜合評估考量，才能滿足不同的使用需求，選擇對的五金門鎖，相對也會提升門的隔音效果，為居家帶來更好的生活品質。

圖片提供＿東順五金

圖片提供＿東順五金

種類有哪些

1 金屬門把
耐用度高、價格平實，可塑造出冷調、現代感。包括不鏽鋼、黑鐵、鋁合金、銅等材質。

2 陶瓷門把
質感溫潤、手感佳，適合彩繪上色，能讓鄉村風、古典風的設計更到位。但不適用於過重的門片。

3 水晶、琉璃門把
光澤獨特、清澈度高，能創造典雅、奢華質感。不會因氣候或使用而變質變色。

4 PVC門把
塑化材質，造價低、變化形式多元、色彩繽紛，可用於兒童房的搭配。

這樣挑就對了

1 考量環境
若是戶外使用，或是濕氣高的環境、溫泉區等，挑選時記得注意門把是否有防鏽、抗腐蝕處理。

2 門片厚度
先丈量門片厚度，以及所需把手的尺寸再進行挑選，避免購買到不合適商品。

3 門片材質
注意門片材質特性，譬如鋁框門的邊框較細窄、玻璃門承重度等等，再挑選適用的門把款式。

這樣施工才沒問題

先測量裝設位置、距離
在門片上測量門把裝設的位置、距離，門片鑽孔、門把試裝後拆下，待門片上色後，再行組裝。組裝時，將內部配件鎖舌放進孔洞，內部門把、外部門把對準後鎖上便完成。

監工驗收就要這樣做

1 確認零件、規格是否齊全無誤
檢查門把的五金配件是否齊全、使用是否靈活，並確認安裝的門把產品，其品牌、型號、規格正確無誤。

2 實際使用確認穩定度
以手握感受，確認裝設牢固，並檢查門把的表面處理細緻平滑，避免粗糙導致刮手。

這樣保養才用得久

若有異聲，可滴入潤滑油保持順暢
平時以清水清潔即可，門鎖或鉸鍊若有異聲，或是使用乾澀不順，可滴一點點潤滑油，維持順暢度。

達人單品推薦

1 銅製門把

2 櫥櫃把手

3 造型門把

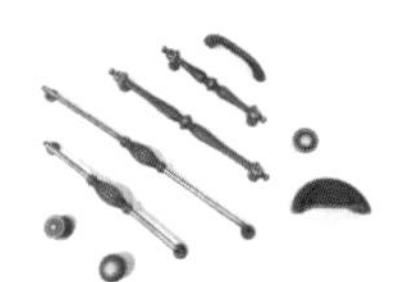

4 古典櫥櫃門把

5 義大利PASINI把手－黑

1 多角度的切割方式，呈現有稜有角的立體造型，古樸的暗銅色具有懷舊的古時氛圍。
（尺寸、價格電洽，圖片提供_東順五金）

2 仿造洞石的原始素材肌理，不規則的孔洞為櫥櫃帶來自然樸實的印象。
（尺寸、價格電洽，圖片提供_東順五金）

3 細長的造型適合用於玄關大門，呈現大器風範。古銅的色系呈現如工業風的冷硬態度。
（尺寸、價格電洽，圖片提供_東順五金）

4 細緻的古典線條，創造優雅迷人的氛圍。多種長度的類別，適用於各式櫥櫃。
（尺寸、價格電洽，圖片提供_東順五金）

5 義大利PASINI時尚系列把手，適用於木門、金屬門或玄關大門。
（尺寸、價格店洽，圖片提供__藍鯨國際）

門窗隔熱膜
隔絕熱能的利器

30秒認識建材

適用空間	客廳、臥房、書房
適用風格	各種風格適用
計價方式	以才積計價
價 格 帶	NT.100～400元／才
產地來源	日本
優　　點	有效隔絕熱能、紫外線，具有防爆功能
缺　　點	DIY的技術門檻高

Q 選這個真的沒問題嗎

1 **隔熱膜除了能阻隔熱能，還有什麼好處？** 解答見P.303

2 **裝貼隔熱膜需要注意什麼？可以自己動手DIY嗎？** 解答見P.303

3 **可以在貼了隔熱膜的窗戶貼上吸盤嗎？** 解答見P.303

台灣氣候溫度逐年向上爬升，夏季特別炎熱，平均約在攝氏32～35度，陽光中紅外線、紫外線也相對提高，因此對於隔熱膜等節能建材的需求市場明顯增加。隔熱膜結構，是藉由多層PET組成，包含特殊耐磨層、強化膠膜、紫外線隔離層等，另外還有方便施工的膠膜層與透明膜層。

隔熱膜藉由對於日光熱能的「反射」與「吸收」原理，來達到隔熱效果。高透明類型的隔熱膜，張貼後透光率高達65～80％，不影響室內光源亮度，並且隔熱率達60～95％，可提升冷暖氣效率、節省電費支出，同時抗紫外線功能，亦能避免皮膚與靈魂之窗受傷害，並保護傢具，不因過度日光照射而變質褪色。一般可自行黏貼隔熱膜，但其施工品質會影響使用年限，建議交給專業施工人員較為妥當。

由於隔熱膜的反射作用關係，僅能單向透視，難以從室外看進室內，可增加空間隱私性。另外，現代許多特殊塗工、貼合技術，能提高玻璃伸張強度達6倍以上，可延緩竊賊侵入時間，具有優越的防入侵性能。

圖片提供＿摩登雅舍

種類有哪些

1 節能膜

可增加隔熱率，提升冷暖氣效能、節省能源耗用。能隔離99%紫外線，用在西曬方位更有明顯感受。

2 防爆安全膜

防爆安全膜藉由獨特的塗工與貼合技術增強厚度，藉此提高玻璃伸張度與耐貫穿、耐破損指數。

3 窗飾膜

窗飾膜為裝飾玻璃的膠膜。傳統以蝕刻方式來裝飾玻璃，成本較高、設計形式也較為有限，而窗飾膜變化度高，更換容易、成本也較低，另外還具有防止玻璃碎片飛散的安全功能，相當實用。

這樣挑就對了

1 確認產品效能

隔熱膜的隔熱係數與透光係數越高，則隔熱與透光效果愈佳；至於紫外線阻絕率，目前大多產品皆可達99%效能。

2 提供產品保固

挑選隔熱膜產品時，最好找信譽佳並且提供產品保固的商家，才能確保品質也較有保障。

這樣施工才沒問題

1 施作空間不宜有粉塵

避免在空氣粉塵多的狀態下施工，以免影響品質。

2 施工前注意窗戶清潔

施工時於玻璃與隔熱膜表面噴水，將有助於刮水整平；施工完成後一個月內，盡量不要清洗窗戶。

3 DIY施工步驟如下

STEP 1：清潔玻璃表面與窗框，準備噴水器、玻璃刮刀、刀片等工具備用。

STEP 2：玻璃表面噴水，並用刮刀刮除水分，確保表面完全無髒污。

STEP 3：於玻璃、隔熱膜上噴水，撕除隔熱膜上的表面離型膜後，再度噴水。

STEP 4：將隔熱膜貼至窗戶玻璃上，調整位置。

STEP 5：於表面再度噴水，並利用玻璃刮刀由上而下，均勻刮除多餘的水分與空氣。

STEP 6：以刀片修飾隔熱膜邊緣多餘的部分，並確認邊緣平整無翹起。

監工驗收就要這樣做

1 檢查表面與邊緣

剛貼好的隔熱膜，有霧霧的水氣乃屬正常現象，等待乾燥後即可恢復清澈；但若有過多氣泡，則須請原廠商處理。另外，須注意隔熱膜的邊角是否有翹起或不平整、尺寸是否剛好。

2 察看品牌商標與保固書

查看產品上的品牌商標，以免貼到仿冒品；並索取產品保固書，才能確保完工後使用之權益。

達人單品推薦

1 日本FSK 防爆安全膜

1 符合JIS5759安全規格，透光率89%，隔熱率18%，隔紫外線率99%。
（NT.200元／才，圖片提供＿新泰貿易有限公司）

這樣保養才用得久

1 不在隔熱膜貼上貼紙或裝設吸盤

避免在隔熱膜上張貼貼紙或吸盤，以免因拉起時將隔熱膜拔起。平時切勿用尖銳物品或刀片於表面刻劃，以免造成材質傷害。

2 以濕布和乾布先後擦拭即可

隔熱紙的抗污效果好，平時以清水擦洗即可。如遇到較頑強污垢時，使用清潔劑，噴在抹布上再做擦拭，切勿直接噴灑在隔熱紙上，以免隔熱紙失去效用。

Chapter 16

調節光線的好幫手

窗簾

窗簾，不只能調節居家光線，在配色選材上也是營造氛圍的重點元素。好的窗簾不僅能發揮遮阻光線的效果，還能在空間中擔任畫龍點睛的裝飾主角，營造出舒適的居家空間。

在選擇窗簾之前，請依照自家的窗戶形式和整體風格去思考，像是落地窗就適合選用落地簾、百葉簾；半窗的設計則選用羅馬簾或是捲簾，成為空間的裝飾焦點。

在窗簾布的選材上，一般以純棉純麻等天然材質的透氣性最高；而緹花布的布料較硬挺，適合做為落地簾營造出垂墜感；在浴室的窗簾材質必須要選有效防水等等……不論是哪種材質，都需要多看多比較，才能選出最符合自身需求的窗簾。

種類	窗簾	窗紗
特性	注重遮光性，材質從棉、麻、絲絨緞面到合成纖維都有。可選擇各種窗簾型式，如落地簾、羅馬簾、百葉簾等。	強調透光性，材質輕薄，常用於需要大量採光的房間，通常與窗簾做搭配。
優點	1 遮光性強 2 防塵隔音，具裝飾效果	材質輕透、款式眾多
缺點	絲麻材質日曬後易褪色	遮光性不足
價格	NT. 3,000～10,000元以上（視產地、設計與材質而定）	NT.1,600～10,000元

設計師推薦私房素材

采荷室內設計・丁荷芬推薦

圖片提供

1 羅馬簾・用料省，適用於小空間：羅馬簾乃是用一整片的窗簾布製作而成，不僅能完整呈現布料的花樣，不浪費布料，也保有視覺的完整性，相當適合用於小空間。簡單的收拉設計，連小朋友也能輕鬆使用。

圖片提供＿安得利采軒

摩登雅舍室內設計・王思文推薦

2 風琴簾・調節光線的機動性強：風琴簾特殊上下開合的功能設計，上下兩層能分別透光，可遮住景觀較差的部分，簾片也可全開或半開，在光線調控和視野選擇上比其他窗簾更具變化。價格高，但機動性強，使用上較方便。

圖片提供＿摩登雅舍

窗簾
遮光擋影效果一流

30秒認識建材

適用風格	現代風、奢華風、自然風
計價方式	以組／材／碼／公分計算
價 格 帶	NT. 3,000～10,000元以上
產地來源	台灣、歐美
優　　點	調控光源、防塵隔音，具裝飾搭配效果
缺　　點	純棉、純麻材質日曬後易褪

Q 選這個真的沒問題嗎

1 **純棉、純麻、純絲的窗簾一兩年之後就褪色，這是正常的嗎？** 解答見P.308

2 **我家有一歲大的幼兒，要挑選什麼樣的窗簾繩才不會有危險？** 解答見P.308

3 **我家窗戶的高度只有牆壁的一半，窗簾的型式這麼多，哪一種才是最適合的呢？** 解答見P.307

屬於室內裝修軟性建材的窗簾、地毯等傢飾布，往往可以影響整個居家空間的風格。這些居家布飾因為不同的質料、觸感、花色可以讓空間呈現截然不同的調性。

窗簾種類繁多，依照使用方式可大致區分成「上下開」與「左右開」兩種窗簾形式。「上下開」的窗簾以捲簾、羅馬簾與百葉為主，「左右開」的窗簾則視有無窗簾盒來決定安裝形式。一般而言，大家可先由這兩種形式做選擇，接著再考慮要哪一種材質，目前常見材質以布料為主，也有棉、紗、蠶絲、羊毛、麻、人造纖維等。

在裝設窗簾時，常見使用「窗簾盒」的搭配。窗簾盒主要用途為修飾軌道，以及遮蔽窗戶縫隙避免漏光。其型式多元，包括布料、PVC材質，或是配合木作打造線板造型、窗框造型，或是在天花挖深留空等方式處理。不論何種型式，提醒設計窗簾盒時須注意預留深度，以免日後產生無法安裝的問題。

一般若裝設百葉簾、捲簾或風琴簾時，建議預留10公分左右的空間深度；蛇形簾（S形簾）摺襬幅度較大，則至少需預留15公分以上深度；若窗簾為複層，則窗簾盒預留空間就需要再加深，像是雙層蛇形簾至少需25～30公分。

圖片提供＿雅緻室內設計配置

種類有哪些

1 落地簾

長度長，可覆蓋整片窗戶至地面，多為雙開式窗簾。使用綿、麻、絲等天然織品製成落地簾有輕盈透氣效果；絲絨、緹花材質的垂墜度與遮光靜音效果出色；人造纖維穩定性高、抗皺防縮，易於洗滌且相當耐用。

2 羅馬簾

放下時為平面式的單幅布料，能與窗戶貼合，故極為節省空間。收拉方式為將簾片一層層上捲，折疊收圍後的簾片，視覺上具立體感，一般使用較為硬挺的緹花布和印花布製成。

3 捲簾

平面造型輕薄不佔空間，使用操作簡單。材質不易沾染落塵，不用擔心塵蟎過敏問題，且維護保養便利。價格平實，可自行DIY組裝。除了傳統的天然材質如竹簾、植物纖維編織之外，現今多為合成纖維與純棉材質，表面經特殊處理，灰塵不易附著，亦有防水功能，適用於浴室等地。

4 百葉簾

透過葉片角度的控制，調節室內光源並阻隔紫外線。可依據窗型比例，搭配不同的葉片寬度。材質可分為鋁合金百葉、木片百葉、竹片百葉、環保木百葉（仿木紋塑膠材質）以及布百葉。鋁片與環保木百葉材質，適用於潮濕環境（如衛浴空間）。

圖片提供_雅緻室內設計配置

▲ 落地簾需注意選用耐髒的布料，像是人造纖維等較方便清洗。

5 風琴簾

特殊的蜂巢式結構，形成一個中空空間，能有效調節室溫，提升冷房效益。使用時可任意上下（遮上或遮下）、控制縮放範圍（遮多或遮少）。風琴簾還有各種不同遮光度可供選擇，如透光不透影、半透光、不透光不透影。其中遮光布料加了抗紫外線功能，可阻擋99%光源。

種類	落地簾	羅馬簾	捲簾	百葉簾	風琴簾
特色	長度長，可遮蓋整片窗戶，遮光效果佳。台灣較常見的款式為雙開式，使用起來較方便	為平面式的單幅布料，能與窗戶貼合，較為節省空間。透過拉繩與環扣帶動，將簾片一層層上捲，折疊收圍後的簾片，視覺上具立體感	平面造型輕薄不佔空間，透過轉軸傳動，使用操作簡單	透過葉片角度的控制，調節室內光源並阻隔紫外線	為特殊的蜂巢式結構，形成一個中空空間。可依個人喜好與需求，自由調整光源與隱密程度
優點	1 有效遮光、防噪音 2 防塵效果佳	1 為整片布料製作，用布量較少 2 易於營造鄉村風格	1 不易沾染落塵，不用擔心塵 過敏問題 2 維護保養便利，亦適用於潮濕環境 3 價格平實，可自行DIY組裝	可依據窗型比例，搭配不同的葉片寬度	有效隔熱、控溫、節能，提升冷房效益
缺點	需常拆洗，保養手續較複雜	車工繁複，車工工資所佔的費用比例，較材料費來得高	較不適用大面積的窗型	葉片保養不易	價格稍高
價格	以碼或尺計價。由於織品的價格差異極大，估價方式可以「用布量」乘上布品單價，另外再加車工工資與軌道費用。	以材（30×30cm）計價。費用包含車工和材料。	以材（30×30cm）計價，基本材數為15材。每材約NT.70～250元	以材（30×30cm）計價，基本材數為15材。每材約NT.130～200元（依材質、葉片寬度計價不同）	120×120cm，約NT.6,500～9,000元（依遮光／不遮光材質，以及單巢／雙巢而計價不同）

這樣挑就對了

1 窗幅大小會影響窗簾的型式

大型觀景窗若兩邊開有對稱的小窗，建議可使用落地簾或百葉簾。羅馬簾和捲簾以桿子承載布料，較適合小窗。

2 半窗設計的窗簾不宜用大印花圖案布

印花或緹花的對紋若尺寸較大，較不適合半窗的設計，如果窗下沒有其他會遮蔽的傢具，建議把半窗設計成落地簾型式，更顯大器。

3 純蠶絲的布料背後要加遮光布

由於台灣日曬強烈，純蠶絲的布料應避免用於西曬或長時間陽光曝曬的窗面，最好在背後再加上一層遮光布。

4 依遮光和裝飾效果選擇不同材質的窗簾

有垂墜效果的布料較適合作落地簾，輕柔的紗質不適合作羅馬簾或捲簾。

5 依空間用途挑選合適的材質

客廳窗型通常為落地窗或長條型半窗，可選用雙層的對開式落地簾。衛浴空間可選擇防水的捲簾或百葉；廚房使用防焰、不易沾染油煙的材質，較為安全也方便清理；睡寢空間則可選擇遮光效果佳的窗簾或搭配雙層簾，以增加舒眠效果。

6 有過敏問題建議選用平面簾

若有呼吸道問題或擔心塵 ，可選擇較為平面簡約、材質不易吸附灰塵的窗簾樣式，如羅馬簾或捲簾。

7 家中有幼兒，須注意窗簾繩的固定

家中若有幼兒，建議加裝鏈繩固定器，或選擇拉棒、遙控等無繩的窗簾系統。多一分注意，讓美麗的窗簾不致變成安全殺手。

這樣施工才沒問題

1 決定窗簾型式

安裝窗簾前必須確認自家窗戶適合哪一種型式的窗簾，以及喜歡的布料是否適合該種形式窗簾的裝設。

2 丈量

安裝窗簾前必須確實丈量尺寸，寬度要多留

▲ 風琴簾特殊的蜂巢結構能有效節約能源。

20～30cm，高度則視窗戶是否有平台，若有平台則需減少1公分，避免布料磨損。若沒有則可多10～20cm，才能有效遮光。若有對花圖案的窗簾布必須預留較多的損料。

3 確認支撐組架與零件

窗簾盒是否牢固常常會影響窗簾的使用年限，落地簾若是電動式須考慮隱藏馬達的設計。捲簾的馬達通常隱藏在捲軸內，但不同國家製造的馬達功能與效果不同，選擇有口碑的廠牌或廠商可避免日後故障的機率。

4 注意間距與水平

若為緊鄰的兩扇窗，裝設百葉時，兩窗之間需留1～2cm間距，避免垂下或拉起時，兩扇葉片互相卡住；若為捲簾，在定位時固定架須離邊至少1公分以上，以免影響捲軸裝設。另外，橫式窗簾施工時須注意水平，以免完工後施力易產生左偏或右偏問題。

監工驗收就要這樣做

1 注意窗簾盒是否穩固

完工後要檢視窗簾盒的水平及穩定度是否足夠。

2 完工後試拉窗簾

裝設完窗簾後建議試拉看看，檢查是否順暢。

達人單品推薦

1 Jubilee Square

2 Dandelion Clocks

3 Forest

4 Silhouette 柔絲百葉

5 新錦緞（BROCATELLO NUOVO）

1 Sanderson品牌中，少數中可以布置小孩房用的花色，簡單大方又不失細節，圖騰中有花草、動物、路燈房子等等日常街景。
（尺寸店洽、NT. 2,500～3,100元，圖片提供_雅緻室內設計配置）

2 Sanderson品牌中的經典圖騰，從2008年第一次亮相以後，成為歷年來的熱賣款！更有一樣的壁紙花紋做搭配，設計師們熱愛的圖騰。
（尺寸店洽、NT. 2,500～3,100元，圖片提供_雅緻室內設計配置）

3 採用數位印刷做了全新的詮釋，選擇森林圖案，創造出嶄新的設計；不同布質分別採用不同色彩表現，既有現代感也不失傳統風味。
（尺寸店洽、NT. 3,400～8,800元，圖片提供_雅緻室內設計配置）

4 前後兩層柔紗、中間夾簾片，結合百葉、紗簾與捲簾優點。布料經防靜電、防塵及抗紫外線處理，且紗質透光度佳、視野清晰。
（120×120cm，NT. 17,000～20,000元／平方公分，圖片提供_阪多）

5 重新演繹經典的Zoffany圖案，全新的絲綢感紗線搭配最富現代氣息的柔美色彩，呈現高雅精緻的風格。這款面料可水洗，具有阻燃性。
（尺寸、價格店洽，圖片提供_雅緻室內設計配置）

※以上為參考價格，實際價格將依市場而有所變動

這樣保養才用得久

1 頑強污垢以布用清潔劑處理

窗簾由於掛在窗邊，難免會沾上風沙。由純棉麻等天然纖維製成的窗簾，平常只要撣一撣就能去除灰塵。若有髒污，用濕布擦拭即可。倘若遇到較難處理的污垢，使用布品專用的清潔劑是最佳的拯救辦法。若仍留有污漬，建議送至洗衣店或請專業的清潔公司來處理了。

2 務必看清織品上的洗滌說明

在清洗前先閱讀洗滌說明，有些品牌的純棉窗簾可自行在家用洗衣機清洗。洗窗簾時千萬不可用溫水洗，務必要用冷水。洗完後，先將窗簾按照原有摺子折成長條；前後兩個人對拉確保摺子平整。若要脫水，則整齊地放入洗衣機，輕微脫水約1～2分鐘即可，然後掛在陰涼通風處陰乾。若要減輕棉布縮的問題，只要在窗簾脫水之後就立刻吊回去，此時，窗簾布因為還帶有溼度，就會自然下垂，從而減少「縮幅」的程度。

3 不可使用漂白劑或強效洗衣粉

若窗簾尺寸不大，可以冷洗精浸泡後自行手洗，但不可使用漂白劑或強效洗衣粉，洗完後也不可放入烘衣機烘乾，以免導致脫色或變形。

4 以濕布擦拭百葉、羅馬簾或風琴簾

百葉、羅馬簾或風琴簾較不方便拆下來清洗，只要用濕布或沾濕的海綿擦拭即可；捲簾局部髒污，則可利用膠帶黏貼之後，以小牙刷沾牙膏輕刷，最後再用濕毛巾擰乾擦淨。另外，可受熱材質的窗簾，平時亦可用直立式蒸氣熨斗輕輕帶過，達到殺菌、除塵滿效果。至於窗簾盒、軌道與拉桿等等配件，用軟布擦拭。若沾上強效的清潔劑或是很用力地刷洗，可能會導致掉漆。

搭配加分秘技

圖片提供＿摩登雅舍

不同風格搭配不同窗簾形式
喜歡鄉村風格的話，可以選擇羅馬簾，不論是花一點的紋路，或是素色都很有意境。想走奢華風格的人，可在材質上選擇較特殊的布料，或是利用較重的顏色與有質感的花紋來呈現奢華感。

多層次的全白空間
運用相同色系、不同的材質表現視覺層次，即便是全白的空間中，也能有豐富的視覺感受。米白色的半圓形沙發，搭配法式波浪簾，本身的圓弧曲線就能營造出甜美輕柔的氣息，展現濃厚的歐式居家風格。

圖片提供＿摩登雅舍

窗紗

透光與裝飾並具

30秒認識建材

| 適用空間 | 客廳、餐廳、廚房、臥房、書房
| 適用風格 | 現代風、混搭風、自然風
| 計價方式 | 以碼計價
| 價 格 帶 | NT.1,600～10,000元
| 產地來源 | 台灣、歐美
| 優　　點 | 設計多元，透光性佳，實用與裝飾兼具
| 缺　　點 | 遮光性不足，需和窗簾一起使用

Q 選這個真的沒問題嗎

1 薄透的窗紗該如何搭配，效果才會最好呢？ 解答見P.312

2 關於窗紗的清潔或保養有什麼需要注意的？ 解答見P.312

半透光的窗紗，能柔化光線，為室內帶來更舒適的照明，尤其一些紗布本身帶有虛實之間的織紋變化，讓陽光在穿透與不穿透之間，營造空間中光影幻化；另外，有許多窗紗印上繽紛圖案，甚至還有各種不同織法、造型剪裁、鏤空手法，形形色色的精采表現，讓窗紗跳脫出搭配窗簾布的配角地位，已然成為窗飾的視覺焦點！

窗紗一般用於需要大量採光的公共空間、客廳、書房等，亦可搭配遮光布用於臥房，增加舒眠效果及美感氛圍。常見天然材質如棉、麻、絲，隨著技術進步，現今也有許多化學纖維窗紗，亦能營造透明輕薄，以及多元的造型變化，而且價格更親切平實。不論是天然材質的混紡，或是搭配聚脂纖維紗線、金屬線的混織，各式各樣塑膠亮片裝飾，繡花、印花、貼繡緹花布等異材質結合，甚至還有融入回收再製PET瓶的獨特創新質料，透過窗紗織品的革新演繹，為居家增添更豐富的感官效果。

圖片提供＿安得利采軒

種類有哪些

為了能使室內空間達到適切的透光效果，一般窗紗材質多選用輕薄、飄逸款式，依材質大致可分為天然纖維與人造纖維。

1 天然纖維材質
以絲、麻等輕盈材質為主，透氣度佳、手感舒適柔軟，能為居家營造自然風。價格上絲較麻高一些。

2 化學纖維材質
材質可塑性高，樣式變化豐富。穩定性亦佳，容易保養、使用期限長亦不易變色。相對天然材質，價格更為便宜。

圖片提供＿安得利采軒

▲ 絲麻材質的手感舒適，質感佳。

這樣挑就對了

選用一層窗紗，一層布簾的組合
布簾可阻擋白天的陽光（防曬），到了晚上則能維護室內的隱私權（遮蔽性）；在白天，收攏窗簾、放下窗紗，可讓室內的亮度更柔和，半穿透的窗紗也增添了窗邊的氛圍。

這樣施工才沒問題

窗紗的施工大致與窗簾做法相同，只是須另外留心以下注意事項。

1 事先決定窗紗型式
安裝窗紗之前，必須確認是要單獨裝設？或與窗簾搭配？若是後者，則除了款式之外，還必須考量風格、色彩等整體性搭配。

2 丈量
除了窗戶與窗紗的尺寸丈量，另外若要製作窗簾盒，則須預留足夠的空間深度（尤其是雙層款式），以免造成日後使用不順手。

3 確認組架的水平與牢固度
施工時須確認支撐組架的水平是否抓準，避免影響操作施力。另外，須注意接合、固定的零件，是否安裝牢固。

監工驗收就要這樣做

1 剪裁車縫
除非是特殊剪裁，不然一般窗紗不會拼接布料，以免影響美觀。驗收時可檢查整體布面的剪裁車縫是否符合預期。

2 細節收頭
檢查窗紗的簾頭與縐褶處理是否完善，另外還需留意邊緣是否有毛邊。

3 布面飾品
若是有裝飾亮片、珠珠等的窗紗，記得完工後檢查是否完整無掉落情形。

4 軌道順暢
完工後試著操作看看，確認使用施力時軌道是否順暢無礙。

這樣保養才用得久

參考洗滌說明正確保養
若要清洗窗紗，可送到專業洗衣廠，採冷水洗滌、低溫蒸氣烘乾。除非窗紗為特殊材質不適合水洗（如真絲），不然較不建議乾洗方式，以免因溶劑影響呼吸道健康。若是局部髒汙，用中性洗衣精針對髒汙處進行揉洗即可。另外有些窗紗織品為複合材質，若不清楚洗滌方式，建議可送回原廠商代為保養處理。

達人單品推薦

1 FLAMENCO

2 SAHCO Matador

3 Goldrush

4 LUANA

1 榮獲歐洲百大設計師之一的Ulf Moriz所詮釋創作，透明的網紗上以手工縫製出精巧花朵，讓紗簾不再是配角，也成為獨一無二的視覺藝術！
（幅寬140cm、NT. 11,000元／碼，圖片提供__安得利采軒）

2 天然織棉布料製成，表面做出特殊織紋和皺摺，讓窗紗更有立體感。
（幅寬135cm，NT. 7,800元／碼，圖片提供__安得利采軒）

3 特殊的橫紋設計效果，讓窗簾更有層次，底層顏色若隱若現，顯得大方高貴。
（尺寸店洽、NT. 1,950元，圖片提供__雅緻室內設計配置）

4 粗細格子狀，杏色帶點金色，在光線照射下更會有不同的效果。
（尺寸店洽、NT. 2,350元，圖片提供__雅緻室內設計配置）

※以上為參考價格，實際價格將依市場而有所變動

搭配加分秘技

以窗紗增加隱密
在臥房隔間開窗，為了增加隱私性，以窗紗遮蔽，形成一面怡人的窗景，同時也點綴居家氛圍。

圖片提供__摩登雅舍

圖片提供__摩登雅舍

以花草為主題，展現女性柔美
窗紗以花草為主題，清亮的藍色與牆面色系相呼應，展現女性柔美的溫柔氣息。

點亮各空間的主角

照明設備

從實用的角度來看，燈具身負著居家照明的重責大任，而從美學的角度，燈具所散發的光輝能左右空間的氣氛，各式獨具風格的造型燈具，絕對能成為空間中令人驚艷的主角。當然，不可不提的還有燈泡，燈泡與燈具相輔相成，燈泡的色溫、演色性，能影響空間的氛圍情境。再者，能源耗竭的議題持續沿燒，能夠有效節約能源、使用壽命長的省電燈泡成為現今的新寵兒。因此，如何在各空間中選擇實用性和裝飾機能兼具的燈泡和燈具是一個相當大的課題。

種類	燈泡	燈具
特色	一般市面上以 節能省電的CFL&CFL-i、CCFL和LED燈泡為多。鹵素燈和白熾燈泡為較傳統的燈泡，耗電量較高	從經典到現代，造型風格各異，可依照使用空間選擇合適的燈型
優點	LED燈和省電燈泡發光性能較佳、較省電	裝飾性強、易於營造空間氛圍
缺點	傳統燈泡易耗電、較不環保	進口燈飾造價較高
價格	NT.80～1,600元	NT.100～70,000元以上

設計師推薦私房素材

朵卡藝術空間設計．邱柏洲推薦　圖片提供_朵卡設計

1 LED燈．年限長不易損壞：LED 燈具有壽命長、耐碰撞的優點，且價格便宜，長期下來能節省頻繁更換傳統燈泡的費用。若選擇具有暖白光源的LED燈，不論是用在客廳、書房或辦公室都是不錯的選擇。燈具可配合富有建築美的精緻鋁條，就能形成高雅簡單的風格。

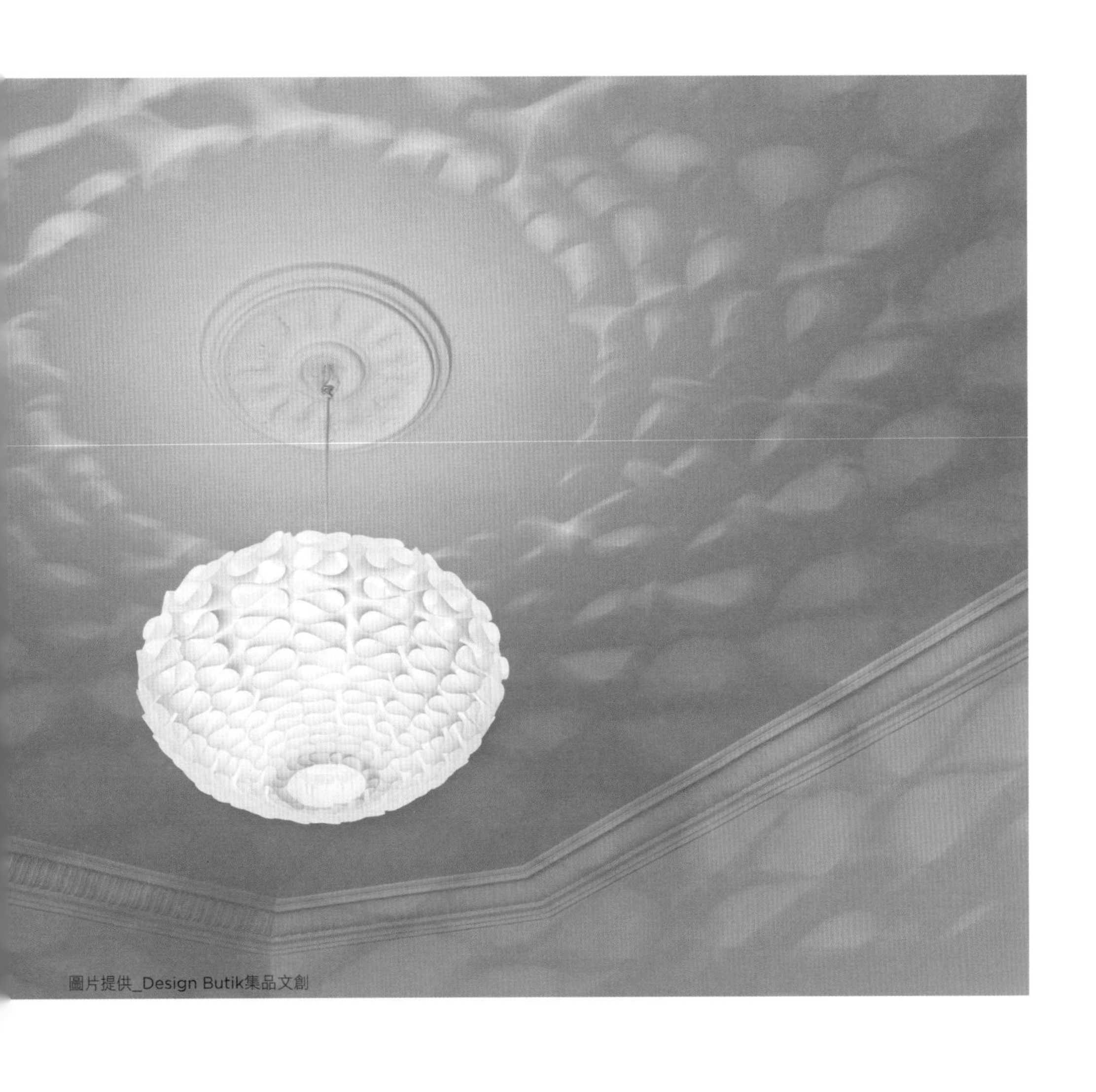
圖片提供_Design Butik集品文創

演拓室內設計・張德良推薦

2 鹵素燈・營造氛圍的高手：鹵素燈的優質演色性、色溫和聚焦性，對於展示品或是畫作的表現效果是所有燈泡中最好的。而且價格低廉，又能營造空間氛圍，換算起來鹵素燈的CP值是相當高的。若擔心鹵素燈會散發紫外線的問題，可選購具有特殊處理的玻璃罩，能有效衰減大部分的紫外線，使用起來更安心。

圖片提供_演拓室內設計

燈泡
照亮居家不可少

30秒認識建材

適用空間	各種空間適用
適用風格	各種風格適用
計價方式	以顆計算
價格帶	NT.80~1,600元
產地來源	德國、台灣、中國大陸、日本、美國
優點	LED燈和省電燈泡發光性能較佳、較省電
缺點	傳統燈泡易耗電、較不環保

Q 選這個真的沒問題嗎

1. **LED燈和省電燈泡一樣有節能效果，為何不能用來當作家中的主要光源？** 解答見P.317
2. **省電燈泡有分為球型燈泡、U型燈泡以及螺旋型燈泡，這三種有什麼不一樣？** 解答見P.317
3. **用完的燈泡該如何回收？可否直接丟棄？** 解答見P.319

照明是室內空間中最需要細細思量的設備，光線設計得宜，可以讓空間更舒適。其中的關鍵在於燈泡的選擇，性質優良的燈泡不僅能照顧眼睛不易疲勞之外，還具有使用壽命長、省電的功效。一般常見的燈泡種類有白熾燈泡、鹵素燈、省電燈泡、LED燈等。

依照空間使用的不同，在客廳、餐廳、臥房、書房用的燈泡類型、色溫和瓦數就不相同。俗語說，「明廳暗房」，因此客廳內適合裝設照明範圍較廣、節能效果好的省電燈泡。以休憩為主的臥室與餐廳，則可以裝設給人有溫暖感的黃光燈泡，如LED燈、鹵素燈或省電燈泡皆可。至於書房建議採用明亮度高的省電燈泡，再搭配近距離檯燈更理想。

以省電燈泡而言，通常使用壽命可長達15,000個小時，在使用完畢後，廢棄燈泡不可直接丟棄，除了燈泡玻璃容易破損，有割傷人的危險之外，燈泡內的導電金屬亦會危害環境，建議送到鄰近的居家賣場回收，進行專業後續處理。

圖片提供_PHILIPS飛利浦

種類有哪些

1 白熾燈泡

俗稱電燈泡或白鎢絲燈泡。白熾燈泡要先轉化成熱能才能發光，其中僅有10～20%的熱能會轉成光能，其餘皆為無用的熱能，消耗了不少能源，再加上過程中會產生二氧化碳、耗電量也較高。為有效節約能源，全球有不少國家已經開始淘汰並禁用白熾燈泡，台灣則訂於2012年後全面禁用。

2 鹵素燈

又稱鹵素杯燈，是白熾燈泡的一種。原理是在燈泡內注入碘或溴等鹵素氣體。其亮度高且光源集中，再加上體積小容易安裝，不過與白熾燈泡一樣耗電易發熱，目前多以較省電的LED燈取代。

3 CFL&CFL-i燈泡

即所謂的省電燈泡，省電燈泡是為取代傳統的鎢絲燈泡，故意將燈管折彎縮短，常見有球型燈泡、U型燈泡以及螺旋型燈泡等。球型和螺旋型的省電燈泡差別在於球型燈泡多了一層玻璃外罩，發光效率減損；如以相同的光亮度來看，螺旋型比球型更省電，而U型燈泡又比螺旋型的轉折少，發光效率相對較高。

另外，目前還有電子式省電燈泡，乃以電容器取代傳統的真空管啟動系統，開燈效率快，光源不閃爍一次到位，護眼且省電，燈泡使用壽命更長。

4 CCFL冷陰極燈管

源自於液晶螢幕的背光板技術，具有光源穩定，鎢絲不易燒斷的優點，且CCFL擁有「100,000次耐點滅」特色，有別傳統燈泡因頻繁點滅，會減少使用壽命，啟動時不閃爍，不易造成閃頻光害。適合用在餐廳和客廳做為背景燈光，且相較於省電燈泡，能有效濾除紫外線，降低對人體的傷害，膚色在光線照射下也顯得較自然，使用壽命最長可用3萬個小時。值得注意的是，CCFL燈泡的管徑非常細小，相對質量較輕，施工時易壓碎，須小心使用。

▲球型燈泡
第一代省電燈泡，在燈泡外多加一層玻璃外罩，光線較柔和，但亮度減損，使用壽命較短。

▲U型燈泡
第二代省電燈泡，呈直管狀，適合用於細長空間，發光效率高，解決了球型燈泡亮度不足的問題，缺點是燈管中間需要有接橋，若技術不好容易斷裂。

▲螺旋型燈泡
第三代省電燈泡，優點是體積小，不需額外接橋，且發光範圍廣，可產生較高的亮度，缺點是光線較為刺眼。

圖片提供__PHILIPS飛利浦

5 LED燈

LED發光二極體是一種半導體元件，利用電能轉化為光能，因此發熱小，其中80%的電能轉化為可見光。它無燈絲、不含汞與氙等有害元素，也不怕震動和不易碎，相當環保。目前因為法規規定，所以在產品標示上憑各廠商內部測試資料標示，建議消費者選擇時，選購可靠的品牌，較有品質保障。

而LED燈發散光源屬於「點光源」，光源集中，方向性明確，不似省電燈泡的照明範圍廣，因此不適合當成家中的主要光源，可用於玄關、走廊等局部空間。

這樣挑就對了

1 考慮坪數與樓高

燈泡的使用和空間坪數、樓高有很大關係，因此購買前一定要先確認好，預防坪數太大、燈泡瓦數不足的情況。簡單來說，0.8坪、樓高2米8～3米，23瓦的燈泡就足以適用。

2 依照色溫挑選

色溫，簡單來說就是顏色的溫度，是指光波在不同能量下，人眼感受的顏色變化，以度k（kelvin）表示。通常色溫在5,500k時，紅、綠、藍可獲得平衡，混合後產生白光，演色性也愈高，被照物的顏色也較逼真，接近自然光下的顏色。

種類	CFL&CFL-i燈泡	CCFL燈泡	LED燈泡
光效（lm／W）	55	58	70～80
壽命（hr）	6,000～15,000	>20,000	50,000
色溫（k）	2,700／6,500	2,700／4,600／6,200	2,700～6,500
演色性（CRI）	85	82～85	70～90
發熱溫度	高	低	低
耐點滅性	低	高	高
耐摔耐震	不耐摔不耐震	不耐摔不耐震	耐摔耐震
操作	啟動時，閃爍	啟動時，不閃爍	一點就亮，不閃爍
價格帶	NT.200～650元	NT.300～450元	NT.100～1,600元

一般來說，常見的燈泡色溫可分成以下三種：

（1）黃光：燈泡色，色溫2,700～3,100k。一般若想要溫暖的感覺，多選擇黃光。

（2）自然光：冷白色，色溫4,000～5,000k。光源較明亮，演色性佳，但品項較少，台灣的燈泡種類大多為黃光或白光。

（3）白光：晝光色，色溫5,700～7,000k。演色性與亮度的效果較差，長時間暴露其下會造成眼睛的疲勞，一般較少使用。

3 同一空間最好使用同一廠牌燈泡

目前市售燈泡品牌相當多種，每家廠牌色溫不盡相同，建議可以在同一空間中，使用同一廠牌的燈泡，如此一來視覺感受光源的顏色與溫度變化，就不會差異那麼大。

4 不同居家空間有不同亮度需要

（1）客廳：最好要有100W以上，色溫可選擇較溫暖不刺眼的光源。

（2）餐廳：使用演色性高，色溫較低的光源。演色性高讓菜餚看起來更可口，低色溫能營造溫暖、愉悅的用餐氛圍。

（3）廚房：建議使用色溫為白光的燈泡，料理時光線能更清楚，不致發生危險。

（4）衛浴：衛浴的照明需要經常開關，建議選擇點滅性高的燈泡較合適，可選擇60W的燈泡或者更低的瓦數。

（5）臥房：臥房的照明以提供安適的氛圍為主，因此選擇黃光較合適。若選用床頭燈，大多為輕微照明需求，燈泡選擇40～60W範圍即可。

這樣施工才沒問題

1 安裝前切斷電源

安裝燈泡時，務必切斷電源，確實將燈泡旋入燈座內，達到完全嵌合，並需檢查是否牢固不易晃動，若有掉落之虞應予以改正。

2 安裝前確認燈泡規格

一般常見的燈泡尺寸為E27和E14，國民燈泡的規格多為E17。因此若要將國民燈泡換成省電燈泡時，要先確認燈具的尺寸是否相合。若原燈具的玻璃或塑膠罩可容放得下，建議以此規格作為更換，若燈罩空間不夠，就要在照明度上做取捨，選擇瓦數較低的燈泡安裝。

監工驗收就要這樣做

1 確定燈座與燈帽是否有固定

建議在安裝前先觀察燈座和燈帽是否有鬆動搖晃的情形，以免掉落造成危險。

2 檢視電極是否有變形

在安裝前，先檢視燈泡電極是否有變形的情形。若有，應即時做更換。

達人單品推薦

1 飛利浦 LED球型燈泡

2 TORNADO T2省電燈泡

3 New Essential plus省電燈泡

4 飛利浦螺旋型燈泡

1 飛利浦全系列LED燈泡皆榮獲國際IEC安心認證，9W的LED燈泡，可取代60W白熾燈泡，壽命為15,000小時。
（價格店洽，圖片提供＿PHILIPS飛利浦）

2 比前一代的省電燈泡相比，照度增加20%，體積小，高效率，適用多種燈具。
（23W，價格店洽，圖片提供＿PHILIPS飛利浦）

3 與前代相比，燈管性能提升1%，可用於重點照明，提升居家氣氛質感。
（價格店洽，圖片提供＿PHILPS飛利浦）

4 比白織燈泡省電80%，耐點滅10萬次。
（尺寸、價格店洽，攝影＿楊宜倩）

這樣保養才用得久

1 依燈泡種類決定使用方式

不同光源的燈泡，使用方式也大不相同。CFL省電燈泡使用時，至少需要3分鐘的預熱，才能達到最佳光源效率，使用時盡量不要頻繁的開關，容易減少使用壽命。相較之下，CCFL冷陰極管與LED燈的耐點滅性高，若空間需要經常開關電源，建議使用CCFL或LED燈泡較適合。

2 燈泡怕潮濕也怕油煙

燈泡裝在衛浴與廚房時要多加留意。裝在衛浴間一定要加裝防潮燈罩，防止濕氣進入並延長使用壽命；裝在廚房同樣建議加裝防油煙燈罩，若無法加裝，則要特別注意油煙，因油垢的累積會影響燈的亮度，定期要擦拭清潔。

3 燈泡使用中要保持開放通風

使用燈泡時，環境不通風會導致內部溫度升高，會很快將燈泡消耗掉，縮短使用期限。

4 定期清潔照明燈具

想提高燈泡的照明效率，應該定期每半年清潔燈具一次，燈具久未清潔，燈泡與反射罩、燈罩等逐漸累積的塵埃，會使得輸出效率降低。清潔時一定要在電源關閉下進行，並用乾布做擦拭，避免濕氣入侵，好預防時間久了出現生鏽、損壞、漏電短路的現象。

5 定期更換老舊燈泡

別再有燈泡壞了才替換的習慣，任何光源均有使用的壽命，同時也會有光衰產生，建議在光源完全損壞之前進行更換，可提高室內照度的同時，也能節約用電。

6 換掉的燈泡不建議直接丟棄

除了燈泡玻璃容易破損，有割傷人的危險，燈泡內的導電金屬亦會危害環境，建議送到鄰近的居家賣場回收，像一些大賣場即設有專門回收處，每月都會將廢棄的燈泡集中打包，專業後續處理。

搭配加分秘技

燈光結合扶手的造型牆面

牆面做出造型與走道燈光結合，除了能營造美麗端景之外，也兼具扶手的機能性，對於有老年人的家庭，可以保障夜間行走的安全。

圖片提供＿山木生空間設計

燈具
聚焦視覺點綴空間

30秒認識建材

適用空間	客廳、餐廳、臥房
適用風格	各種風格適用
計價方式	以盞或組計價
價 格 帶	NT.100～70,000元以上
產地來源	台灣、中國大陸、日本
優　　點	裝飾性強、易於營造空間氛
缺　　點	進口燈飾造價較高

Q 選這個真的沒問題嗎

1 購買吊燈時，吊燈長度要估計多少，才不會因為太長而有壓迫感？ 解答見P.321

2 家裡的坪數已經很小了，如果用立燈會不會很佔空間而且妨礙動線？ 解答見P.321

燈具的選擇多元，風格特異，可營造出空間氛圍。從古至今，不少藝術大師設計許多極具風格的經典燈具，照明對人們而言不再是唯一功能，燈具成為空間中不可或缺的藝術裝置之一。

常見燈具的樣式可分為吊燈、立燈、壁燈、桌燈等，可依照使用用途和空間選擇。一般來說，客廳多使用吊燈、嵌燈、吸頂燈等，另外可使用間接照明、立燈或檯燈，看電視較不會覺得刺眼，視覺更舒適柔和。在餐廳若安裝吊燈，則建議外加燈罩，盡量不要讓燈泡外露，預防眼睛直視燈泡造成不適。衛浴或廚房的天花板因有裝設管路而下壓，建議裝設壓克力吸頂燈或嵌燈，這類的燈具不會太大或過重，也可讓空間得到充分的平均照度。另外也可以在廚房流理檯加裝工作燈，讓料理更安全方便。在浴室中的燈具建議可加裝防潮燈罩，避免濕氣入侵，以延長燈泡的使用壽命。

圖片提供＿森境&王俊宏室內設計

種類有哪些

1 嵌燈

為鑲嵌在平面內的燈具，厚度厚，但整體空間高度會降低，給人壓迫感較重，較適合裝設於挑高空間。可技巧地遮住樑或天花板，光源較均勻，照明範圍較廣泛。樣式可分為下投燈，局部可調燈以及洗牆燈。

2 吸頂燈

厚度較薄，約15～25公分，相對而言，空間的壓迫感較輕，且安裝簡易，整個燈座可拆卸下來，容易清理。但照明範圍無法太廣，若裝設於房間邊角則光線會偏暗。

3 吊燈

長度長，造型多變，通常成為空間中聚焦所在。其長度需配合空間的高度做變化，以免產生壓迫感。照明範圍廣，主要裝設在客廳、餐廳等。

4 立燈

多置於空間的一角，高度不一，可選擇適合空間高度的立燈做配置。若在經常使用的空間放置立燈，可運用立燈做為空間的過場，可統合空間的視覺，讓視覺有些區隔與層次，即使是物件多的小坪數空間不會顯得凌亂。

5 桌燈

可分為Table與Desk兩種，Table燈以氣氛圍主，適用於床頭櫃、矮櫃、邊桌等；Desk就是閱讀燈。氣氛型桌燈的造型與材質變化多樣，在於營造空間層次、亮點與區隔空間，也適放於地面。閱讀燈以聚光為要，亮度在60～100W，不適合選擇透光材質燈罩。

6 壁燈

通常以牆面裝飾為重，適合用在狹長的走廊、過道、樓梯轉角，除了有裝飾作用外，有時也兼具夜燈的功效，黃色的光源讓夜間下樓的人產生溫馨與安心的感受。

這樣挑就對了

1 餐廳吊燈依桌型挑選

餐廳吊燈建議與餐桌的桌型統一搭配，若為圓桌，則選用圓形吊燈；方桌則使用方形吊燈，這樣搭配的美感較為恰當。一般而言，目前流行的二或三盞的燈具序列式的搭配，不適用於圓桌；長方形餐桌視長度，可以兩盞或三盞燈具搭配；橢圓形桌則可以選擇水平線性（比例上是長型）但燈具為圓形等變化形式來搭配，也要視空間其他條件的配合。

2 餐廳吊燈高度離地170公分為宜

西方習於將餐桌吊燈高度訂於餐桌上方75公分，等於離地150公分的高度，因為他們認為餐桌是用於坐著吃飯的區域，餐桌燈在使菜色更可口，聊天輕鬆氣氛。但大多數國人覺得站立時會遮檔彼此視線，多定在離地170公分位置。

3 立燈以180公分高為佳

一般來說，若是2米3～2米6左右的天花板高度，建議180公分左右的立燈高度，視覺線條也較適當。經常性使用空間的立燈，可選用一盞打向天花的200W～300W的2米高立燈，做為空間照明；北歐等小空間則在沙發旁、書櫃旁等區域擺放160cm高的立燈，營造空間層次並具閱讀燈功能。

4 注意水晶燈的品質是否良好

在選購水晶燈時，要注意水晶的品質是否良好，不好的水晶燈不僅可能有褪色狀況，光芒也不會如剛購買時漂亮。

這樣施工才沒問題

1 事先測量空間高度

裝吊燈前要確認該空間能容納的高度，若因空間不足將吊燈鎖鏈縮短，只留燈體，就失去裝吊燈的意義。另外，若是木作天花板，要先告知木作師傅未來將裝多重的吊燈燈具，以預作處理。

2 較重的吊燈以膨脹螺絲固定

建議過重的吊燈最好不要直接鎖在線盒上，要另外打膨脹螺絲加以固定，避免過重而掉落。

監工驗收就要這樣做

確認燈具支架是否穩固

若是DIY自行裝設，要確認燈具的支架是否穩固，螺絲一定要鎖緊，以防地震來時傾覆。

達人單品推薦

1 AruMAZE!燈具 Product

2 Norm 03

3 Ikono

4 米妮可攜式床邊燈

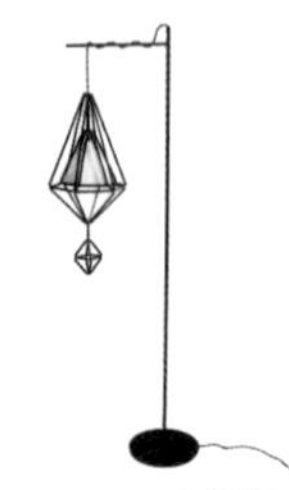

5 Himmeli立燈

1 藉由創新製程打破燈泡及燈具的區隔，創造一體式全塑膠的照明產品，達到省能、環保且呈現機能與美學兼具的燈體設計。
（價格電洽，2015年新品預備上市中，圖片提供_奇想創造）

2 燈具的設計靈感來自於繡花球的簡單線條，當燈光打開時，Norm03 能在牆上投射出令人驚艷的光影效果。
（尺寸、價格電洽，圖片提供_Design Butik集品文創）

3 甜筒狀的圓柱型玻璃，結合兩扇同色調的鋼製燈罩。燈光從上層燈罩打下來的同時，下層的燈罩也確保不會產生眩光。
（尺寸、價格電洽，圖片提供_Design Butik集品文創）

4 選用最受孩童歡迎的迪士尼人物造型，製作出LED可攜式床邊燈，材質選擇矽膠材質與LED省電設計，長時間發光不發燙，有效保護家人安全。
（NT.1,680元／個，圖片提供_PHILIPS飛利浦）

5 與斯堪地納維亞工匠合作，來自於傳統芬蘭聖誕節飾品的靈感，電鍍鋁管桁架結構形成支撐張力，具有高度藝術風格。
（尺寸、價格電洽，by Roll&Hill，圖片提供__bhome）

這樣保養才用得久

1 以白手套擦拭水晶燈

大型的吊燈式水晶燈可以請廠商提供售後服務的專業清潔人員，其他較小型的水晶燈飾可以用白手套輕輕擦拭即可，或噴灑清潔劑後以抹布擦乾。在清潔的同時，要記得先關閉電源，以免受傷。

2 以水清洗或抹布擦拭燈罩即可

像是玻璃燈罩或塑膠燈罩建議直接拆卸以水清洗，如果表面有一層烤漆，平時以抹布擦拭灰塵即可。若表面是金屬電鍍材質者，建議用凡士林塗上薄薄一層，以防氧化。

搭配加分秘技

善用懸吊燈，浪漫氛圍好加分
空間裡看不見書桌上檯燈的設計，為了減少一些死角的清潔負擔，設計師也挑選懸吊式的燈具，簡化空間多餘的線條，同時也空出了不起眼的小空間。

圖片提供＿演拓空間室內設計

造型立燈成為空間亮點
客廳的梧桐木電視牆面，以烤漆鐵件勾勒出線條，展現空間深度。沙發一旁用造型立燈點綴，簡約的線條和金屬材質，與電視牆相呼應。

圖片提供＿明代設計

建材潮流趨勢大賞

趨勢新建材 NEW!

在強調綠能環保、永續經營的現代，節能節源成為當今的重要課題。從近幾年的趨勢看來，不少廠商在建材的生產過程就開始思考如何有效節約能源，以及如何利用高科技的技術，減少天然資源的耗費。將石材或磚材做到更為輕薄，不僅能降低資源的開採，在應用上也能更為多元。而在製作過程中也加入減碳的概念，製作出更為健康、環保的新興建材。

另外，為了因應追求高生活品質的現代，建材的功能不斷推陳出新，逐漸走向精緻化、人性化的設計，像是機能性高的衛浴、地暖系統、以及全熱交換機等，則從使用者的角度出發，在實用性和外觀上為人們提供另一種嶄新的使用體驗。以下分別從石材、磚材、塗料、衛浴設備等挑選出具有指標性的趨勢建材做介紹。

種類	優的鋼石	皮革磚	陶瓷木地板	天然礦物塗料	無毒護木油
特色	以德國的 Wacker 水泥材質為基礎材料，具有無收縮特質，不因熱漲冷縮而龜裂。同時也不起塵，改善水泥粉光地板的缺點。	是高密度的環保發泡材料，有別於一般磁磚，本身柔軟有彈性，可用於壁面裝飾。	以木素材壓塑、染色一體成型，特殊的木質纖維運用不同的染色樹脂，呈現原石的立體紋路。	運用砂石、水泥石料等自然素材，添加液態矽酸鉀和天然礦石色粉融合所調和出的塗料。	以天然的亞麻仁油混合，不含甲醛、人工香精等，將植物油和天然蠟的分子微細化，能深層滲入木材內部。
優點	無粉塵、無接縫，施作厚度薄，不影響室內高度	可彎曲、可簡易切割。為環保材質、具有阻燃、防撞效能	耐撞擊、具有石材的紋理質感	以礦物為主要原料，無毒無甲醛。色彩飽和度高、不褪色	天然亞麻仁油製成，不含甲醛、塑化劑等有毒物質
缺點	若施作不當，表面會形成脫裂	不可用於衛浴空間等直接接觸水的區域	衛浴、廚房等較潮濕的空間無法使用	單價較高	單價較高
價格帶	依需求而定	依產品而定	NT. 24,000 ～ 27,000／坪（連工帶料）	NT. 580 元／坪（僅材料）	NT. 450 ～ 650 元／坪（僅材料）

圖片提供＿寶創科技 Polytron Technologies Inc.

種類	靜音板	雷射指示與自動照明灑水設備	防侵入玻璃	電控液晶調光玻璃	hue 個人連網智慧照明	無障礙衛浴
特色	質輕的專利塑膠成型，在表面做出細微穿孔，有效吸收聲音。同時具有耐候、防水特性，戶外也能使用。	運用內部的 LED 燈設計出箭頭圖案，當啟動灑水設置時，LED 燈得以穿過濃霧，提供緊急照明之用。	由透明材料中硬度最高的「玻璃」與耐衝力最強的「聚碳酸脂板材」膠合而成，可以防止 5 分鐘以上的撞擊。	玻璃內部膠合液晶膜，經過通電與否，調整不透明或透明的形式。在同一片玻璃上，兼具兩種效用。	將連網功能帶入 LED 燈泡設計中，透過各式的 APP 程式，運用燈光能創造多種的實用功能。	面盆、馬桶加寬和加大，並在通道或淋浴區增設把手，貼心思考銀髮族或輪椅使用者的生活需求，創造出人性化的設計。
優點	質輕易組裝，具有高效吸音、防水、易潔、耐候的特質	能穿越濃煙清晰指引逃生方向	堅固、耐撞擊；可抵擋衝擊 5～30 分鐘不貫穿，有效防盜	堅固耐用，除了可作為隔間、對外窗，也能做投影、白板之用	有效運用燈光創造居家情境、工作行程提醒	實用性及功能性強，並同時兼具設計與美感
缺點	大面積視覺需透過拼接組裝呈現	仍在規劃生產中	需搭配適宜的鋁門窗玻璃溝槽寬度安裝	單價較高	價格較高	價格較高
價格帶	NT. 300 ～ 500 元／片	未上市	基本規格 NT.390 元／才（不含安裝）	NT.3,500 ～ 90,000 元不等（依產品及案件而定）	NT.7,399 元（含三個 hue 燈泡和一個橋接器）	依產品而定

優的鋼石
不龜裂、不起塵

30 秒認識建材

適用空間	各種空間適用
適用風格	工業風、現代風、Loft 風
計價方式	以坪計價
價 格 帶	NT. 9,000 元／坪（連工帶料）
產地來源	德國
優　　點	無粉塵、無接縫。施作厚度薄，不影響室內高度
缺　　點	若施作不當，優的鋼石表面會形成脫裂

在工業風的空間中，經常運用水泥粉光地坪呈現冷硬原始的水泥基調，但水泥粉光地坪有易起粉塵、易裂的缺點，因此近來發展出「優的鋼石」，解決了水泥地坪易起粉塵、易吃色的困擾，也擁有無接縫的優點。不只能用於地面，也能施作於牆面，多用途的優勢成為居家裝潢的建材新寵兒。

各種材質的壁面和地坪皆能施作

優的鋼石地坪是以德國 Wacker 水泥材質為基礎材料，和水泥相比具有無收縮特質，不會因熱漲冷縮而在表面形成龜裂，因此可維持表面的平整，同時可做出如雲彩般的天然紋路，呈現不規則的圖案。表面可再施作特殊的面層處理，有效形成保護膜，具有止滑、耐磨的特性，和 Epoxy 不同，不會在表面產生刮痕。因此，施作在廚房、餐廳也沒有問題。不過要注意的是，由於是以水泥為基底，材質本身會有毛細孔，一旦有髒污要立即擦去，避免時間一久，油污滲入就難以清理了。

優的鋼石能施作於任何材質的牆面和地坪，只需將施作的區域整平便能開始施工，像是修補龜裂的水泥；拆除木地板的面材部分，重新鋪一層底板和 PVC，避免底板因此受潮。如此一來，優的鋼石才能和原有壁面或地板完美結合，避免完工後造成優的鋼石脫裂的情形。

Point 3

圖片提供＿鏸達實業

Point 1
圖片提供＿鏸達實業

Point 2

圖片提供＿鏸達實業

Point 1　施作快速，養護期短
優的鋼石養護時間比水泥快速，施工後 7 天後即可進入。基材的耐重和耐磨就達到 5,000 磅，表面防水、耐磨、傢具重壓也不會產生凹痕。完工後的厚度僅有 0.5 公分厚，不僅不影響原有的空間高度，承重載量也較水泥地坪輕，適合用於中古屋的裝潢改造。

Point 2　除了地坪，也可施作於牆面
優的鋼石是以水泥為基底，不僅可施作於地面，牆面也能使用。除了一般常見的水泥原色，優的鋼石可選擇多種色系，顏色變化多，但無法調出鮮豔帶有螢光的顏色。

Point 3　特殊水蠟保養地坪
優的鋼石施作完成後，表面建議再做一層特殊防護處理，有效保護地坪防止髒污滲入。而清潔時，以清水擦拭即可，建議在居家內每三個月做特殊的水蠟保養，商業空間則是一個月。

皮革磚
創新室內裝修材料

30 秒認識建材

適用空間	居家或商空
適用風格	各種風格適用
計價方式	依照尺寸、片數而計
價 格 帶	依產品而定
產地來源	台灣
優　　點	可彎曲、可簡易切割。為環保材質、具有阻燃、防撞效能
缺　　點	不可用於衛浴空間等直接接觸水的區域

近年來，許多材質逐漸輕量化，不僅能減少原料的浪費，也能降低施工上的難度。像是壁面的繃布，開發出如磚材般可自行拼組的軟質皮革磚，不需像以往大費周章請師傅現場裱布、裝訂，只要將一塊塊的軟質皮革磚貼覆於牆面，就能創造時尚精緻的牆面印象。

柔軟有彈性，具防撞、除噪功能

軟質的皮革磚本身是高密度的環保發泡材料，有別於一般磁磚，本身柔軟有彈性。皮革磚可運用的範圍廣泛，可使用於臥房、玄關的牆面或天花，甚至也能使用於櫃面門板。本身具有防撞、降低聲音的效果，家中若有長輩、小孩，可使用於房內牆面或櫃面，為家人打造更安全的環境。皮革磚表面有數種材質和花色可供選擇，霧面、亮面、鱷魚紋路等，多樣化的材質，能讓居家變得更為多彩。施作方式容易，只需以特定黏著劑貼覆，就能用於各式牆面，可自行 DIY 拼貼。若有牆面寬度的限制，也可直接切割後貼覆，為居家創造獨一無二的個性風貌。

材質透視

Point 1

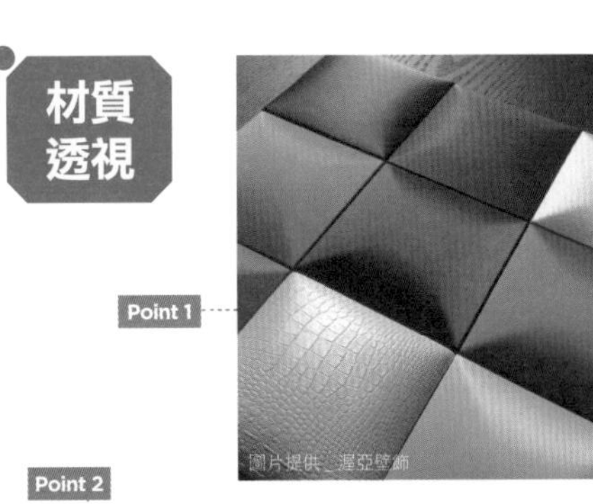
圖片提供＿渥亞壁飾

圖片提供＿渥亞壁飾

Point 3

Point 2

圖片提供＿渥亞壁飾

Point 1 多樣化材質可供選擇

具備各式色系和不同表面材質的皮革磚，能豐富居家的樣貌同時在商業空間更能發揮多種風格變化、施工快速的裝潢效益。 在鋪設時，每塊磚之間稍微擠壓黏貼，就能牢牢固定且能對齊邊線。不過一旦貼覆牢固就難以卸除，在施作前要經過事先排列後再上膠黏貼。

Point 2 避免施作於潮濕區域

本身除了菱形之外，也有六角的造型，經過巧手拼組，能創造不同的風格。可施作電視牆、沙發背牆、玄關、床頭、天花板、廚櫃等任何想要裝飾的表面上。但由於本身為發泡材質，因此需避免設置於直接碰水的潮濕區域。

Point 3 為健康無毒建材

擁有多國專利，材質本身無毒、無甲醛、無八大重金屬，具有防焰一級的認證。無論居家或商空使用都很適合，是兼具美觀和功能的產品。

陶瓷木地板
擬真石材紋理

30 秒認識建材

適用空間	除了衛浴、廚房，各種空間適用
適用風格	各種風格適用
計價方式	以坪計價
價 格 帶	NT. 24,000 ～ 27,000／坪（連工帶料）
產地來源	德國
優　　點	耐撞擊、具有石材的紋理質感
缺　　點	衛浴、廚房等較潮濕的空間無法使用

溫暖厚實的木地板一向是居家愛用的素材之一，其溫潤的觸感和木質的香味是其他材質無可取代，而近年來地板的紋路花色向自然元素取材，出現了仿石材的粗獷紋路，在居家空間中呈現大器風範。

一體成型的染色壓紋設計

Celenio 陶瓷木地板以木素材壓塑、染色一體成型，特殊的木質纖維運用不同的染色樹脂，呈現原石的立體紋路，粗獷自然的外觀為居家增添豐富樣貌。陶瓷木地板具有原本木質的優點，踩踏舒適，能感受木質的溫潤質感，冬天行走不冰冷。柔軟的木材富有彈性，有耐衝擊的特性，即便物品掉落也不會破碎。

陶瓷木地板施作簡單，為接扣式的地板，每片扣接後再用特定的黏著劑黏貼，能呈現無溝縫的樣貌，使整體視覺更為平整大器。不僅可施作在地面，也能在牆面展現奢華獨特的空間氛圍。要注意的是，雖然陶瓷木地板表面有塗佈耐磨塗層，具有耐磨的特性，但仍為整塊木質成型的壓縮，需避免施作於衛浴、廚房等潮濕空間，以免木地板澎起損壞。

材質透視

Point 1

圖片提供＿永逢建材

Point 2

圖片提供＿永逢建材

Point 3

圖片提供＿永逢建材

Point 1 仿造火山等粗獷石材樣貌
以木材為基礎，Celenio 陶瓷木地板採用了特殊的木質纖維，以及不同的染色樹脂呈現原始的石材紋理，像是取材自產於希臘地區或源於火山的石材，粗糙自然的紋路，凝塑居家不同的風貌。

Point 2 無石材的溝縫痕跡
不同於石材每塊需留伸縮縫，木地板運用接扣的方式拼組，使表面呈現無溝縫的痕跡。

Point 3 耐磨、耐撞擊
具有木質彈性的陶瓷木地板，有耐衝擊力，可確保物品掉落或重物敲擊不破裂，同時於表面施塗耐磨塗層，經得起長期使用的磨損。

天然礦物塗料
取材天然無毒環保

30 秒認識建材

適用空間	各種空間適用
適用風格	各種風格適用
計價方式	以罐計價
價 格 帶	NT. 580 元／坪（僅材料）
產地來源	德國
優　　點	以礦物為主要原料，無毒無甲醛。色彩飽和度高、不褪色
缺　　點	單價較高

不論是乳膠漆、水泥漆等，主要成分為人工合成的高分子聚合物（又稱樹脂），作為接著劑使用，讓塗料藉此得以附著於牆面上，同時有部分塗料也具有揮發性有機化合物（VOC）、低化學味及功能添加劑，用於居家空間容易對人體造成影響。因此以天然礦物為主成分的無毒、無味塗料逐漸成為居家裝潢的新寵兒。

礦物質感、色彩飽和度高、不褪色

德國 KEIM 製造生產的天然礦物塗料本身採用礦石等自然素材，添加液態矽酸鉀和天然礦物色粉所調和而成的塗料。這些素材的穩定性高，耐候性強，不會因天氣或紫外線的照射而褪色或剝落，經過高溫也不會變質產生有毒氣體，塗刷在牆上會呈現礦物質感，有別於乳膠漆細緻平滑、有光澤的表面，同時有多種顏色可供選用。

但由於台灣並無礦物塗料的明確規範，依照歐盟的規定，礦物塗料的 VOC 含量需小於 30g/L，美國則需小於 5g/L，有部分市售的礦物塗料號稱天然，但大多的礦物塗料在 200g/L。因此，在挑選礦物塗料上，需謹慎注意標示成分。

材質透視

圖片提供 _ 交泰興

圖片提供 _ 交泰興

圖片提供 _ 交泰興

Point 1 選擇符合健康綠建材的礦物塗料
礦物塗料以天然礦石為主要成分，有部分礦物塗料仍添加許多有機物，在選購時要注意 VOC 的含量標示，才能達到健康無毒的居家環境。

Point 2 運用工具豐富牆面風景
礦物塗料本身就具有粗獷自然的紋理，可選擇各式的天然色粉，再運用特殊工具創造特殊紋樣，讓牆面更為豐富多彩。

Point 3 耐紫外線，不褪色
運用液態矽酸鉀和礦石融合的塗料，材質穩定性高，能抵抗紫外線的照射以及天氣的變化，塗佈於牆面上不易脫落，亦不產生色變，戶外或室內皆適用，經濟性高。

無毒護木油
打造居家健康環境

30 秒認識建材

適用空間	各種空間適用
適用風格	各種風格適用
計價方式	以罐計價
價 格 帶	NT. 450 ～ 650 元／坪（僅材料）
產地來源	德國
優　　點	天然亞麻仁油製成，不含甲醛、塑化劑等有毒物質
缺　　點	單價較高

在居家裝潢中，木作工程的面漆、板材、甚至木作傢具，都會在施工的過程中容易在室內留下甲醛、強力膠等刺鼻氣味，或是不慎使用到摻有甲苯的油漆、溶劑，這些有害的物質容易影響居住者的健康。尤其在實木傢具、地板這些需要特別養護且平日都會接觸到的木材上，使用無甲醛、天然原料製成的護木油保護木質表面，便能打造無毒健康的居家安全。

以亞麻仁油為基底調和而成，天然無毒

一般護木油或木器漆以石化原料合成，含有甲醛、甲苯、二甲苯等有機溶劑，這些物質會散發出刺激性氣味，容易引起過敏不適等症狀。莉芙絲無毒天然護木油以天然的亞麻仁油及天然礦物色粉調製而成，不含甲醛、人工香精等物質，開發出先進技術，將植物油和天然蠟的分子微細化，並非像一般的木器漆形成一層膜封住木材表面，而是能夠深層滲入木材內部，與纖維緊密結合，保持木材原有紋理，不堵塞木材毛細孔，使木材呼吸，持續散發原有的木質香味。耐候性強，施作於戶外不易褪色。

圖片提供＿交泰興

Point 1

圖片提供＿交泰興

Point 2

圖片提供＿交泰興

Point 1　取材天然，無毒環保

以天然的植物油、天然蠟和礦物色粉調和而成，使用不含殺蟲劑的植物原料，不添加合成樹脂、甲苯等，有效保障居家無毒環境。

Point 2　保持木材毛細孔呼吸

多分子細微，能直接滲透進木質內部，不會在表面形成膜層，即便是放滾燙的杯子，在木質表面也不會出現白色熱塑痕跡。具有良好的透氣性，使木質香氣透出。

Point 3　多種色系可供挑選

內部添加礦物色料，可依照設計的需求，為家中的地板和傢具選擇適合的色系，染色、護木一次完成，簡單，方便操作、自行 DIY 也可以。

靜音板
高效減噪和美化壁面

30 秒認識建材

適用空間	各種空間適用
適用風格	各種風格適用
計價方式	專案方式計價
價 格 帶	依需求而定
產地來源	台灣
優　　點	質輕易組裝，具有高效吸音、易潔、防水、耐候的特質
缺　　點	大面積視覺需透過拼接組裝呈現

不論是居家或商辦空間，牆壁立面一向是視覺的矚目焦點，除了傳統運用壁紙、磚石、木材等不同材質來營造空間美感，也逐漸朝向裝飾風格與實用功能並重發展。因此，具有吸音減噪、牆面美化的靜音板便應運而生。

防水、耐候，圖案還可隨選客製

奇想靜音板 SonicMAZE! 克服傳統吸音材風格單一、體積厚重佔空間、不易組裝、難以清理保潔的缺點，研發出塑膠射出一體成型的微穿孔專利技術，讓音波穿越微孔隙後在預留腔體內形成共振而耗弱，創造全音頻的吸音效能，有效降低環境噪音。

奇想靜音板有多種色彩可供選擇，透過專業印刷處理，也能客製各種圖案，創造獨特風格化甚至個性化空間。可採直接貼附、磁吸或是簡易施工吊掛，安裝簡易。日後亦只需簡單的擦拭除塵，即可長保清潔與效能。同時具備防水、耐候、無鏽蝕的特性，室內和戶外皆可使用。高效減噪的特性可用於咖啡廳、會議室或飯店大廳等密閉或開放空間。

材質透視

Point 1

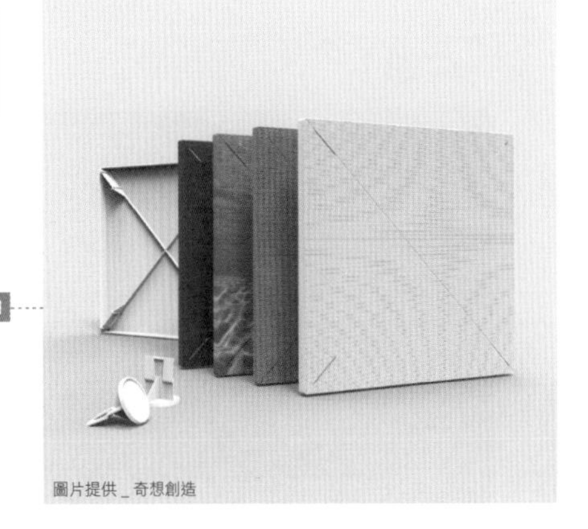

圖片提供 _ 奇想創造

Point 2

圖片提供 _ 奇想創造

Point 3

圖片提供 _ 奇想創造

Point 1 質地輕巧、耐候性強

奇想靜音板 SonicMAZE! 突破以往吸音材厚重的印象，選擇質輕的專利塑膠成型，在表面做出細微穿孔，有效吸收聲音。同時具有耐候、防水耐潮的特性，即便在戶外也能使用。

Point 2 安裝、拆卸容易

奇想靜音板 SonicMAZE! 的板件輕巧，可免除施工的困擾。較為平滑的牆面材質如水泥、木板、金屬及玻璃等，皆可以黏貼方式進行，其它較粗糙的牆面或天花板，則能選搭五金件懸吊或施作的方式進行強化。也可單獨抽換獨立板件，拆裝簡單便利。

Point 3 牆面美化的最佳選擇

靜音板提供多種色彩，甚至可依需求客製圖案或商標，讓空間呈現獨特設計，同時也滿足環境減噪需求。

雷射指示與自動照明灑水設備

逃生的最佳引導

30 秒認識建材

| 適用空間 | 各種空間適用
| 適用風格 | 各種風格適用
| 產地來源 | 台灣
| 優　　點 | 能穿越濃煙清晰指引逃生方向
| 缺　　點 | 仍在規劃生產中

一般在 11 樓以上的住宅大樓需規定設置灑水系統，以備一旦有火災發生時可儘速撲滅火勢或降溫。在此前提之上，為了讓大樓裡的人能安全且準確地往出口逃生，近期研發出一款附有雷射指示 LED 燈的消防灑水頭，使受困者能於濃煙中看見出口方向並安全逃出。

雷射光源指引逃生方向

一般住宅大樓所裝設的灑水頭，主要是依照感知室內溫度或煙霧啟動，當溫度達攝氏 70 ～ 80℃以上，便能透過內部的裝置開啟灑水。而在火災發生時，會因電力中斷而使得內部一片漆黑，若再加上佈滿濃煙的情形，可能無法一眼就看到逃生門的照明指示，而誤判逃生方向。因此便設計出具有雷射照明指示的消防灑水頭，運用內部的 LED 燈設計出箭頭圖案，當啟動灑水設置時，水流通過帶動內部渦輪葉片時即產生電力，LED 燈得以穿過濃霧，提供緊急照明之用。同時在裝置時就已調整好方向，便能在地板清楚看見箭頭的指示方向，前往緊急出口，提高逃生獲救的機率，也能有助於消防員進行火場內的搜救工作。

材質透視

Point 1

圖片提供＿奇想創造

Point 2

Point 1 應用流體驅動照明技術
當灑水啟動時，水流通過灑水頭內部的葉片時，會驅動微型發電機，可即時啟動 LED 燈，作為緊急照明之用，

Point 2 箭頭圖案設計，清晰辨認出口方向
基於逃生時可能會蹲低前進，再加上濃霧中難以看見光線。因此運用雷射指示照明可穿過濃霧的特性，設計出箭頭圖案，讓受困者得以辨識方向。

防侵入玻璃
優越的防盜效用

30 秒認識建材

適用空間	各種空間適用
適用風格	各種風格適用
計價方式	以才計價，安裝費用另計
價 格 帶	基本規格 NT.390 元／才（不含安裝）
產地來源	台灣
優　　點	堅固、耐撞擊；可抵擋衝擊 5 ～ 30 分鐘不貫穿，有效防盜
缺　　點	需搭配適宜的鋁門窗玻璃溝槽寬度安裝

為了因應居家安全，大多數的人都運用鐵窗作為防止宵小進入的第一道防護，但近年來已有開發出「防侵入玻璃」的產品，高強度的耐衝擊設計讓「玻璃」也能成為防盜的重要機制，就能去除鐵窗的遮蔽，還給家中乾淨的視野之外，同時兼具更好的隔音和高效的紫外線阻隔率。

運用聚碳酸酯板材，強化耐撞力

防侵入玻璃和一般玻璃不同的差異在於，防侵入玻璃是由透明材料中硬度最高的「玻璃」與耐衝力最強的「聚碳酸酯板材」膠合而成，聚碳酸酯板材夾於兩片玻璃的中間，是外觀如玻璃一樣的透明防盜設施。防侵入玻璃經過德國萊因公司耐衝擊（TUV）檢測，其耐衝擊力大於 447 焦耳以上，相較於一般的強化玻璃，其耐衝擊力僅在 45 焦耳以下。

由於具有高強度耐衝擊力，因此防侵入玻璃可以防止 5 分鐘以上的撞擊，延長宵小侵入的時間，迫使小偷放棄，達到防盜的目的，可用於住家對外窗、珠寶銀樓的櫥櫃等。而防侵入玻璃除了具有防盜功效，也能依需求製作出 Low-E 節能玻璃，達到隔熱、隔音的效果，有效降低空調的耗損。

不過要注意的是，由於防侵入玻璃具有高強度防破壞力，為了預防火災發生需要逃生的狀況，建議在逃生動線上安裝橫拉窗或推窗的窗型，開關較容易。

Point 1

防侵入時效測試結果比較

一般強化玻璃	一般膠合玻璃	雷明盾防侵入玻璃
	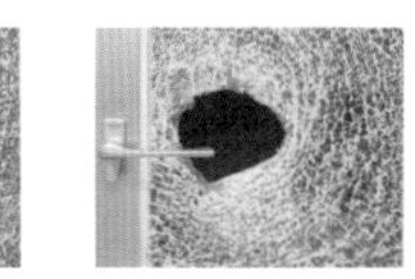	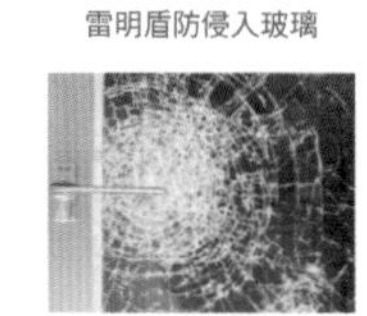
低於1秒	3~5秒	5-30分鐘以上

圖片提供 _ 台煒有限公司

材質透視

Point 2

圖片提供 _ 台煒有限公司

Point 1 耐撞力可延長至 5 分鐘以上

防侵入玻璃與一般的強化玻璃不同，強化玻璃僅是增加玻璃表面的硬度。而防侵入玻璃中的聚碳酸酯板材，是最具耐衝擊的材質，耐撞的時間可達 5 分鐘以上，屬於「防盜玻璃」。依照統計指出，有 66% 的竊案發生是破壞門窗侵入的，而有 69% 的歹徒如果 5 分鐘無法侵入會選擇放棄，因此可有效遏止歹徒的進入。

Point 2 除了防盜，也有隔熱、隔音效果

依據不同的功能，防侵入玻璃可滿足居家防盜安全、節能隔熱、隔音與防紫外線的需求；另外也可以採用中空複層設計，達到斷熱保溫的作用。

電控液晶調光玻璃
遮蔽、通透一片搞定

30 秒認識建材

適用空間	醫院診所、隱私格間、辦公簡報室、衛浴、商業空間、玻璃帷幕
適用風格	現代風
計價方式	客製化尺寸計價，依材積計算
價 格 帶	NT.3,500 ～ 90,000 元不等（依產品及案件而定）
優　　點	堅固耐用，除了可作為隔間、對外窗，也能做投影、白板之用
缺　　點	單價較高

電控液晶調光玻璃是一般玻璃的進化版，透過內部的液晶分子來達到或遮蔽、或通透的視覺效果，使用起來不設限，兼顧雙重需求。除此之外，電控液晶調光玻璃也能作為投影幕、白板、戶外窗使用，一物多用，簡化空間機能。

內部膠合液晶分子，達到遮蔽或通透效果

電控液晶調光玻璃是在兩片玻璃之間膠合液晶膜，液晶分子在不通電的情況下，是不規則的排列，因此光線無法穿透，而有遮蔽的效果。通電之後，使液晶分子翻轉變成整齊的排列，光線就可透入，使玻璃變得通透可視。在同一片玻璃上，可依據不同的需求，隨時調整不透明或透明的形式，兼具雙重功能。近期更發展出「百葉窗電控液晶玻璃」，突破以往控制整面玻璃的轉換，演變成像百葉窗一樣可分區遮蔽，可作為對外窗使用，有效調節光線。

可作白板、投影幕

電控液晶調光玻璃用途廣泛，可用於衛浴、吧檯、診所等。而玻璃本身的材質可做不同挑選，不論是強化玻璃、茶玻、黑玻都可以使用。像是在高照度的場所，戶外陽台或遊艇等較常使用茶玻材質的電控液晶調光玻璃，在提升整體質感的同時，藉由茶玻避免日照進入。但要注意的是，玻璃本身的顏色在透明或不透明都會存在。

除此之外，電控液晶調光玻璃也可使用於會議室等辦公空間，在不透明的狀態下可作為背投影使用，讓投影機從玻璃後方投射影像，再也不需要清空投影機前方的東西，就能直接進行簡報。同時也可搭配觸控式的邊框，並下載配合的APP應用程式，便能直接在玻璃上點選、書寫，人性化的智慧設計成為未來簡報的趨勢型態。

嵌入 LED 光源成為未來趨勢

電控液晶調光玻璃是將液晶膜嵌入兩片玻璃之中，另一新產品即是將 LED 光源嵌入膠合玻璃裡創造出各種樣式，成為目前最新的趨勢。LED 光源透過點狀的規則分布，經由通電後，可做出動態顯示變化出簡單的圖案，可用於商標、商號顯示。也可如跑馬燈一般展現即時訊息，玻璃兩面皆可直視的特性，可運用於車站、機場等區域，不論是從正面或從背面看，都能清楚可知，方便人們查詢資訊。

圖片提供＿寶創科技 Polytron Technologies Inc.

材質透視

Point 1

不通電，霧面的狀態

通電，透明的狀態

Point 2

Point 3

Point 4

Point 1 耗電量低、切換速度快

電控液晶調光玻璃通電後轉換迅速，切換成透明或不透明的時間在 1/100 毫秒，變得通透後，光線的穿透率可達 75%（一般透明玻璃的穿透率在 90 ～ 95%）。再加上耗電量小，一才的玻璃不到 20 毫安培，開機的消耗電量不到 10 瓦。

Point 2 安裝時留出線孔

由於電控液晶玻璃的兩側會留出粗 1mm 的線路，在搬運和入框時注意不要去磨斷。入框時需留直徑 1cm 的圓孔出線即可。另外，收邊時務必使用中性矽利康避免腐蝕膠合玻璃。

Point 3 一天需有 4 小時的斷電休息時間

由於為電子產品，建議一天需有 4 小時的斷電時間，讓液晶分子休息得以延長使用壽命。一般來說，使用壽命可長達 10 年之久。而電控液晶玻璃表面的維護和清潔和一般玻璃相同，可使用清水或玻璃清潔劑擦拭。

Point 4 內嵌 LED 燈，雙面皆可顯示

嶄新的 LED 雙面顯示技術，經過通電後，可動態顯示任何文字訊息和圖案，可運用於展出陳列、隔屏、照明和廣告牆。

hue 個人連網智慧照明 光影明暗一指觸控

30 秒認識建材

適用空間	各個空間適用
適用風格	各種風格適用
計價方式	整組計算
價格帶	NT.7,399 元（含三個 hue 燈泡和一個橋接器）
優　　點	與智能手機連接，有效運用燈光創造居家情境、工作行程提醒等實用功效
缺　　點	價格較高

科技日新月異，透過網路和 APP 應用程式，智能居家的型塑也日趨成熟，不僅可運用智能手機控制電腦、電視等，至今也發展出 hue 智慧照明，不僅能型塑居家氛圍，也能成為個人貼身秘書，出門前就能知道天氣陰晴，即時提醒行程時間，重要的 E-mail 收發也不遺漏。

LED 燈泡 + 橋接器 + 網路 &APP 應用程式

所謂的 hue 個人連網智慧照明，是將連網功能帶入 LED 燈泡設計中，是第一支連結網路及 APP 應用程式操控的 LED 燈泡。透過各式的 APP 程式，運用燈光能創造多種的實用功能。

（1）貼身秘書，精準掌控生活大小事

hue 通過 IFTTT 平台能與多種社群平台串聯。例如可連結天氣網站，透過燈光提供各種天氣預報，出門前是陰是晴？看一下燈色便知曉。hue 也能串接臉書、手機行事曆等，當有重要留言、收到信件或是約會通知時，hue 就會用燈光提醒，不遺漏任何訊息。

而 hue 也是居家的小管家，具備鬧鐘和定時功能，設定起床和就寢時間後，就能讓燈光逐漸變亮和變暗，貼心提醒日夜的到來。

（2）專屬的個人化設定

hue 能運用手機開關燈光之外，想要改變居家氛圍，不需買各種顏色的燈泡，hue 本身就有 1600 萬種顏色的轉變，能直接點選手機內的照片顏色，就能隨之變換家中燈色。同時 hue 也預設各式氛圍的情境燈光，像是放鬆、活力、靜心閱讀等燈光組合，創造對應的空間情境。

運用 Zigbee 系統，訊號不弱化

運用 wifi 橋接器使用 Zigbee 發送網路訊號，搭配特定的 LED 燈泡，網路訊號就能透過燈泡相互串接，能使訊號不弱化，有效確保 wifi 可覆蓋到家裡每個角落，即便是透天樓層也能全部遠端遙控。安裝 Zigbee 也簡單容易，所有新的燈泡可以通過應用程式以一個按鈕就可找到，還能通過簡單的遠端控制系統來進行配對。

圖片提供＿飛利浦

材質透視

Point 1

圖片提供＿飛利浦

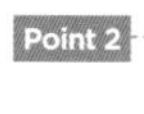

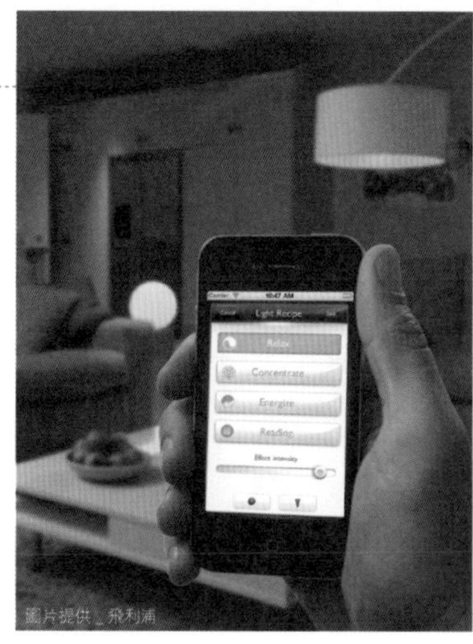
圖片提供＿飛利浦

圖片提供＿飛利浦

Point 1 訊號透過燈泡串接，遠端也能遙控

透過特定 LED 燈泡，讓網路訊號能相互串接，就能一指遙控所有的燈光，同時也能通過 meethue.com 平台操控 hue，即便出國旅遊，也能遙控家中的照明開關，不擔心宵小進入。同時 hue 透過智慧裝置的地理定位功能，在你到家時自動開燈、離家時自動關燈，就像家人般給你溫暖的問候。

Point 2 燈光情境創造，照片就能取色

每顆 hue 燈泡有 1600 萬種顏色的色彩選擇，透過人體生物學的研究成果預設了放鬆、專注、活力、靜心閱讀等燈光組合，能夠隨時調整燈光配方，一指遙控舒適照明生活。

同時 hue 也能配合進行照片取色，只要手指點選相片任一處，無論要用巴黎的黃昏伴你晚餐或是用極光伴你入眠，還是隨手拍下孩子的快樂瞬間或剛完成的美食佳餚，動動手指，隨心情改變燈光色彩。

無障礙衛浴設備
保障洗浴安全

30 秒認識建材

| 適用空間 | 衛浴空間
| 適用風格 | 各種風格適用
| 計價方式 | 依照產品而定
| 價 格 帶 | 依產品而定
| 產地來源 | 德國
| 優　　點 | 實用性及功能性強，並同時兼具設計與美感
| 缺　　點 | 價格較高

由於近年來已逐步邁入高齡化的社會結構，在居家的設計也需要貼心納入銀髮族和輪椅使用者的需求，不僅要留出更開闊的行走區域，像是衛浴、廚房等容易發生意外的地方也要更注重安全和舒適，因此無障礙的衛浴空間便是居家設計的一大課題。

加寬設備和增設扶握把手

在衛浴空間中，銀髮族和輪椅使用者無法拿高處的物品，而收納空間有限的情況下，運用加寬面盆的設計，可以藉此擺放盥洗用品，在隨手可得之處就能直接取用。而為了坐輪椅時能方便接近面盆，下方還需預留約 30 公分的深度讓腿部有置放的空間。在安裝時可依個人需求調整面盆高度，建議高度約 80 公分為佳。

同時也有加長馬桶的設計讓輪椅使用者擁有更寬敞的使用空間，擁有專利研發技術的馬桶蓋邊緣增加了握柄設計，讓使用者輕鬆操作不費力。

此外，較沒有力氣的銀髮族，在起身時容易沒抓穩而發生跌倒。因此，在馬桶區和淋浴區增設安全把手，使用時更方便扶握。

淋浴也要安全座椅

為了在淋浴時更加安全和舒適，除了在淋浴區的地板選擇高防滑設計的地磚，能避免因為地板濕滑而造成危險，無高低落差的地面設計，當使用輪椅時也能順利進出。

並在淋浴區配置安全淋浴椅，由防水材質所製造的防滑淋浴座椅，可乘載 130 公斤重量，本身附有安全椅背，銀髮族和身障者都能盡情享受舒適的洗浴時光。

圖片提供＿楠弘廚衛

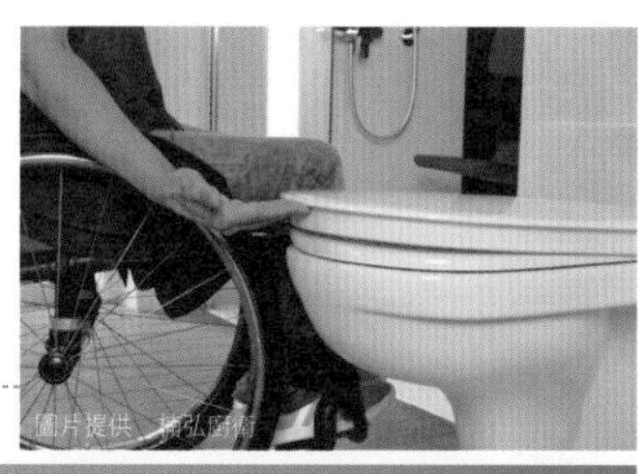

圖片提供_楠弘廚衛

圖片提供_楠弘廚衛

圖片提供_楠弘廚衛

圖片提供_楠弘廚衛

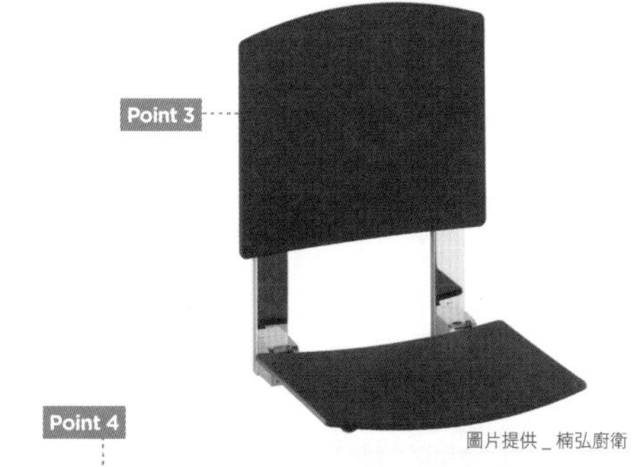

圖片提供_楠弘廚衛

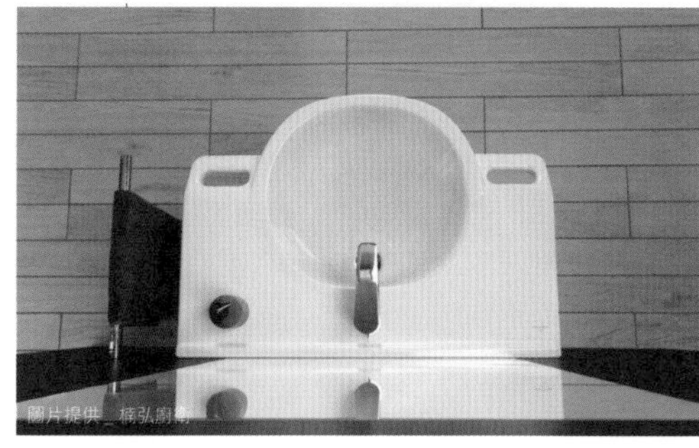

圖片提供_楠弘廚衛

Point 1 馬桶設計貼近無障礙需求

Omnia Architectura Vita 的馬桶除了使座體更加長，馬桶蓋也特別設計方便好握的握把設計，並可依需求加裝兩側輔助手把，起身移動更加安全。

Point 2 防滑地磚，預防意外不發生

Villeroy & Boch 擁有獨家專利研發的石英壓克力 Quaryl® 材質，並通過 DIN51097 防滑測試最高標準，再加上淋浴區與乾區的無落差設計，讓使用者在淋浴時可輕鬆安全進出。

Point 3 小椅凳掰掰！防滑淋浴椅安全更加倍

KEUCO Plan care 系列的安全淋浴椅，可安裝在淋浴區的牆面，防水防滑的材質，具有耐潮、坐上去不容易滑動的優點。不僅能盡情享受洗浴，也能讓安全更加倍。

Point 4 特製的面盆設計

Villeroy & Boch 的 O.novo Vit 系列開發出 80 公分寬面盆，特殊的寬敞邊緣設計，方便輪椅使用者隨手取得經常使用之衛浴用品。另外，面盆兩側輔助手把和底部的特殊握槽設計，有效輔助使用者抓握，確保居家安全。

附錄 確認建材品質與退換貨須知

沒有人會希望遇到新買的東西發現瑕疵而要退貨，若是真的遇到了，建議消費者也不要以情緒化或無形的感覺做為退貨依據，容易造成有理說不清的情況，導致雙方產生困擾，反而損失為自己爭取最佳權益的黃金時間。以下提供檢查建材品質的步驟，以及退換貨流程步驟，真的發生問題，可依此作為和廠商溝通的憑據。

檢查10步驟確保建材品質

STEP 1：確認無破損
先看包裝有無經過拆封、破損的情況，如果有，要向廠商反應並請廠商解釋說明。

STEP 2：確認型號無誤
要確認產品包裝上的製造日期以及產地是否與之前確認過的相同，比方像是以磁磚建材來說，產品背後標示的CK500 & CK500 hb就有可能是顏色的差異。拆封務必先確定型號及批號是否正確，以免衍生退換貨問題。

STEP 3：確認製造產地
確認該產品或建材是原廠製造的或者是OEM（代工）的，最好能在選購前事先溝通了解。

STEP 4：確認批號
避免單一材質兩個批號，否則易有色差或形狀上的差異性，例如：壁紙、木皮板、磁磚類等，就要特別注意此類問題。

STEP 5：確認尺寸
磁磚、玻璃或者鋁門窗的尺寸，絕對不可有誤差，否則會造成監工施工的困難度，甚至使工程無法進行。若退貨更換，又要損失一筆花費。

STEP 6：確認數量
一定要做清點的工作，因為送貨過程會發生誤送、送錯，或因作業疏忽、最初訂貨的筆誤等造成的錯誤情況。

達人私房話

網路採購建材要特別注意品質及成本
網路的資訊取得雖然速度快，但上面所標示的產品單價，可能不含施工費用，例如僅以地區標示價錢、或是數量的限制，這些都有可能是等客戶上門之後，才巧立各種名目於事後追加。因此，決定購買前一定要充分了解。因此，建議在抓預算時，切勿以網路價格為準，網路上的價格僅供參考，通常和實際上需花費的預算會有差距。另外，很多人會用網路價錢和廠商議價，但因網路販售的產品可能沒有提供完整安裝或保固服務，得到的服務品質不同，價格當然有差異。

建商贈送的建材不一定只能找指定廠商安裝
消費者可透過各種管道與原廠取得聯繫，詢問該指定廠商與施工單位是否為該品牌的合作廠商。即便廠商表示為原廠的合作廠商，建議最好要求廠商提供原廠的相關證明與保固，或者來電至原廠問清楚，比較有保障。另外，也可以與原廠確認，如非指定廠商安裝的機器，是否有不做保固的事實或不負保固的責任，且如果有保固，則要了解保固時間為多長。品牌所提供的安裝廠商，在訓練與服務上有無一定準則與依據，可以請品牌廠商提供資訊，作為和安裝人員與消費者的參考和對照依據。

圖片提供__馥閣設計

退換貨流程步驟

STEP 7：確認配件

拆箱之後要確認裡面基本配件是否都到位，例如：螺絲、感應器、衛浴馬桶的配件，或者把手附幾支鑰匙……等等。舉例說明：以附件來說，像是馬桶是否附馬桶蓋。配件的話，像是空調裡面有無配合銅管、感應器、遙控器等。若零件是必備的物品與接合體，像是把手五金所含的螺絲、鎖匙等，都應該要一一對照說明書檢核清楚。

STEP 8：確認保證書

購入之後一定要確認保證書是否附在裡面。

STEP 9：確認外觀

要注意產品外觀是否有瑕疵、玻璃是否有刮痕或不必要的毛邊、板材是否污損，以及顏色是否正確等等。

STEP 10：確認圖面

安裝的定型圖比如冷氣定型圖、馬桶定位圖以及孔距圖等，是否有在其中。另外，施工說明書的注意事項要詳閱。

圖片提供__明代設計

STEP 1：現場或開封時發現有問題即拍照存證

若是真的發現貨物有問題而必須退貨時，要在第一時間做拍照存證的動作，並告知廠商發現缺失內容，馬上傳真、簡訊或電話，請該公司人員或提供廠商來現場說明與處理；或者在下貨之前、未簽收之前告知，直接原車退回。所以即便是在簽收完、拆箱，甚至進場之後，發現缺失，例如平整度有問題，或有刮痕，甚或配件是否有短少等等，也一定要拍照存證，並於第一時間馬上告知，請對方前來了解說明，做退貨或更換的動作。

STEP 2：進場安裝後發現則必須釐清責任

像是空調、衛浴、家電器具等等安裝完之後，若發現缺失，憑保證書請廠商派人確認，看是因為工法有問題，還是安裝程序不對，或是設計疏失等，釐清責任問題，如果須退貨，依收據做退貨的動作。

達人私房話

天然材質小心色澤變化

若是實木地板與石材等天然材質的建材，常會遇到因時間的關係而有色澤上的變化，基本上若是對整體施工的影響不大，其實尚可接受。若是色澤每片不同，以致影響整體的室內設計，則必須要求換貨，以保障權益。但若只是一點點的色澤差異即要求退換貨，恐怕也會有失公允。

附錄 Shop Index

磁磚、石材、人造石、石英石、軟質石片		
木豐國際磁磚精品	02-2321-8015	台北市中正區金山南路一段75號
弘象企業	04-2205-6509	台中市北區華興街90號
安心居高級生活名品館	02-2776-6030	台北市大安區建國南路一段161號
沛特貿易有限公司	02-2396-7991	台北市杭州南路一段6巷10號1樓
金貝特生科	02-2631-6631	台北市內湖區民權東路六段280巷96號1樓
冠軍磁磚	037-561-236	苗栗縣竹南鎮大埔里13鄰竹篙厝200-7號
馬可貝里磁磚	037-561-236	苗栗縣竹南鎮大埔里13鄰竹篙厝200-7號
畢卡索石材	02-2291-7851	新北市五股區凌雲路二段37-7號
榮隆建材	03-301-3804	桃園縣桃園市永安路948巷4號
新睦豐建材有限公司	02-2369-2350	台北市和平東路一段192號
蔚林實業	04-2628-0000	台中市清水區中華路81號
櫻王國際建築化工	04-895-1387	彰化縣芳苑鄉工業區工業路10號
揚格企業股份有限公司（渥亞壁飾）	02-2632-0678	台北市內湖區康寧路三段189巷73弄13號1樓

木地板、超耐磨地板、軟木地板、竹地板		
辰邦工程	02-8666-9898	新北市新店區安康路1段172號1樓
科定企業	02-2296-3999	新北市新北大道五段287巷16號
茂系亞	02-8787-8767	台北市信義區忠孝東路五段207-1號1樓
德國高能得思地板	0800-558-708	高雄市苓雅區光華一路206號12F之4
榮隆建材	03-301-3804	桃園縣桃園市永安路948巷4號
麗新木地板	02-2727-0861	台北市信義區福德街300巷4號
永逢企業	02-2232-5028	新北市永和區福和路389號8樓

PVC地磚、盤多魔、Epoxy、塑合木		
路易士塑膠地磚	02-2658-0108	台北市內湖區陽光街345巷12號2樓
維東興業	02-2269-1172	新北市土城區承天路60號
廣蒼實業	07-703-1523	高雄市大寮區民智街139號
環塑科技有限公司	02-2836-3100	台北市士林區士商路131號1樓

板材、OSB板、靜音板、美絲板		
天臣實業	02-2715-2396	台北市復興北路179號7樓之1
台灣富美家	02-2515-1017	台北市南京東路三段68-70號6樓
永逢企業	02-2232-5028	新北市永和區福和路389號8樓
立壕精緻建材	02-8687-3311	新北市樹林區樹潭街11號
吉羊有限公司www.large.cc	02-2961-4915	新北市板橋區縣民大道二段200巷17號
岳洋建材	02-2981-1987	新北市三重區光陽里名源街54號1樓
華奕國際	02-2706-6055	台北市大安區樂利路89號3樓
榮隆建材	03-301-3804	桃園縣桃園市永安路948巷4號
得利木業行	02-2783-0664	台北市玉成街26號1樓
奇想創造事業股份有限公司	03-667-3880	新竹縣竹北市嘉豐六路一段2號

水泥、金屬鐵件、玻璃、防侵入玻璃、電控液晶調光玻璃、優的鋼石		
正龍不鏽鋼	04-2339-8986	台中市霧峰區四德路493之2號
安格士國際有限公司	02-2752-1101	台北市忠孝東路三段237巷12號
朋柏實業	02-2704-7217	台北市大安區敦化南路二段100號3樓
昱龍不鏽鋼	04-2659-5179	台中市梧棲區草湳里經一路51號
泰隆／盈隆彩鏡商行	02-2291-3839	新北市五股區成泰路三段233號
敦霖營造	04-2382-8850	台中市南屯區文心南路三段672號1樓
萊特創意水泥	02-2682-6032	桃園縣龜山鄉復興二路135號5樓
鏈達實業	02-2681-0189	新北市樹林區保安街二段45巷9號

進泰製網有限公司	02-2292-6039	新北市五股區民義路一段310號之27
台煒有限公司	03-362-0618	桃園市八德區廣福路451巷5弄1-7號
寶創科技 Polytron Technologies Inc.	03-326-3958	桃園市春日路1434巷88號
壁紙、窗簾		
IKEA	02-2716-8900	台北市松山區敦化北路100號B1
ligne roset 赫奇實業	02-2356-9055	台北市中正區仁愛路二段43號1樓
安得利采軒	02-2740-9988	台北市敦化南路一段252巷25號
安得利國際開發	02-2735-8008	台北市安和路二段217巷4號1樓
成億裝潢材料進出口公司	02-2653-5577	台北市南港區南港路三段149巷49弄8號
阪多時尚窗簾地毯	02-2880-1900	台北市中山北路五段533號1樓
雅緻室內設計配置	0800-59-988	台北市安和路二段64號
Design Butik集品文創	02-2763-7388	台北市松山區民生東路五段38號
塗料、磁性漆、黑板漆、牛奶漆		
Flügger台灣富洛克有限公司	02-2397-1133	台北市金山南路一段1號1樓
台灣阿克蘇諾貝爾塗料 （Dulux得利塗料）	03-454-8600	桃園縣中壢市東園路52號
交泰興公司	02-2394-6060	台北市大安區仁愛路二段11號3樓
三羽企業	04-2426-4547	台中市北屯區后庄路99號
永記造漆	07-871-3181	高雄市小港區沿海三路26號
自然材股份有限公司	02-3234-3770	新北市中和區員山路541號
秝辰實業有限公司	02-2250-1152 0989-031-665	新北市板橋區莒光路200巷3號
鼎磊塗裝	07-623-5022	高雄市岡山區河堤路一段103號
樂活珪藻屋	02-2392-8080	台北市中山區仁愛路二段72-2號
宏星技研材料股份有限公司 （益康珪藻土）	02-2542-9191	台北市松江路328號6樓600室
收邊保養材		
山仁實業	02-2775-3073	台北市長安東路二段178號10樓
交泰興	02-2394-6060	台北市大安區仁愛路二段11號3樓

健康家國際生物科技	02-2597-8833	台北市中山區德惠街170巷16號
無醛屋	02-2313-1112	台北市中正區衡陽路51號12樓-2
顏昌興業	04-2515-6080	台中市豐原區東陽路420號
櫻王國際建築化工	04-895-1387	彰化縣芳苑鄉工業區工業路10號
泰聯企業	02-2999-8235	新北市三重區光復路二段88巷34號
系統傢具		
綠的傢具	02-2610-6207	新北市八里區忠孝路406號
竹桓股份有限公司	0800-093-258	台北市中山區民生東路三段15號
廚房設備		
台灣林內工業股份有限公司	0800-093-789	桃園市楊梅區梅獅路二段577號
弘第HOME DELUXE	02-2546-3000	台北市松山區長春路451號1樓
全勝祥實業	02-8792-3949	台北市內湖區民權東路6段199號1樓
竹桓股份有限公司	0800-218-258	台北市民生東路三段15號
嘉儀企業	02-2509-7718	台北市民生東路二段174號1樓
寶廚股份有限公司	02-2781-7151	台北市龍江路69號1樓
衛浴五金		
KOLHER	02-2713-2860	
OVO京典衛浴	02-8285-3777	新北市蘆州區集賢路217-1號1樓
TOTO	02-2345-2877	台北市松仁路99號1樓
一太e衛廚	0800-042-111	基隆市大武崙工業區武訓街51號
雅鼎	02-2528-5708	台北市松山區八德路四段91巷3弄35號
楠弘衛廚	07-338-2000	高雄市復興四路12號11樓之3
門窗門把五金		
百德門窗科技	03-427-6921	桃園縣中壢市聖德路一段17號
宏暐國際	02-2796-7826	台北市內湖區行愛路77巷31號2樓
東順五金	02-2766-7488	台北市信義區永吉路232號

冠亨鋼鋁	02-2940-0221	新北市中和區秀朗路三段163號
新泰貿易有限公司	0800-317-777	彰化市中山路二段220號
楠森貿易	02-2293-2453	新北市五股區凌雲路三段68號
優墅科技門窗	03-363-2566	桃園市八德區和平路704巷19號
藍鯨精品豪宅大門	02-2793-6281	台北市內湖區安康路28-8號
安進捲門股份有限公司	03-416-0668	桃園市觀音區經建三路52號
燈泡、燈具、雷射指示與自動照明灑水設備		
bhome boutique	02-2395-5055	台北市仁愛路二段98號
PHILIPS飛利浦	0800-231-099	台北市南港區園區街3-1號14樓
奇想創造事業股份有限公司	03-667-3880	新竹縣竹北市嘉豐六路一段2號
Design Butik集品文創	02-2763-7388	台北市松山區民生東路五段38號

附錄

Designer

CJ Studio陸希傑設計事業有限公司	02-2773-8366	台北市光復南路260巷54號6樓
Easy Deco 藝珂設計	02-2722-0238	台北市信義區光復南路555號5樓
IS 國際設計	02-2767-4000	台北市民生東路五段274號1樓
KC Design Studio	02-2599-1377	台北市中山區農安街77巷1弄44號
Parti Design Studio＆曾建豪建築師事務所	0988-078-972	新北市板橋區新府路1號
上陽設計	02-2369-0300	台北市大安區羅斯福路二段101巷9號
大雄設計 Snuper Design	02-8502-0155	台北市中山區敬業一路128巷20號
山木生空間設計	02-2214-0908	新北市新店區如意街3巷11號5樓
六相設計	02- 2325-9095	台北市大安區延吉街241巷2弄9號2樓
毛森江建築工作室	06-297-5877	台南市安平區慶平路166號4樓
石坊空間設計研究	02-2528-8468	台北市松山區民生東路五段69巷3弄7號
禾築國際設計	02-2731-6671	台北市濟南路三段9號
伊太空間設計	02-2761-0985	台北市民生東路五段36巷8弄6號3樓

同心綠能室內設計	0926-345-957	台北市信義區莊敬路352號5樓
向喆空間設計	03-489-7471	
朵卡藝術空間設計	0919-124-736	
汎得設計	02-2514-9098	台北市敦化北路155巷104號1樓
邑舍設紀	02-2925-7919	新北市中和區中和路366號11樓
奇逸空間設計	02-2752-8522	台北市大安區忠孝東路三段251巷12弄2號1樓
明代設計	02-2578-8730 / 03-426-2563	台北市光復南路32巷21號1樓 中壢市元化路275號10樓
明樓室內裝修設計	02-8770-5667	台北市遼寧街199巷29號1F
近境制作	02-2703-1222	台北市瑞安街214巷3號1樓
采荷室內設計	02-2311-5549 / 07-236-4529	
金湛空間設計研究室	03-338-1735	桃園市三民路二段257號
相即設計	02-2725-1701	台北市信義區松德路6號4樓
原木工坊	02-2914-0400	新北市新店區北新路三段26號
珥本室內設計	04-2462-9882	台中市西屯區福祥街3之2號
陳亞孚空間設計	0935-235-857	台北市基隆路一段394號8樓之1
陶璽空間設計	02-2511-7200	台北市中山區松江路160巷16-1號1F
森境&王俊宏空間設計	02-2391-6888	台北市中正區信義路二段247號9樓
植形設計	02-2533-3488	台北市大直街34巷5號3樓
無有設計	02-2756-6156	台北市信義區永吉路30巷177弄36號
演拓室內空間設計	02-2766-2589 / 04-2241-0178	台北市松山區八德路四段72巷10弄2號1樓 台中市南屯區大墩4街321號13樓之2
墨比雅設計	02-8791-7501	台北市內湖區行善路60號
墨線設計	02-8789-6717	台北市信義區逸仙路42巷1號之2
摩登雅舍	02-2234-7886	台北市大安區羅斯福路二段93號6樓-5
馥閣設計	02-2325-5019	台北市大安區建國南路一段258巷7號
藝念集私	02-8787-2906 / 04-2381-5500	台北市健康路325巷6弄21號1F 台中市南屯區永春東一路716號
權釋國際設計	02-2706-5589	台北市大安區安和路二段32巷19號

PHILIPS

飛利浦LED創新純淨光技術
眞實還原自然光
純淨光技術
無藍光、低頻閃
混光不色偏
創新為你

LED
飛利浦LED全球銷售第1*
創新純淨光技術
*資料來源:光電協進會(PIDA)統計，飛利浦為2013年全球第一名LED照明廠商
PHILIPS

國家圖書館出版品預行編目 (CIP) 資料

裝潢建材全能百科王：重磅加量暢銷典藏版 / 漂亮家居編輯部著 . -- 初版 . -- 臺北市：麥浩斯出版：家庭傳媒城邦分公司發行 , 2015.04
面； 公分 . -- (Solution ; 76)
ISBN 978-986-408-021-2(平裝)
1. 建築材料

441.53 104005343

Solution Book 76

裝潢建材全能百科王【重磅加量．暢銷典藏版】

從入門到精通，全面解答挑選、施工、保養、搭配問題，選好建材一看就懂

作者｜ 漂亮家居編輯部

責任編輯｜ 蔡竺玲
採訪編輯｜ 陳婷芳、陳佳歆、張華承、鍾侑玲、劉芳婷、蔡竺玲
攝影｜ Amily
封面設計｜ 王彥蘋
美術設計｜ 詹淑娟
行銷企劃｜ 許宜惠

發行人｜ 何飛鵬
總經理｜ 許彩雪
社長｜ 林孟葦
總編輯｜ 張麗寶
叢書主編｜ 楊宜倩
叢書副主編｜ 許嘉芬

出版｜ 城邦文化事業股份有限公司 麥浩斯出版
地址｜ 104 台北市中山區民生東路二段 141 號 8 樓
電話｜ 02-2500-7578
E-mail ｜ cs@myhomelife.com.tw

發行｜ 英屬蓋曼群島商家庭傳媒股份有限公司城邦分公司
地址｜ 104 台北市民生東路二段 141 號 2 樓
讀者服務專線｜ 0800-020-299 （週一至週五 AM09:30 ～ 12:00；PM01:30 ～ PM05:00）
讀者服務傳真｜ 02-2517-0999
讀者服務信箱｜ E-mail：service@cite.com.tw
劃撥帳號｜ 1983-3516
劃撥戶名｜ 英屬蓋曼群島商家庭傳媒股份有限公司城邦分公司

香港發行｜ 城邦 (香港) 出版集團有限公司
地址｜ 香港灣仔駱克道 193 號東超商業中心 1 樓
電話｜ 852-2508-6231
傳真｜ 852-2578-9337

馬新發行｜ 城邦 (馬新) 出版集團 Cite (M) Sdn Bhd
地址｜ 41, Jalan Radin Anum, Bandar Baru Sri Petaling,
57000 Kuala Lumpur, Malaysia.

電話｜ 603-9057-8822
傳真｜ 603-9057-6622

總 經 銷｜ 聯合發行股份有限公司
電話｜ 02-2917-8022
傳真｜ 02-2915-6275

製版印刷｜ 凱林彩印股份有限公司
版次｜ 2015 年 4 月初版 1 刷　2015 年 9 月初版 3 刷
定價｜ 新台幣 480 元整

Printed in Taiwan

ISBN 978-986-408-021-2